創建之道

矽谷最強硬體咖發布的32個經典經驗，
專為新鮮人、管理者打造
從成長、入職、做出產品、
換跑道、成為CEO的最優路徑

An Unorthodox Guide to Making Things Worth Making

東尼·傅戴爾 Tony Fadell 著

楊詠翔 譯

獻給我最初的導師：奶奶、爺爺、媽、爸

本書譯者 **楊詠翔**

師大教育系、台大翻譯碩士學程筆譯組畢。
每天都要睡到自然醒、喝手搖杯、大聲聽重金屬音樂的自由譯者。
譯有《怪書研究室》、《改變世界的植物採集史》、《聽見生命之聲》、《矽谷製造的漢堡肉》、《溫和且堅定的正向教養教師聖經》、《樹木博物館》、《中國的新冷戰》等多部非虛構著作、小說《Dark Souls 思辨的假面劇》、《四十我就廢》、《巴別塔學院》(合譯)。
譯作賜教、工作邀約：bernie5125@gmail.com

推薦序
將自己的智慧凝結成止痛藥，交給需要的人

林裕欽／Dcard 創辦人暨執行長

　　這本書我在數年前剛出英文原文版時，就很幸運地在第一時間讀到，從那時候開始我便不斷向身旁的創業家推薦這本書，也引頸期盼這本書的中譯本能儘快面世，將作者的真知灼見帶給中文世界的讀者，如今這期盼已成真。

　　我還記得第一次讀完這本書心中的悸動。作者東尼・傅戴爾用相當直接不修飾的語氣，描繪了他在各個階段的心境。例如第一次離開公司的糾結、隨著公司成長的各種心境轉變、以及Nest被收購後的各種拉扯對話跟反思。我在不斷驚嘆他「真敢寫」的過程中，也把自己帶入他的旅程，感受到他每個時刻的痛苦。身為一樣在打造公司成長的我心有戚戚焉，在許多片段看到曾經的自己。或許這是每個Builder打造產品與公司過程中必經之路。

　　要做止痛藥，不要做維他命，是東尼在書中提出的核心想法。我想之所以他將痛苦描述得如此深刻，便是希望能將凝結成的智慧變成簡易服用的止痛藥，交給每一個需要的讀者們。

　　書中幾處藥方的視覺化簡潔明瞭是一大特點，就好像是作者產品設計的能力總結。例如章節1.4「工作技巧：苦幹實幹，可能完蛋」裡將全公司不同職能的視野，根據職能跟時間遠近

優雅地呈現，提供不同崗位會有的盲點跟如何應對一個容易理解的框架。或者是將另外一本經典《跨越鴻溝》（Crossing the Chasm）最經典的「顧客接受度曲線」又區分成 V1 V2 V3 產品的視野，對客戶、開發方式、獲利要求帶入一個新的視野。就連這本書也是用自己繪製的止痛藥清單表格製作而成。這幾處都是我看到的當下便迫不及待跟團隊分享。

另外一大特點是充滿生動的比喻與用詞。作者用員工人數成長到一定數量後，如300人，不太可能讓團隊天天放假、天天慶生，公司可能就會思考停辦生日派對、不買生日蛋糕，卻又造成員工的不滿，用簡單的蛋糕帶入公司成長的過程，會面臨這樣突如其來的驚嚇來說明公司組織擴張的臨界點。每個階段都會有需要作出的相對應改變，而這些改變往往讓人覺得無法適應。為了這些即將帶來物理相變的臨界點提早做準備。很少有人會寫對於董事會的分類跟整理，也是仰賴作者這樣從創業家到創業導師的經歷才能夠梳理彙整。

「常識雖然是常識，卻不是平均分布的。」作者東尼・傅戴爾在書的最後有寫下撰寫這本書的糾結。書中並沒有什麼艱深的大道理，但還是日復一日有人來尋求同樣的建議，給他信心撰寫完成此書。而這本書包含了許多各式各樣的「常識」，是真真實實踩坑凝結而成，相信對不同階段的讀者一定都會有許多啟發。恭喜你翻開此書，開啟一段「常識」的探索之旅。

推薦序
一個天才發明家的告白

愛瑞克／《內在原力》系列作者、TMBA 共同創辦人

　　作者花了一輩子的時間追逐那些追求卓越的產品和人士，從最棒的人才，以及大膽、熱情、在世界留下印記的人身上學習，然後將獲得的智慧精華濃縮提煉為您手上這一本書。我相信，這本書將能幫助每一位職場人士跳脫平庸、活出更好的人生版本！

　　我為何如此肯定呢？並不單純是他被冠上「矽谷史上創造發明最多產品的人」頭銜，而是我拜讀此書之後，深深為他不同凡響的人生智慧感到欽佩。此書最令我激賞之處，在於作者的坦率與真誠，他以直白、幽默的口吻訴說著他所經歷過的種種人事物，即便是很糟糕的決定和後果，他也不假修飾的全盤托出——即便是一般人難以啟齒的心裡話，他也不避諱地直說，當然也包含了一些粗話。

　　我認為這對於幫助讀者去了解創新者的內心世界是很有幫助的，畢竟在大多數的成功故事當中我們只看到結果，以及少數的環節，卻沒有包含當事人內心戲的部分。

　　這本書或許無法教出一個埋頭苦幹的職場乖乖牌，但卻可能激發了某些人更好的想法，透過創意、創新、創造來提升公司的競爭力。目前市場上有關創業家的傳記書籍愈來愈多選

擇，而第一人稱下筆的不多，這也是此書珍貴之處。我不認為每一個人都會喜歡這本書的行文風格，但是我深信，拜讀完這本書的人都將獲得價值不斐的獲益！

推薦序
為那些渴望打造自己理想世界的
人而寫的書

程九如／AppWorks partner

在這個飛速變遷的時代，科技的蓬勃發展正推升著人類的文明進入一個前所未有的新紀元。在這場科技創新的浪潮中，有許多勇於創建的人物，他們不僅成就了自己的理想，更為人類的未來開創了無限的可能。其中東尼‧傳戴爾無疑是這個領域中的代表人物之一。

《創建之道》是東尼‧傳戴爾的一部巨作，它不僅是一本值得人人擁有的創新及創業指南，更是一部發人深省的實例典籍。作者在這本著作中探討了打造自己及打造事業的核心問題，並闡釋了他對於人性、同理心、職場現實及企業文化的獨到見解。

他的經歷讓他成為了一位極富洞察力的創新者及領導者。在書中，他將帶領讀者穿越他的創業歷程，分享他在整個蛻變的過程中所遇見的波折、面對的困難、失敗的教訓、成功的關鍵、堅持的原則、學到的智慧，及如何從挫折中崛起，並在激烈的競爭中脫穎而出邁向自己的理想目標。這是一場挑戰極限的冒險，而每一個轉折都為他的成功鋪就了道路。

他在打造產品時，非常重視設計思考。他的獨到眼光，能夠看到科技與使用者體驗之間的微妙連結。《創建之道》揭示了

打造優異產品背後的過程和決策，使讀者能夠更全面地理解科技創新不僅僅是科技的研發及整合，更是對人性需求的回應。優秀的打造者能站在使用者的立場來打造產品和事業，並能在趨勢的變遷中保持開放的心態，必要時會聰明的選擇顛覆自己，而不會讓企業受困在本位主義的風險中。

最終，依據我在 AppWorks 多年的體悟，《創建之道》應該是一本人人都該擁有的典藏，尤其是在這個快速變動，更是無法預知的年代，大多數現有的體制或系統都將被快速的挪移，淘汰或崩解。每個人都該學會如何在快速變遷的環境中持續的打造自己，並邁向自我實現的目標。每位領導者或經理人也都該學會思考，如何在快速且多元的競爭環境中還能不斷的創新，不斷的創造價值，不斷的突破框架，不斷的打造出未來的優勢。

《創建之道》是打造未來的指南，一本為那些渴望在變革中打造自己理想世界的人而寫的書。我們都該準備並學會如何在不確定中打造自己，突破框架，實現理想。

推薦序
成為更好的自己，打造世界級的成就

張永錫／時間管理講師

2008年，我在Apple總部Infinite Loop 1購買了第一代iPhone，之前已購買多代iPod。這些創新產品背後，是作者東尼‧傅戴爾與賈伯斯領導下的團隊做出的優異產品。

作者在矽谷的名聲響亮。作為一名實習生抵達矽谷時，他滿腦子問題，如何找工作？為哪類公司工作？如何建立人脈？後來他加入了General Magic，與偶像比爾‧艾金森和一群天才夥伴一起工作，開發早期手持電腦的原型，儘管General Magic最終倒閉。Tony Fadell通過累積人脈引薦，轉職到蘋果，遇見另一位偶像賈伯斯。

賈伯斯是一位專注於成果的「使命驅策型」人物。作者在賈伯斯全力支持下，於加入蘋果十個月後，推動了iPod誕生，隨後他主導開發了總共十八代iPod。到了2007年1月9日，作為硬體部門總負責人，賈伯斯發布了iPhone第一代。

在矽谷的旅程中，作者學會了賈伯斯的故事講述技巧，領導Apple百人硬體團隊能力，精煉產品使用者體驗，開完整的訊息傳遞流程和架構。2008年11月離開蘋果後，他創立Nest，開發智能恆溫器，最終以32億美金賣給Google。

這本書指導讀者如何建立自我、職涯、產品、業務和團

隊,成為CEO並超越自我。它還分享了如何成為更好的自己,
打造世界級產品的經驗。

我最近購買的iPhone Pro 15 Max,讓我再次感受到了與作
者東尼・傅戴爾和賈伯斯的連結,從包裝到開機的每一刻,都
是一致的美感體驗。

向為世界帶來美好事物的人致敬。

簡介

　　我有許多經驗豐富、極受我信賴的導師都過世了。

　　幾年前我看了看身邊，發現以前那些曾被我用上百萬個問題狂轟猛炸、半夜接我電話、協助我創辦公司、打造產品、經營董事會、讓我變成更好的人，他們是睿智且充滿耐心的靈魂，現在都已經不在了。有些人走得也實在太早了。

　　而現在，我成了那個被問題狂轟濫炸的人 —— 正是那些我先前一而再、再而三提出的問題。有關新創公司的問題一定跑不掉，但還有些更基本的事：要不要辭職、職涯抉擇怎麼選、我怎知道我的構想到底好不好、如何思考產品設計、如何面對失敗、要在什麼時候創業、如何創業。

　　詭異的是，我竟然有答案！我有建議！我是從過去30多年一起合作的超讚導師以及超棒團隊身上學到的。我是在許多間打造出數億人每天使用產品的迷你新創公司內和超大型企業裡學到的。

　　所以現在，如果你半夜六神無主打電話給我，問我說公司正在擴張，過程中要如何保持原有文化完好無損；或是怎樣才能把行銷搞好，我可以給你一些見解，幾個技巧和撇步，甚至幾條規則。

　　不過我當然不會真的這麼做啦。請不要在半夜打給我，一夜好眠對我是無價的。

　　讀這本書就好了。

　　書中有許多建議，都是我天天向新鮮人、執行長、主管、實習生，以及凡是想在弱肉強食的商業世界中生存下來、打造自己職涯的人，所分享的建議。

　　這些建議不算是主流意見，因為很老派。矽谷信仰的是改造和顛覆，炸掉過時的思考方式，提倡全新的。但有些東西你就是不能炸掉：人性是不會改變的，不管你在打造什麼、你住在哪、你幾歲、你有不有錢都一樣。在過去超過30年中，我已經見識過，人需要什麼才能讓他實現潛能，顛覆需要顛覆的事，並開闢出一條他們自己的非傳統道路。

　　所以我在本書中描述的，是一種我見證過一次又一次不斷獲勝的領導風格，是關於我的導師們和史帝夫・賈伯斯是怎麼做的，關於我怎麼做的，關於當一個麻煩製造者去搞事。

　　這不是「打造某種值得打造事物」的唯一方式，但我是這麼做的。或許並不是每個人都適合，而且我不會跟你傳教什麼前衛又現代的組織理論，也不會告訴你一個禮拜工作兩天，然後早早退休就好。

　　這個世界充滿各種平庸、採取四平八穩路線的公司，他們創造出同樣平庸、想討好所有人的垃圾。但我花了一輩子的時間追逐那些追求卓越的產品和人士，我實在極度幸運，可以從最棒的人才，從那些大膽、熱情、在世界留下印記的人身上學習。

　　我認為所有人都應該擁有這種機會。

　　這就是我寫這本書的原因，所有想要做點有意義的事的人，都需要而且也值得擁有一名導師和教練，一位親身經歷過大風大浪、順利的話可以幫助你渡過職涯最艱難時刻的人。好的導師不會雙手奉上答案，而是幫助你從新的觀點看待你的問

題；他們會和你分享某些從自身血淚經驗獲得的建議，這樣你就能找到你自己的解決方法。

而且不只是矽谷的科技新貴才值得幫助，這本書是為了所有想要創造新事物、追求卓越、不想在這顆寶貴星球上浪費自己寶貴時間的人所寫。

書中我會談很多打造出優質產品的事，但這裡的產品不一定要是某項科技，也可以是你想打造出的任何事物，比如一項服務，或一間店面，或某種新的資源回收場。即便你還沒準備好要打造任何東西，書中的建議依然適合你。有時候「跨出第一步」就只意味著決定你想要做什麼，只是得到一個你有興趣的工作，打造出你想成為的那個人，或是建立一個你可以和他們一起打造任何事物的團隊。

這本書也不是我的自傳，我還沒死呢。這本書是箱子裡的導師，是一本建議大百科。

如果你老到可以記得以前沒有維基百科的年代，你可能會想起你的書架上、你祖父母的書房裡、圖書館曲折走道深處那一整面百科書牆帶來的喜悅。如果你有某個問題，就會查百科全書，但有時候你也會單純打開百科全書開始閱讀，A是土豚（Aardvark），接著你依序讀下去，然後看看會在哪裡結束。可能是按照順序讀，也可能跳來跳去，發掘世界的各種驚奇小快照。

你就應該這麼看待本書。

- 你可以從頭到尾依序讀完本書。
- 你可以隨意翻閱，尋找針對你當下的職涯危機，最有趣或最有用的建議和事物。因為永遠都會有危機，不管是

個人的、組織的還是競爭上的危機都是。
- 你可以跟隨散見於本書當中的每一個「可參見」連結，就像你在維基百科上點擊的一樣，深入探索任何主題，看看會帶你到哪裡。

多數商管書都有個基本論點為起頭，然後接下來的300頁都在發展這個論點。如果你想針對不同的議題分別去找建議，那你可能要讀40本書，無限輪迴不斷瀏覽，才能偶爾發現有用的珍貴資訊。所以在這本書裡，我把所有珍貴資訊都蒐集在一起了，每一個章節都包含我從我做過的所有工作、遇見的導師、教練、主管、同事，以及我犯下的無數錯誤中，所學習到的建議及故事。

這些是根據我自身經驗得來的建議，因此本書將大致跟隨我的職涯發展進行。我們會從我大學畢業後的第一份工作開始，終點則是我現在的職位，而這其中的每一步和所有失敗，都教會了我某些事情。人生不是從iPod開始的啦。

這本書並不是和我有關，因為我本人並沒有打造出任何東西，我只是打造出iPod、iPhone、Nest智慧溫控器、Nest智慧煙霧警報器團隊的其中一名成員而已。我在團隊裡沒錯，但我從來不是孤身一人。這本書是有關我學到的事，而且通常都是來自血淚教訓。

而為了要了解我學到的事，你最好還是知道一點我的事比較好，以下：

1969年 ➤➤ 平凡的起點：我出生了。我爸是Levi's的銷售員，上幼稚園前我們就開始四處搬家，我們總是在路上，尋找

下一個牛仔褲金礦，我15年內換了12間學校。

1978至1979年 ➔➔ 第一間新創公司：賣雞蛋。 我小三時挨家挨戶賣雞蛋，這間公司養大了我。這是門可靠的生意，我從農人那邊批進來便宜的雞蛋，接著我弟和我把雞蛋堆在我們的藍色推車上，每天早上沿著社區的街道叫賣。這給了我零用錢，是我爸媽管不到的錢，也是我初嘗真正的自由。

要是我堅持下去，說不定會有很大的成就。

1980年 ➔➔ 找到畢生志業。 小五的夏天，正是個找到你人生天職的好時機。我上了一門程式課程，當時「寫程式」就是拿著HB鉛筆在小紙卡上塗滿圈圈，然後拿去紙本列印出來結果。甚至連台螢幕都沒有。

這是我見過最神奇的事了。

1981年 ➔➔ 初戀。 一台蘋果電腦、8位元、一台閃閃發亮又美麗的真正12吋綠色螢幕、一部漂亮的棕色鍵盤。

我一定要得到這台超讚但爆貴的機器。我爺爺和我約定好，我打工當高爾夫球童賺到多少錢，他就會出多少。所以我他媽卯起來拚命工作，直到我買得起為止。

我很珍惜那台電腦，這是我永恆的熱情和我的命脈。到了12歲時，我早已放棄傳統形式的友誼了，反正我知道我們明年還是會再次搬家，所以和朋友保持聯絡的唯一方式，就是透過我的蘋果電腦。當時沒有網路，也沒有電子郵件，但是有鮑率300的數據機和數位佈告欄，也就是當時的BBS，我到每間學校都會找到那裡的極客朋友，然後我們就會透過蘋果電腦保持聯絡。我們還自學寫程式，並駭進電話公司，繞過每分鐘一到兩美金的電話費，得到免費的長途電話。

1986年 ➔➔ 第二間新創公司Quality Computers。 我有一個

用鮑率300數據機保持聯絡的朋友，在高三時創辦了Quality Computers，不久後我也加入。我們是做郵購的，從他家地下室轉賣第三方的蘋果硬體、DRAM晶片、各種軟體。我們也寫自己的軟體，因為我們販賣的升級和擴充版軟體安裝起來頗複雜，使用上也更困難，所以我們寫軟體為那些凡人把一切弄得簡單點。

這間公司成了真正的事業，有個免付費的0800號碼，有倉庫，在雜誌上刊廣告，還有員工。10年後我朋友用幾百萬美元把公司賣了，但那時我早就已經不在了。賣東西還行，但開發東西更棒。

1989年 ➤ ➤ 第三間新創公司 ASIC Enterprises。ASIC指的是「特定用途積體電路」（Applications Specific Integrated Circuit）。我這年20歲，並沒太多品牌行銷經驗，但我有滿腔熱血。1980年代末期我摯愛的蘋果表現不佳，產品速度必須要更快才行，所以我和某個朋友決定自己動手拯救蘋果。我們打造了一個速度更快的全新處理器65816，不過其實我不知道怎麼打造處理器就是了，我是在我們開始之後的下一個學期才在大學修了第一堂處理器設計課程。但總之我們還是打造出了那些晶片，速度比當時市面上的還快8倍，是風馳電掣的33MHz，甚至還在蘋果停止設計新一代蘋果電腦前賣了一些晶片給他們呢。

1990年 ➤ ➤ 第四間新創公司 Constructive Instruments。我和我在密西根大學的教授們合作，為小孩開發多媒體編輯器。我全心全意投入，總是在工作或是在講電話。在那個呼叫器是醫生和藥頭專用的年代，我就擁有呼叫器，其他同學常常在問傳戴爾是怎麼回事，怎麼沒去開派對喝酒，而是自己和一台電腦

待在地下室裡？

　　我畢業時，Constructive Instruments已經有幾名員工，我們有間辦公室、一項產品、銷售夥伴。我21歲，擔任公司的執行長，努力邊做邊學，我很訝異我當時竟然沒跑掉。

　　1991年➡➡General Magic的診斷軟體工程師。我必須學習怎麼經營一間真正的新創公司，所以我決定站在巨人的肩膀上。我在矽谷最神秘、最令人興奮的公司之一找到一份工作，整間公司的人才塞到連屋頂都擠滿了，這是一生絕無僅有的機會。

　　我們將打造出史上最屌的個人通訊暨娛樂裝置。我承擔每一分風險，把我的人生砸在這間公司，我們會改變世界。我們不可能輸。

　　1994年➡➡General Magic的資深軟體及硬體工程師。我們輸了。

　　1995年➡➡飛利浦技術長。我開始和飛利浦談我們為什麼會失敗，他們是General Magic的合作伙伴之一。我向他們推銷我的構想：我們改變受眾、使用現有的軟體和硬體、簡化簡化再簡化。

　　所以飛利浦聘我來開發商務人士使用的掌上型個人電腦，我年僅25歲就成了技術長，這是我大學畢業後的第二份工作。

　　1997至1998年➡➡發佈飛利浦的Velo及Nino。大獲成功！

　　1997至1998年➡➡我們賣得不夠多。

　　1998年➡➡飛利浦策略和創投部門。我轉調到飛利浦的創投部門，開始學習我在這個領域可以做些什麼，但掌上型個人電腦的事還卡在我腦中：或許我只是沒有找到對的受眾而已，

或許我們不需要專門為商務人士推出個人電腦，或許我們需要的是替所有人打造音樂播放器。

1999年➡➡RealNetworks。我要跟正確的團隊一起，使用正確的科技和正確的願景，打造一個數位音樂播放器。

1999年，6周後➡➡**我不幹了**。我一踏出門，幾乎馬上就理解我犯了個大錯。真是糟糕的凶兆。

1999年➡➡**第五間新創公司Fuse Systems**。管他的，我自己來做。

2000年➡➡**網際網路泡沫化**。資金一夕之間乾涸，我做了80場創投介紹演示，無一成功。我走投無路，拼命想辦法別讓公司倒閉。

2001年➡➡**蘋果打電話來**。起初我只是想當顧問賺點錢，讓Fuse Systems不要倒閉，但接著我便加入了蘋果，還帶著我的團隊一起。

2001年，10個月後➡➡**我們發佈了第一代iPod**。大獲成功！

2001至2006年➡➡iPod部門副總。開發了18代iPod後，我們終於把缺陷都搞定了。

2007至2010年➡➡iPod及iPhone部門資深副總。接著我們創造了iPhone，我的團隊打造了手機運作所需的硬體及基礎的軟體，並負責生產製造。我們接著又發佈了兩代，然後我就不幹了。

2010年➡➡**休息一陣子**。專注在家庭上，出國，離工作和矽谷要多遠有多遠。

2010年➡➡**第六間新創公司Nest Labs**。我和麥特‧羅傑斯（Matt Rogers）在加州帕羅奧圖（Palo Alto）的一座車庫裡創

辦了Nest，我們要為史上最不性感的產品掀起革命：溫控器。
我們告訴其他人我們超機密的新創公司要做什麼產品時，你真
該看看他們臉上的表情。

2011年 ➤➤ 發佈Nest智慧溫控器。大獲成功！而且幹他媽
的，真的有人買。

2013年 ➤➤ 發佈Nest智慧煙霧及一氧化碳警報器。我們正
開始打造一個生態系統：一個體貼的家，可以自己照顧自己，
以及住在裡面的人。

2014年 ➤➤ Google以32億美金收購Nest。有了我們的硬
體，加上Google的軟體和基礎設施：這一定是椿琴瑟和鳴的聯
姻。

2015至2016年 ➤➤ Google創立了Alphabet，我不幹了。
Nest被踢出Google，併入Alphabet，他們還要求我們大幅改變
計畫，接著決定賣掉Nest。這可不是我們簽字的婚姻，我在全
然的挫折中黯然離開。

2010年至今 ➤➤ Future Shape。離開Google Nest之後，我
轉而專注在一些我從2010年起就在做的顧問和投資，現在我們
全職指導及支持將近兩百間新創公司。

我的人生在成功和失敗之間瘋狂擺盪，苦澀的失意緊接在
超讚的職涯成就之後。而面對每次失敗，我都選擇另起爐灶，
帶著所有我學會的東西，去做另一件截然不同的事，並成為一
個截然不同的人。

最新版本的我是個導師、教練、投資人。弔詭的是，現在
還成了作家，但成為作家完全只是因為和我邊合作邊爭吵了10
年的優秀作家狄娜・魯文斯基（Dina Lovinsky），剛好有辦法

幫忙，並緊緊盯著我，所以才寫出這本書。狄娜年輕、自信、大膽，從創辦Nest最初期就加入團隊，親眼見證一切，並學會如果我能寫作的話，該怎麼像我一樣寫作。

　　你現在應該已經知道了，我是個糟糕的作家。要我寫程式，可以，但要寫一本書？我沒辦法，我只有一份我學會教訓的雜亂表格，完全不知道要怎麼在紙上寫下第一個字。不過話說回來，我當時也不知道怎麼打造電腦處理器、音樂播放器、智慧型手機、溫控器，但這些東西最後似乎也都還過得去。

　　本書提供的建議絕不可能包羅萬象，但至少是個開始，就跟大家一樣，我每天也都還在學習及修正我的想法，而本書便包含我從以前至今學到的事。

第一部
關於個人：如何經營自己

我試圖打造過 iPhone 兩次。

大家都聽過第二次，那次我們成功了。卻很少人知道第一次。

1989年，蘋果員工暨聰明絕頂的遠見者馬克·波拉特（Marc Porat）畫了下面這張圖：

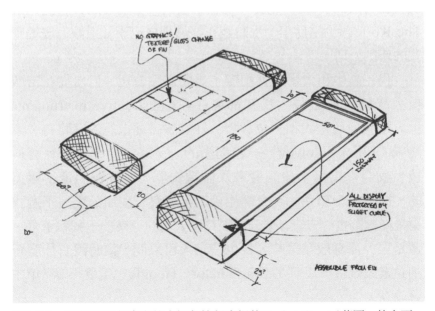

圖1.0.1：馬克1989年畫在他大紅色筆記本裡的Pocket Crystal草圖，他在下一頁寫道：這是個非常私密的物品，必須要很漂亮，必須要提供那種精緻珠寶帶來的私密滿足感，就算沒有在使用，也會有一定的價值，也必須提供試金石的舒適、貝殼的觸覺滿足、水晶的魅力。

Pocket Crystal是部美麗的觸控式螢幕行動電腦，結合了手機和傳真機的功能，可以讓你在任何地方打電動、看電影、買機票。

這個瘋狂未卜先知的願景因為一項事實更顯瘋狂。我強調，當時是1989年，網際網路還不存在，行動電玩的意思是帶著一台任天堂主機到你朋友家，而且幾乎沒有半個人擁有手機，或真正理解手機。到處都有公用電話，每個人都有呼叫器，幹嘛要扛一塊巨大的塑膠磚頭在身邊？

但馬克和兩名天才暨前蘋果巫師，比爾・艾金森（Bill Atkinson）及安迪・赫茲菲德（Andy Hertzfeld），創辦了一間公司打造未來，他們把這間公司叫作General Magic*。先前我曾在《MacWeek》雜誌（現在早已消失）上的八卦專區Mac The Knife讀到這件事，那時我正好發現自己不知道該怎麼經營我的新創公司。

我在高中和大學時就創辦了幾間電腦公司，但自從在密西根大學的大三之後，我就都專注在Constructive Instruments上，這間公司是我和一位教授，娃娃臉、愛抱怨的艾略特・索洛威（Elliot Soloway）一起創辦的。艾略特的專長是教育科技，我們一起幫小孩開發多媒體編輯器，而且我們走了蠻遠的，已推出一項產品，有聘用員工，還有一間辦公室，不過我還是得跑圖書館去查S型公司跟C型公司的差異——我除了菜，還是菜，渾身散發菜味，我也沒有人可以問，當時沒有什麼新創企業家聚會，沒有Y Combinator，Google也還要再等7年才會成立。

General Magic是我的大好機會，可以學習我想要搞懂的一切事情，還能和我心目中的偶像一起工作——那些打造了蘋果

電腦、The Lisa、麥金塔電腦的天才。這是我第一份真正的工作，也是我第一個真正的機會，可以跟安迪和比爾一樣改變世界。

　　我現在和大學剛畢業或剛進入職場的新鮮人談話的時候，他們都會說，他們就是想要追求類似像 General Magic 這樣的機會，一個做出改變、讓他們能夠在創造偉大事物的路途上站穩腳步的機會。

　　但是那些你在大學裡學不到，或老師無法教你的東西（包含如何在職場成長茁壯、怎麼創造出很屌的東西、怎麼應付主管、怎麼成為主管等），在你踏出校園的那一秒起，馬上就會狠狠打臉你。不管你在學校學到多少，要在社會上找到方向，並打造出某個有意義的事物，你還是需要社會大學的博士學位：你必須嘗試、失敗、從做中學。

　　而這代表，幾乎所有年輕畢業生、創業家、夢想家都會問我同樣的問題：

　　我應該找哪類工作？

　　我應該去哪類公司工作？

　　我要如何建立自己的人脈？

　　一般人常會假設，如果你在年輕時就找到正確的工作，那就擔保了這輩子某種程度的成功。他們覺得你大學畢業後的第一份工作，會直接連到下一個、再下一個工作，然後在你職涯

＊　如果你想知道更多關於這間公司的事，並見證最深刻的失敗，同時了解失敗並不是世界末日，那我會推薦你看《General Magic電影》（https://www.generalmagicthemovie.com/）。你可能會在裡面認出我，別問我髮型的事就對了。

中的每個階段都會注定成功，不斷向上。

　　我當初也是這麼想的。我百分之百確定General Magic會創造出史上最具影響力的裝置之一，我把一切都賭在上面了，我們所有人都是，整個團隊不眠不休工作了好幾年，我們甚至會頒獎給連續好幾晚在辦公室過夜的人。

　　接著General Magic崩潰了。多年的努力、數千萬美金的投資、報紙大肆報導我們必定打敗微軟之後，我們只賣出三到四千台裝置。也許有五千台吧。而且還大部份是賣給家人和朋友。

　　公司失敗了，我也失敗了。

　　接下來的10年，我慘遭矽谷狠狠踹爆屁股，然後才終於打造出大家真正想要的東西。

　　在這段過程中，我學會了許多血淚、痛苦、美妙、愚蠢、有用的教訓。所以對所有剛剛展開職涯，或正要創業的人來說，以下就是你們應該知道的事。

1.1 長大成人是什麼感覺

　　大家普遍將成年期視為學習結束、人生展開的一段時間。讚啦！我畢業了！我結束了！但是學無止境，學校並沒有讓你準備好如何在接下來的人生中成功。其實成年期是你可以不斷搞砸的機會，直到你學會如何別搞那麼砸。

　　傳統學校訓練出人們對失敗的錯誤看法。老師教你某個科目，然後你去考試，如果你失敗，那就這樣。結束了。但是一旦你離開學校，就沒有書本，沒有考試，沒有成績，要是你失敗，你就會從失敗中學習。事實上，在大多數情況下，**這是唯一的學習方式**，特別是當你在創造這個世界從未見過的事物之時。

　　所以當你在檢視眼前各種可能的職涯選項時，正確的起點應該是：「我想學些什麼？」

　　不是「我想賺多少錢？」。

　　不是「我想要有什麼職銜？」。

　　不是「哪間公司夠知名，這樣我媽在炫耀自家小孩時，可以輕鬆輾壓其他媽媽」。

　　想找到一個你會喜愛的工作，以及一個最終會讓你成功的職涯，最佳的方式便是追隨你天生有興趣的事，然後在選擇要到哪工作時承擔風險，跟隨你的好

奇心，而非商學院教你怎麼賺錢的教戰守則。要假設
在你20幾歲的大多數時候，你的選擇都無法變現，而
你加入或創辦的公司也很有可能會失敗。成年初期就
是看著你的夢想付之一炬，並從灰燼中盡可能學習，
去做、去失敗、去學習。剩下的事就會水到渠成。

我穿著一件便宜又不合身的中西部風格西裝去參加General
Magic的面試。所有人都坐在地板上，他們抬頭盯著我，一臉茫
然，臉上寫著：「這孩子是誰？」他們叫我找個地方坐下，並他
媽的把領帶和西裝脫掉。

這是第一個錯誤。Mistake # 1

幸好只是個小錯。我在1991年時成為公司的第29號員工。
我只是個孩子，21歲，心懷感激接受了診斷軟體工程師的工
作，我將要開發軟體和硬體工具去檢查其他人的設計。我是公
司最低階的員工，但我並不在乎，我知道我需要先進來，然後
再證明自己往上爬。

一個月前，我還是我自己公司的執行長，我們很小，只是
一間有3名、有時候4名員工的新創公司，而且成長緩慢，但感
覺更像是走在水上——而走在水上感覺像是溺水。你要嘛就是
成長，要嘛就是結束了。沒有靜止這回事。

所以我來到我可以成長的地方，職銜和薪水都不重要，重
要的是人，是願景。重要的是這個機會。

我記得收拾行李從密西根開車去加州。我緊張得不得了，
身上有400美元，我爸媽則搞不懂到底他媽的發生什麼事。

他們希望我成功，他們希望我快樂，但我似乎真的總是在
搞砸，而且已經好多年了。我愛電腦，可是我七年級上人生第

一堂電腦課的時候，幾乎天天被趕出教室，因為我總是告訴老師他錯了，總是堅持我比較懂，從來不閉嘴。我把那個可憐的傢伙弄哭了，直到他們把我拖出課堂，叫我去學法文。

接著我翹掉了我在密西根大學的第一個禮拜，跑到舊金山參加 Apple Fest，幫我的新創公司弄了一個攤位。我回到底特律後才跟我爸媽說這件事，他們氣到發抖，但我很早就學會要在事後尋求原諒，別在事前請求准許。我也記得坐在我的宿舍，還在消化我在舊金山碼頭吃的晚餐時所獲得的天啟：我發覺我可以同時身處兩個世界。一點也不難。

而現在我離開了我一手創辦、焚膏繼晷辛苦投入的公司；這一間看似風險巨大，但才剛開始有收穫的公司。而我接著要去……去哪？去 General Magic？它算哪根蔥？如果我要找個正職工作，幹嘛不去 IBM？幹嘛不去蘋果？為什麼不做點穩定的事？為什麼我不能選一條爸媽可以理解的路？

我多希望我當時知道以下這句名言，那或許會幫上忙：

> 你 20 幾歲時唯一的失敗就是毫不作為，剩下的都是反覆摸索而已。── 無名氏

我需要學習，而最棒的方式，就是讓自己身處在那些確切知道要打造某項偉大事物有多困難的人旁邊── 他們有傷痕可以證明這點。而就算我加入這群人最後證明是個錯誤之舉，那麼，犯錯也會是「確保日後別再犯下相同錯誤」的最棒方式。去做、去失敗、去學習就對了。

重點是要有個目標。為了某件對你來說巨大、困難、重要的事奮鬥，那麼你朝這個目標踏出的每一步，即便跌跌撞撞，

也都能帶你向前。

而且你不可能跳過任何一步——你不能期待答案自動出現，幫助你繞過困難。人類是從有建設性的掙扎中學習的，必須要親身嘗試，搞砸後下次再用不同的方式嘗試。你在成年初期必須接受這點，也要了解雖然有風險且不見得會成功，但還是要義無反顧去承擔。你可以得到指引和建議，也可以跟隨他人的例子選擇路徑，但你必須自己親身走上那條路徑，看看路徑會帶你到哪裡，這樣你才能真正學會。

我有時候會到高中演講，到一群18歲的孩子準備第一次獨自迎接世界的畢業典禮上。

我告訴他們，他們大概只幫自己做了25％的決定而已，最多啦。

從你誕生的那一刻起，到你搬出你爸媽家，你幾乎所有的決定都是由他們做主、型塑、影響。

而且我講的不只是那些明顯的決定，例如要修哪門課，要參加哪種運動之類的。我說的是數百萬個你在離家開始自力更生之後，自己會發現的隱藏決定：

你用哪牌的牙膏？

你用哪種衛生紙？

你把餐具放在哪？

你的穿著打扮如何？

你信仰什麼宗教？

這所有你在成長過程中從未決定過的細微小事，早已深植在你的腦中。

多數孩子不會刻意去檢視這類決定，他們會模仿自己的爸媽，而當你還是個孩子時，這通常沒啥問題，甚至是必須的。

但你已經不再是個孩子了。

在你搬出你爸媽家之後，就會出現一個機會，一個簡短又閃亮的超讚機會——你的決定，由你作主。單單是你作主——你不必回報給任何人，不必向配偶、子女、父母報告。你是自由的，可以自由選擇你喜歡的事物。

在這個時機，你就應該要大膽。

你要住在哪？

你要去哪工作？

你要成為什麼樣的人？

你爸媽永遠都會給你建議——你可以自由選擇要接受還是要忽略。他們的建議出自他們想要你得到的事（當然，他們想要你得到的一定是最棒的事）。但你還需要其他人，其他導師，來給你有用的建議，比如某個老師、表親、阿姨、家庭親近友人較年長的子女等。你自力更生並不代表你必須獨自決定。

因為事情就是這樣，這就是你的那個機會，你承擔風險的時候到了。

對大多數人來說，等到30幾歲和40幾歲時，這個機會之窗就關閉了，此時你的決定不再完全是你一人的選擇。其實這也沒什麼，甚至更棒了，但有點不一樣。依賴你的人會型塑、影響你的選擇，就算你沒有家要養，你每年都還是會多累積一點你不想冒險失去的朋友、資產、社會地位。

但是當你在職涯的初期以及人生的初期，如果你承擔巨大風險，最糟糕的結果也只不過是搬回家和爸媽一起住而已，而且這並不可恥。把自己丟到外頭，並讓一切打臉你，是世界上最棒讓你快速學習的方法，讓你釐清你之後要做什麼。

你可能會搞砸，你的公司可能會倒掉，你可能會緊張到腸

胃不停翻攪，嚴重到你以為是不是食物中毒了。可是沒事的，事情就是會這麼發生。如果你沒有感到這些焦慮，那你就做錯了。你必須把自己推上山巔，就算可能會摔死也得去。

我從我第一次大暴死的失敗中學到的事，比我第一次成功還多上許多。

General Magic是一次實驗——不只是我們在打造的東西（我們在開發的可是某種完全荒唐、幾乎不可置信的新事物），也包括如何經營一間公司。我們的團隊超讚，隨便找都是天才，但根本不注重管理，沒有既定的流程。我們就只是……在開發東西，只要我們的主管覺得酷就去做。

而所有零件都得從零開始手工製作，就像是給一大群工匠一大堆板金、塑膠、玻璃，然後叫他們做出一輛車似的。我有個專案是要想辦法把不同的小裝置連接到我們的裝置上，所以我做出了USB埠的前身。接著他們派我去做紅外線網路連接不同裝置，就像電視遙控器的原理，所以我裡裡外外總共改造了七層的協定堆疊。驚人的是，還真的能用，其他工程師頗為興奮，還在上面開發了一個填字遊戲，這個遊戲在辦公室紅了起來，讓我飄飄欲仙。最後某個資深工程師過來檢視我寫的程式，然後他一頭霧水，問我為什麼要這樣開發網路協定，我回他我不知道我開發的是網路協定。

這是第二個錯誤。Mistake # 2

我應該找本書來讀，這樣就可以省下我好幾天的功夫。即使這樣，感覺還是很讚，我創造了某個有用的東西，這世界從未見過。而且還是用我自己的方式。

超瘋狂的，但也很有趣，尤其是一開始的時候大家都把焦點放在有沒有趣上面。上班沒有服儀要求，辦公室也沒什麼規

定，一切都和我在中西部習慣的截然不同。General Magic 很可能是前幾個真正實踐「邊工作邊玩樂是值得的」矽谷公司，快活的工作空間可以製造出快活的產品。

我們可能快活過頭了一點。有一次我們半夜還在辦公室跟往常一樣加班。我拿出了需要三人操作的強力彈弓（大家的辦公室都有這種彈弓吧，不是嗎？），夥同兩個幫兇把黏土裝進彈弓，開火，把三樓的一扇大窗戶射出一個超巨大的洞。我怕得要死，擔心我會被炒。

但大家就只是爆笑。

這是第三個錯誤。Mistake # 3

四年間，我全心全意投入 General Magic，我學習、搞砸、工作工作再工作，一個禮拜工作 90 小時、100 小時、120 小時。我不愛喝咖啡，所以我主要是靠著健怡可樂活下來，一天喝一打。在此聲明，我之後再也沒喝過這鬼玩意。

（附帶一提，我不建議工作這麼久，你永遠不該為工作而死，任何工作也不可以期待你這樣。但如果你想要證明自己，想要盡可能學習、盡可能做事，那你就得投入時間，就得早到晚退，有時週末和假日也要加班，別期待沒幾個月就去放假。不妨讓你的工作／生活稍微失衡一點，讓你對你在打造事物的熱情驅策你。）

多年來只要有人指給我方向，我都會全速衝刺──而這次我們是同時往所有方向衝刺。我的偶像會下令：攻佔那座山頭，而我就向天發誓那座山就是我的聖母峰，盡一切可能讓他們刮目相看。我百分之百確定我們會做出史上最屬害裝置，為世界帶來劇烈改變。我們全都這麼相信。

接著發佈延後，一延再延。我們的資金充裕，媒體報導不

斷，外界對我們的期待也如天高，所以產品就只是不斷成長，可是永遠做得不夠好或是不夠完整。這時我們的競爭對手紛紛出現。那時候網際網路開始流行起來，我們開發的是一個由AT&T這類大型電信公司經營的私有網路系統，對所有人開放。可是我們的處理器沒有足夠能力去支持安迪和比爾夢寐以求、充滿野心的使用者體驗，也沒辦法支持蘇珊・凱爾（Susan Kare）設計的圖片和圖案。蘇珊是個優秀的藝術家，她為Mac設計了最初的視覺語言，並為Magic Link創造了一整個美麗的世界。但每次只要點擊螢幕，整個東西就會他媽的當機。參與測試的使用者因為過長的等待的時間和各種錯誤受挫連連，永遠不知道是他們做錯了什麼還是裝置就是當機了，問題清單每天都會越積越長。

這是第四到第四千個錯誤。

1994年我們終於發佈產品，此時我們開發出來的不是Pocket Crystal，而是Sony Magic Link。

這東西缺陷重重，而且很詭異地卡在過去和未來的中間——它同時具有動畫表情符號，也有一台傳真用的小小印表機，但仍然是完完全全割時代的屌。這是邁向全新世界的第一步，大家可以帶著電腦四處趴趴走。所有的努力、所有的睡眠不足、健康受損、親子關係受損，全部都會值得的。我超級驕傲，我對我們團隊創造出的東西極度激動，到今天依舊如此。

結果沒半個人要買。

在辦公室渡過那麼多日夜之後，我醒來發現自己下不了床。胸口被某種感覺重重壓著。我們做的一切事都以失敗告終。一切欸。

而我終於知道為什麼了。

　　這時我在General Magic已不再是個低階的診斷工程師了。我已經處理過矽、硬體、軟體的架構和設計。當事情出錯時，我會踏出去和銷售及行銷部門的人溝通，開始學習心理學和品牌行銷相關知識，最終領悟出好主管、開發過程、設下限制的重要性。4年之後，我發覺在寫下一行程式碼前，其實是需要先有海量的思考。而這樣的思考令人著迷。這就是我想要做的事。

　　我們的失敗、我的失敗、我所有的努力全部崩潰而對我帶來的致命打擊，這一切在此時使我眼前的道路出奇的清晰：General Magic打造的是很棒的科技沒錯，但並不是在開發一個能夠解決人們實際問題的產品。我覺得我可以達成。

　　你年輕的時候，你以為自己什麼都懂了結果突然發現自己根本啥都不懂的時候，該追求的就是這個：一個你可以盡全力工作，盡全力向那些打造偉大事物的人學習的地方。這樣即使你被這個經驗狠狠教訓了，教訓的力道仍能驅策你進入人生的一個新階段，而你會搞懂在這個新階段要做什麼。

圖1.1.1：Magic Link的零售價是800美元，重量將近675克，是巨大的7.7 × 5.6英吋，內含一部電話、一個觸控式螢幕、電子郵件、可下載應用程式、遊戲、購買機票的途徑、動畫表情符號，還有將這些東西全部合在一起的劃時代科技，有點類似iPhone。

1.2 要找什麼樣的工作

　　如果你要把你的時間、精力、青春都投注在某間公司上，那麼請不要加入賣黏鼠板的公司。請找一個會掀起革命的事業。一間可能劇烈改變現狀的公司，會擁有以下特質：

1. 正在開發某種全新產品或服務，或是以競爭對手無法達成甚至無法理解的新穎方式結合現有科技的產品或服務。

2. 這項產品可以解決某個問題，某個許多顧客每天經歷的真正痛點。這樣應該會存在頗大的市場。

3. 這項新科技可以傳遞公司的願景，不只是在產品本身，也包括支持產品的基礎設施、平台、系統。

4. 領導階層對於解決方式並不固執己見，並且願意適應顧客的需求。

5. 以你從未聽過的方式思考某個問題或顧客的需求，但你聽過之後便覺得完全合理。

　　只有很酷的科技不夠，有很棒的團隊不夠，充足資金也不夠。有太多人盲目投入熱潮，預期會有淘金熱，結果只是跌下懸崖。看看虛擬實境（VR）搞死多少人就知道了，過去30年間掛掉的新創公司屍橫遍野，數十億美金燃燒殆盡。

「如果你做出來，顧客就會來了。」這句話並不永遠成立，如果科技還沒跟上，他們當然不會來；但就算你有了科技，你還是必須掌握正確時機，世上的人必須做好準備：他們想要這項科技。顧客必須看見你的產品解決了他們今日面臨的實際問題，而不是某個他們在遙遠的未來可能擁有的問題。

我稱這是「General Magic問題」：我們在iPhone成為史帝夫・賈伯斯眼裡靈感的多年前，就想開發iPhone了。

而你知道是什麼徹底打敗我們嗎？Palm。因為Palm的PDA讓你可以把記在紙片上或桌上型電腦裡的電話號碼，放進一個能夠隨身攜帶的裝置。就這樣，很簡單。你沒辦法把實體的旋轉式名片盒塞進口袋或皮包，所以PDA就是正確的解決方法。這很合理，完全有存在的理由。

而General Magic卻沒有存在的理由。我們以科技為起點，專注在我們可以打造什麼，什麼可以打動我們公司的天才，卻沒有思考「為什麼真實世界的非技術人員大眾會需Magic Link」。Magic Link可以解決的各種問題，是社會大眾在10多年後才會面臨到的。而因為沒有人會為「還不存在的問題」去發展相關的科技，所以我們產品依賴的網路、處理器、輸入機制也都不夠好。我們一切都必須自己來，包括劃時代的物件導向作業系統Magic CAP、全新的用戶端伺服器程式語言TeleScript等，我們還創造了擁有線上應用程式和商店的伺服器。而最終，雖然無法達成我們的願景，我們還是為我們的極客同胞創造出了某個超屌的東西。

對其他所有人來說，搞不好也挺不錯的吧，如果他們了解這是什麼東西的話：一個給有錢人跟宅男，或是有錢宅男的奢侈玩具。拿來玩的。

如果你不是在解決實際的問題，那你就無法掀起革命。

一個明顯的例子便是Google眼鏡，又稱Magic Leap。世界上所有的資金和公關都無法改變一件事實，那就是擴增實境（AR）眼鏡是一項還在尋找問題來解決的科技。普羅大眾就是沒理由去買，還沒有。沒人有辦法想像戴著這些古怪又醜陋的眼鏡去派對或進辦公室，還詭異地錄下身邊所有人的行動。而且即便AR眼鏡有璀璨的未來願景，這項科技依然還無法把這項願景傳遞出來，社會汙名也要花很長一段時間才能洗刷。不過我相信總有一天可以的，但一定還要很多年。

另一個例子則是Uber，創辦人從顧客的問題開始，一個他們在日常生活中遭遇的問題，接著再應用科技。問題很簡單：在巴黎攔計程車簡直難如登天，雇用私人司機還又貴又要等很久。在智慧型手機還沒出現的年代，解決方案可能是直接創立一種新型態的計程車或禮賓車生意。但Uber遇上完美時機：智慧型手機突然之間無所不在，為Uber提供了平台，並讓顧客擁有正確的思維，去接受Uber的解決方式。如果我都可以用手機上的應用程式訂烤麵包機了，那怎麼不能叫車呢？把實際的問題、正確的時機、創新的科技三者結合起來，讓Uber帶來典範轉移，創造出某種傳統計程車公司作夢都想不到的事，更不要說與其競爭了。

而且這不只是矽谷現象而已，世界各地各個產業的革命性公司都如雨後春筍般崛起，包括農業、製藥、金融、保險等。10年前看似無解、需要數十億美金、需要巨型企業大量投資才能解決的問題，現在只要用個智慧型手機應用程式加一個小小的感測器再加網際網路就能搞定。這代表世界各地有數千人找到機會去改變大眾的工作、生活、思考的方式。

接受上述這類公司的任何工作吧，不要太擔心職銜，專注在工作本身。如果你已經一腳踏進一間成長中的公司，那麼你也會找到機會成長的。

不過不管你做什麼，千萬不要去麥肯錫（McKinsey）、貝恩（Bain）或其他八間宰制整個產業的顧問公司當「管理顧問」。他們全都有成千上萬名員工，幾乎只和《財星》500強的公司往來。這類公司通常是由臨時的避險執行長領導，找管理顧問來是要大查帳，找出公司的缺點，並向領導階層提出一個可以魔術般「修理好」一切的新計畫。真是童話故事啊，別讓我再說下去了。

但是對許多畢業生來說，這聽起來很完美：你會有優渥的薪水，可以環遊世界，和有錢有勢的公司及主管合作，學會怎麼樣讓一間公司成功。這是個非常吸引人的願景。

這願景，有一部分甚至還是真的。沒錯，你的收入好看；沒錯，你有很多機會練習說服重要客戶，但你不會學到怎麼創立或經營一間公司。真的不會。

賈伯斯某次提及管理顧問曾表示：「你確實會在公司裡有一席之地，但沒什麼用。就像一幅香蕉圖片：你或許會拿到一幅非常準確的圖片，但只有平面，你沒有實際從事的經驗永遠不可能得到立體。所以你的牆上可能會有很多張圖可以和朋友炫耀，我在香蕉公司工作、我在桃子公司工作、我在葡萄公司工作，但你從來沒有真正品嚐過。」

如果你真的選擇走這條路，並發現自己身處四巨頭或其他六間一流公司，那這當然也是你的選擇，只是記得在你離開前要學到你想學的事，學到你開啟下一章所需的經驗，不要卡住了。管理顧問永遠不該是你的終點，應該是個臨時小站，只是

在你真正揚名立萬、打造出某種事物的旅途上的短暫停留。

要幹大事、要真正學習，你就不能從屋頂上發號施令，然後拍拍屁股走人讓其他人完成工作。你必須把自己的手弄髒，你必須注意所有步驟，精心打磨所有細節。事情崩潰的時候你也必須在現場，以便把一切拼湊回去。

你必須實際從事那項工作，你必須愛那項工作。

但要是你愛上錯誤的事會怎麼樣？如果你找到的產品或公司屬於時機還沒成熟，還沒有支持的基礎設施，顧客還不存在，領導階層有瘋狂的願景而且不願讓步呢？

或者，要是你深愛量子電腦、合成生物學、核融合能源、太空探索等領域，即便沒有跡象顯示這些產業短期內會結出豐碩果實呢？

這樣的話，管他的，就去吧。如果你很愛，就不要擔心我上面說的建議，也不要擔心時機。

網際網路泡沫化前夕那段期間被我花在開發手持裝置上。General Magic 開始陷入泥沼後，明顯的解決方法應該是跳船到 Yahoo 或 eBay，加入網際網路淘金熱潮，每個人都叫我這麼做。「你瘋了嗎，幹嘛去飛利浦？網際網路才是錢潮啊！沒有人需要消費性電子產品了。」

但我還是去了飛利浦，我知道在桌上型電腦和手機之間，還有空間留給某種很屌的東西——我在 General Magic 時看見了，也感覺到了。所以我在飛利浦建立了一個開發裝置的團隊，接著開了我自己的公司製作數位音樂播放器。我沒有放棄，因為我很愛，我喜歡從無到有打造整個系統，我喜愛原子和電子、硬體和軟體、網路和設計。等到後來蘋果打給我，請我去開發 iPod 時，我早已完全知道該怎麼做。

如果你對某件事充滿熱情，某件有天可以解決大問題的事，那就不要轉換跑道。

四面看看，尋找和你一樣有熱情的社群，如果地球上沒有其他人想到這件事，那時機可能就真的是太早了，或是你走錯方向。但就算你只能找到幾個志同道合的人，就算只是個迷你的極客社群，打造的科技沒人知道怎麼發展成真正的生意，還是要繼續走下去。走進一樓、交點朋友、尋找導師和連結，這樣等到世界轉到正確的角度，讓你打造的東西變得合理時，一切就會開花結果。屆時你可能已經不是待在一開始的公司了，願景、產品、科技也都有可能改變了，你也可能一再失敗、不斷學習、進化、理解、成長。

但總有一天，如果你是真心在解決某個實際的問題，等到世界準備好想要這項科技的時候，你早就已經抵達了。

你做什麼很重要，你在哪工作也很重要，最重要的則是你和誰一起工作，並且從中學習。太多人將工作視為達成目標的手段，視為一個賺夠多錢、這樣就不用再工作的方法。但找個工作其實是你在世界上留下印記的絕佳機會，能夠把你的專注、精力、寶貴到不行的時間，投注在某個有意義的東西上。你不需要馬上變成主管，也不需要大學畢業後馬上在最屌、最能影響世界的公司找到工作，但你應該要有個目標，你應該要知道你想往哪裡去、你想和誰一起工作、你想學習什麼、你想成為怎樣的人。而從這裡為起點，你應該就能開始理解該怎麼打造你想打造的事物了。

1.3 如何與偶像建立人脈連結

　　讀碩士或博士時，學生會去找主持最棒計畫的最棒教授，但當他們找工作時，他們專注的反而是薪水、福利、職銜。然而一份工作是真的超屌或是完全浪費時間，唯一的關鍵其實在於人。請專注在理解你的領域上，並運用這類知識去和最棒的人才，也就是那些你真正尊敬的人建立連結。他們就是你的偶像，而這些通常頗為謙虛的搖滾巨星，將會帶領你獲得想要的職涯。

　　如果軟體設計和寫程式之神存在，那就是創辦General Magic公司的比爾・艾金森和安迪・赫茲菲德。他們的臉出現在我小學時虔誠拜讀的每一本雜誌上，我用過他們打造出的所有東西：劃時代的Mac、MacPaint、Hypercard、The Lisa。

　　他們是我的偶像。初次和他們見面時，感覺是遇到了總統、巨星披頭四、齊柏林飛船。我和他們握手時手掌冒汗，大氣都不敢喘一口。但過了一段時間，我眼裡的迷戀消失之後，發覺他們頗平易近人的，也很好聊（這在天才的世界是個罕見的特質），而我可以跟他們聊上好幾個小時，聊寫程式、聊設計和使用者體驗、聊一百萬種我好奇的事，我甚至把我新創公司Constructive Instruments開發的產品給他們看。

　　我覺得，這便是我得到General Magic工作的主因。有些人甚至願意睡在他們門口等待一個面試機會，而我卻只是個來自密西根的無名極客。不是因為我會諂媚創辦人或是因為我在面試前及面試後不斷騷擾人資主管（好啦，我確實每天打給她打了一個月啦，就在面試前及面試後。因為那時候沒有電子郵件），我得到這個工作，是因為我已透過完全簡單粗暴的方法，獲得了大量有用的實際資訊。我把我大多數時間花在開發上，開發晶片、軟體、裝置、公司，剩下時間則拿來閱讀所有我能弄到手關於這個產業的素材。這就是我脫穎而出之處，也是任何人能脫穎而出之處。超聰明、愛諷刺、反主流的矽谷創投經理人暨德州商人比爾‧葛利（Bill Gurley）是這麼說的：「我不能讓你變成最聰明或最耀眼的，但有可能讓你變成最有知識的。你可以比其他人蒐集更多資訊。」

　　而如果你要花這麼多時間蒐集資訊，那就去蒐集某個你有興趣的事的資訊，就算你沒有想要以此維生也沒關係。跟隨你的好奇心，等你擁有這類知識後，你就可以開始獵捕該領域最棒的人才，並試著和他們一起工作。不過這不代表如果你對電動車有興趣，就應該去跟蹤伊隆‧馬斯克（Elon Musk）啦。你不妨找出是哪些人負責向馬斯克報告，又是哪一群人負責向這些人報告，還有哪些競爭公司為了獵得這些人才而不惜殺人。也可去了解一下有哪些下游的領域，找出誰是那些領域裡的領頭羊，用推特或YouTube找到那些專家，傳訊息、留言、LinkedIn連結給他們。你對同樣的東西有興趣，你擁有相同的熱情，所以和他們分享你的觀點，問個聰明的問題，或是告訴他們某個你的家人和朋友都覺得超級有夠無聊到爆、你卻覺得很讚的冷知識。

建立連結，這是在任何地方找到工作的最佳方式。

而假如這看似不可能達成——假如你在推特上追蹤你的偶像，卻相信他們不會注意到你——那麼讓我很負責任地向你報告：不可能！或許沒人把我當偶像，但我是個經驗豐富、人脈廣闊的產品設計師，有幸參與開發一些著名的科技，而多數人都會假設我會忽略那些在推特上私訊我、或是不知從哪裡冒出來主動寄電郵給我的人。其實，有時候我真的會回訊。

不過，不是在他們單純想找工作，或是為了資金釣魚時。但我會注意到前來分享某件趣事、分享某個聰明訊息的人，特別是如果他們一直來的話。如果他們上周寄了某個酷東西給我，這周又寄，而且他們不斷帶來吸引人的消息、科技、想法，並持之以恆，那我就會開始注意到他們。我會開始記得他們並回應他們的訊息，而這可能會變成一次自我介紹、一段友誼、一次推薦，也有可能變成在我們投資的其中一間公司裡的一份工作。

關鍵在於「持之以恆」和「提供協助」。不只是要求某件事，而是提供某件事。如果你充滿好奇心又積極參與，你永遠都會有東西可以提供，你永遠都可以交流好想法，也可以永遠都保持熱心助人。想辦法幫忙。

看看哈利‧史特賓（Harry Stebbings）就知道，他是個聰明、真誠、超棒的人，2015年時開了一檔叫作《20分鐘創投》（20 Minute VC）的podcast邀人上節目。他樂於助人又溫暖，接著累積出一些人氣，先是一個執行長上節目，接著又一個，還有其他創辦人、投資人、高級主管，其中也包括我。這是我最愛的幾個podcast訪談之一。

每一集podcast結束後，他都會私下問受訪者：「你認識而

且尊敬、並覺得我應該邀來上節目的前三名是誰？你介意幫我迅速引薦一下嗎？」

2020年時，他已能夠把他的成功和人脈變成一個小型的創投基金，而2021年時，該基金又獲得了另外一億四千萬美元的注資。

我寫下這段時，哈利．史特賓才24歲呢。

當然我不是說每一則你傳給你偶像的推特或LinkedIn訊息，都會變成價值一億四千萬美元的創投資金，但是有可能會變成一份工作，甚至可能會變成一份和你偶像一起的工作。

而所有和偶像一起的工作都是好工作。

不過如果你可以的話，最好試著進入一間小公司，甜蜜點是一間30至100人、正在開發值得打造事物的公司，而且即便你沒辦法每天和他們一起工作，還是有幾個搖滾巨星可以學習。

Google、蘋果、臉書或其他巨型公司你可能進得去，但是要讓自己和搖滾巨星密切合作的機會則非常少。而且你也該知道，你現在沒有實質影響力，未來很長一段時間都沒有。你是在以卵擊石。不過跟在偶像旁邊，你會是一顆薪水優渥的卵。所以如果你真的選擇這條路，那就一邊享受你的收入，一邊在一個巨大又無窮無盡的專案裡，搞好你負責的那個小小一部份吧。既然公司不會明日不出貨就倒閉，那就把你的自由時間，拿來搞懂組織架構、部門、重要但不緊急的小事、過程、研究、長期專案和長期思維等等。了解這些事情很好（可參見4.2你準備好創業了嗎？），但千萬不要卡在大象的腳趾頭之間，這樣你就永遠都看不見整隻大象，你會很容易就誤以為導航過程、繁文縟節、工作劃分、職場政治等是真正的個人成長。

小公司資源、設備、預算可能比較少，可能不會成功，永

遠不會賺錢，不會有太多福利（雖說有福利也是不錯的）。凡是把資金花在乒乓球教練和免費啤酒上面的新創公司，都是搞錯重點。（可參見6.4　關於員工福利：馬殺雞去死吧）。但在小公司，你可以和更多跨部門人才一起共事，包括銷售、行銷、產品、營運、法務，甚至是品管或客服部門。小公司依然有專業分工，但通常不會有自行其事的單位，而且小公司有不同的能量，整間公司會專注在攜手合作，讓某個珍貴的想法化為現實。所有不必要的事項都能免則免，繁文縟節和職場政治通常也都不存在，而且會更重視你在做的事，因為這對公司能不能活下去很重要。你們全都在同一艘救生艇上。

　　而和你深深尊敬的人一起待在這艘救生艇上是件快樂的事，這是你在工作時所能擁有最棒的時光，我強調，說不定是你一輩子最棒的時光了，而且等你上岸之後也不必然要結束。

　　我在General Magic有幸一同共事的許多好人之中，包括溫德爾·桑德（Wendell Sander）和布萊恩·桑德（Brian Sander）父子，他們都超優秀、老實又善良，是工程師中的工程師。布萊恩是我在General Magic的主管，兩人也都協助我想辦法開發出MagicBus，也就是Magic Link使用的數位週邊匯流排，我們一同開發的構想和專利現在是全世界USB裝置的基礎，這是美夢成真。

　　General Magic這家公司垮掉之後，我們各奔前程，但我一直和他們保持聯絡。10年後，我聘了布萊恩來和我一起開發iPod，接著布萊恩聘了他爸。

　　有次溫德爾和我正走進蘋果的主建築無限迴圈一號（Infinite Loop 1），剛好撞上史帝夫·賈伯斯，他頗為激動，因為溫德爾是蘋果的第16名員工，但賈伯斯已經好幾年沒看到他

了，「溫德爾！你這段日子去哪啦？」

溫德爾回答：「我都在這啊，在開發iPod，和傅戴爾一起。」

當你有機會和傳奇、偶像、神祇一起工作時，你會發覺他們不像你在腦中想像的那樣。他們或許是某個領域的天才，卻對另一個領域一竅不通。他們可以讚美你的工作成果，讓你飄飄然，但你也可以幫忙他們，救起來他們漏掉的事，並在彼此尊重、而非不切實際的偶像崇拜基礎上，去建立一段關係。

而且讓我告訴你，世界上沒有任何東西比用一種有意義的方式協助你的偶像，並獲得他們的信任，感覺還爽了。看著他們相信你完全知道自己在說什麼，他們可以依賴你，還有你是個值得記住的人，接著看著這樣的尊重逐漸進化，隨著你來到下一份工作、又下一份。

這就是偶像的好處，你可以用他們的啟發驅策自己，如果你做得對，並留心傾聽，那他們就會分享數10年學習而來的經驗，接著有一天，你也可以報答他們。

1.4 工作技巧：苦幹實幹，可能完蛋

個別貢獻者（individual contributor，IC）不負責管理他人，工作通常是開發某個當天或隔一兩周需要完成的東西。他們的職責是耕耘細節，所以大多數個別貢獻者的目標，是由他們的主管和管理團隊設立的。主管也會為他們指出方向，讓他們專注在自己的工作上就好。

然而，如果個別貢獻者一直埋頭苦幹，眼神只看向他們自己緊迫的死線以及他們工作的細節，他們可能會直接一頭撞上磚牆。

身為一名個別貢獻者，你必須偶爾做以下這兩件事：

1. **抬頭**：目光超越下個死線或專案，看向接下來幾個月即將到來的所有大事，接著一路往下看到你的終極目標：你的使命。理想上這應該是你一開始加入專案的理由，隨著專案進展，務必確保使命對你來說仍然合理，且通往使命的路途是暢通無阻的。

2. **環顧四下**：離開你的舒適圈，遠離你目前的團隊，和公司其他部門的人說話，以理解他們的觀點、需求、顧慮。這種內部溝通網路總是很有用，而且假如你的專案前進方向錯了，內部溝通也可以給你初

期警告。

我只有在天塌下來時才抬頭，我是說真的塌下來。在那之前，偶爾會有顆小行星呼嘯飛過我在 General Magic 的隔間，比如優質觸控式螢幕的零件還沒開發好、我剛寫好的軟體搞爆了產品、我們需要的行動網路無法運作之類的。但我就只是抹抹鍵盤，繼續埋頭苦幹。

我信任比爾、安迪、馬克掌舵，我需要的就只是證明自己而已。而這便是和偶像一起工作的缺點之一：你忙著從他們身上學習技藝，於是你就假設他們負責大願景，你認為他們會看見那道直挺挺擋在路上的磚牆。

把一個專案想成時間軸的直線，有起點，也會有終點（如果順利的話），每個人都用同樣的速度呈平行線前進，一天又一天。工程、行銷、銷售、公關、客服、製造、法務等部門都有各自的一條線。

最上層的CEO執行長和經營團隊大都凝視著地平線遠方，他們有50％的時間是花在計畫幾個月或幾年後模糊又遙遠的未來上，25％花在接下來一兩個月即將來臨的大事，最後25％則是花在撲滅現在延燒到他們腳邊的火。他們也會盯著所有平行線，以確保所有人都跟上，並且是往同樣的方向前進。

下一層的主管通常會盯著接下來2到6個禮拜的案子，這類專案已頗為成熟，細節到位，只是需要再磨平一些稜角。這層主管應該像是坐在旋轉椅上，常常往下看，有時候往遠方看，並花大量的時間轉向左邊看看，右邊看看，關心其他團隊，確保所有人同心協力朝下一個里程碑邁進。

菜鳥個別貢獻者會花80％的時間埋頭苦幹，欣賞他們日常

成果的專業細節，也許只往前看一或兩個禮拜。在你的職涯初期，是應該這樣沒錯，你應該專注在把每個專案中你負責的部分搞定、弄好、送出。

你的經營團隊和主管理應要注意路障，他們應該要警告你，讓你改變路線，或至少抓頂頭盔戴好。

但有時候他們沒有這麼做。

所以個別貢獻者在剩下的20％時間需要自己抬頭，也需要環顧四下。他們越快開始做這個動作，職涯就會晉升得越快也越高。

你的工作不只是做你的工作而已，也包括要像你的主管或執行長一樣思考。你必須理解工作的終極目標標，即便終極目標有夠遠，導致你不確定等你到達時看起來會是什麼樣子，但這對你的日常工作很有幫助—— 知道你的目標讓你能夠決定先後順序，並決定你要做什麼、該怎麼做。但還有更重要的：你要確保你前進的方向感覺仍是對的，你也仍然相信這個方向。

而且你也不能忽略其他在你身邊工作的團隊。

第一次有小行星直接把我砸得七葷八素，是我在和崔西‧畢爾斯（Tracy Beiers）吃午餐時。崔西是個超愛開玩笑的人，還很有創意，曾在微軟擔任產品經理暨資深行銷，在開發Windows 1.0時已經見識過大風大浪。

「我不懂為什麼有人會要檸檬，」她說。她在說的是我們剛新增的一個小小動畫表情符號，這個符號會走過你的電子郵件，做出現代表情符號作夢也想不到的事。哎呀，我心想，她不是工程師，她不懂啦，所以我急忙解釋：這超有創意的啊！我們是這樣開發的！很酷對吧？她不覺得嗎？

「好喔，我想是蠻可愛的啦，」她回答，聳了聳肩，「但我

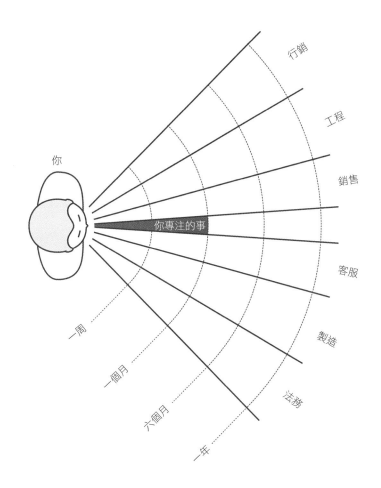

圖1.4.1：在你面前的專案細節清晰無比（以黑色塊表示），但你看得越遠，一切就會變得越模糊，而且不同的隊友都會盯著這條時間線上不同的點。

就只想要電子郵件可以用而已，我才不在乎什麼檸檬勒，才沒人會在乎什麼他媽的會走動的檸檬。」

蛤？！可是工程團隊的所有人都超愛，所以我說：「再多說一點。」

我從來沒有從她的觀點去思考產品。她迫使我拿下我的工程師科技宅玫瑰色眼鏡，並從一個普通人的觀點去檢視我們在打造的東西。

這是一次很難的對話，使我一頭霧水，目瞪口呆，但對我們兩人也都超級有用。我想要理解她的觀點，她也想理解我這邊的工作，最主要的是，她想知道我他媽到底在搞啥。

她不只是擔心我們開發的功能華而不實，她也擔心我們無法真的開發出來。

「我們剛和Sony的行銷部門合作，打廣告宣傳說Magic Link可以完成這一切，這是真的嗎？我們真的做得出來嗎？」

這大約是發生在我們第5次延後發布日期時，許多我們向投資人及合作夥伴承諾的功能都開天窗了，產品又慢錯誤又多。她想知道到底發生什麼事，而不只是她從領導階層那邊聽到的而已。

無線傳輸訊息在哪邊可以使用？在哪邊不能使用？顧客的體驗實際上究竟會是如何？要怎麼取捨？

我告訴了她，接著我問她覺得如何。而我正是在這時候，發現天塌下來了。

我那時還搞不懂，但所有和我在平行線上工作的人都能看見我看不見的事。他們對我們的世界有完全不同的觀點，那是我想要理解的觀點。

新觀點無所不在，你不需要到街上拖一群人來看你的產品

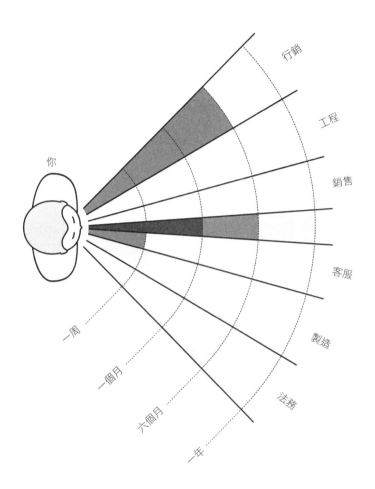

圖1.4.2：當你抬頭和環顧四下時，你可以看見你的中程和遠程目標是否依然合理，並理解身旁團隊的需求和顧慮。去和你的內部顧客、你當顧客的對象、和真正消費者各最接近的人（也就是行銷和客服部門）說話，這樣你就能知道你是不是走在正確的路上，或者事情有沒有出了嚴重差錯。

然後給你意見，從公司內你的內部顧客開始就行。公司裡的所有人都有顧客，就算他們沒有在開發任何東西也是，你總是在幫某個人做某個東西，創意團隊在幫行銷團隊做事、行銷團隊在幫應用程式設計師做事、應用程式設計師在幫工程師做事，公司裡的每一個人都在為某個人做某件事，就算只是另一個團隊的同事也是。

而你也是某個人的顧客，所以去和替你做事的人談談吧，帶著某件有價值的事或中肯的問題出現，試著去理解他們的路障是什麼，以及他們對什麼事感到興奮。

然後也和最接近外界真實消費者的人說話，比如行銷和客服部門，找到日復一日和客戶溝通的團隊，並直接聽取他們的回饋。

要帶著好奇心去，也要帶著真誠的興趣去，當你抬頭看，以及左右看的時候，你就不是只為了自己打算，想知道公司會不會倒，你該不該跳船逃生。你反而是在理解要怎麼把你的工作做得更好。你會得到有關怎麼協助你的專案和公司願景成功的想法，你會開始跟你的主管或領導者一樣思考，而這便是成為主管或領導者的第一步。

而在過程中，你會開始看見有些事情浮現了。

困難的事，還有像磚牆的事。

當我終於抬頭看以及左右看，我發覺我們正在拿自己的頭去撞一堵永遠不會移動的牆。我們的使命依然充滿了啟發性，但我們走的路不通，所以我堅持原先使命，但找到一個往前的新目標。我踏出道路，狠心離開公司，而這就是我怎麼找到我下一份工作的。

和一個團隊一起開發某個東西最美妙的部分，便是你和其

他人並肩前行，你們全都盯著自己的腳步，同時望著遠方的地平線。某些人會看見你看不到的事，而你也會看見所有人視而不見的事。所以不要覺得工作就只代表把自己關在房間裡，工作其實有很大一部分是和團隊並肩前行。工作是一起抵達你們的目的地，或是找到一個新目的地，並帶著團隊和你一起前進。

第二部
關於職場：如何打造職涯

我想拯救General Magic。

一切變得殘酷的清晰：除了我們最親近、最宅的朋友之外，沒有人想買Magic Link這個產品。這時我緊張地向我的偶像們推銷一個想法：山不轉路轉，路不轉人轉。與其為普羅大眾打造一台通訊及娛樂裝置，我們不如專注在商務人士上。

General Magic公司的目標客群是所謂的「六罐喬」，真的。但這是個帶貶意的諷刺形象，指的是攤在沙發上喝一手六罐啤酒、看美式足球、腦袋空空的一般美國男性。用這種意象去想像你的顧客，實在不是個好方法。而且就算我們一而再、再而三強調我們做的產品都是為了他，仍然毫無意義。因為就算六罐喬真的存在，他也永遠不會去買Magic Link的——當時網際網路還不普及，多數人根本沒有桌上型電腦也沒有電子郵件，根本無從想像行動電玩或電影。

當時是1992年，六罐喬根本沒理由想把一台電腦放進他口袋裡。

但商務人士有可能，他們正開始使用電郵、筆記、數位行事曆，他們會需要一台行動裝置，裡面有一切聯絡人資料，而不是一部四點五公斤的筆電。他們就像我爸，總是在城市與城市間移動，而且在那個手機還沒發明的年代，經常需要衝下車或飛機，把零錢丟進公共電話裡聽取語音信箱留言，試著做生

意或更新會議進度。他們有個問題，而我們可以解決。

這一切都美妙的明顯至極，為早就看到需求並每天受苦的人打造一項產品。只要拿 Magic Link 來，再附個鍵盤就行了。捨棄那些異想天開的思維吧，殺掉會走動的檸檬，專注在工作上就對了。打造一部商務導向的行動裝置、商務導向的使用者介面、套裝應用程式，加入文字處理和表格功能。我開始向公司裡的人談，想辦法勾起他們的興趣。我一開始先向我的同事們推銷，接著是領導團隊。

「好主意，只不過……」他們會這麼回答。來來回回了一陣子，每個人都很客氣，都想讓這件事成真。但最終答案是個響亮的「不」，這樣太費工了——我們需要改變很多部分、我們現在不能做、我們有其他優先。

但我說服了飛利浦。他們是 General Magic 主要的合作夥伴暨投資人，已經在為我們開發某些半導體和處理器零件了，所以很容易便能和他們接觸，而他們喜歡這個主意：在飛利浦內部打造一部商務人士導向的口袋電腦，但使用的是 General Magic 的硬體和軟體。我可以繼續作夢，飛利浦則可以繼續讓自己在崛起中的軟體導向裝置世界佔有一席之地。

所以在 1995 年，我關上了我們在走道間比賽遙控車並用天花板上隱藏的熱狗對彼此惡作劇的 General Magic 辦公室大門，走進一個截然不同的世界。我知道飛利浦會不一樣，但現實更令我震驚。

留有 1970 年代香菸污漬的深色木頭鑲板、沒有隔間、一直開會、打槍所有事的主管、老荷蘭人的老警衛總在抱怨沒有荷蘭本土品牌咖啡跟荷蘭碎肉香腸（如果你不知道這是什麼香腸，不要問）。不管我往哪裡看，都會看見我第一次去 General

Magic面試完就丟掉的爛西裝。

我當時25歲，從來沒有真正管過別人，也從來沒有建立過團隊，突然間卻成了某間員工將近30萬人大型公司的其中一名技術長。我經歷過許多失敗，但這真的是一系列刺激的全新失敗經驗，冒牌者症候群的衝擊幾乎令人承受不住。

然後他們告訴我，加入團隊的人都必須要藥檢。

沒有什麼比不可置信的蠢事還更能讓你醒腦的了，矽谷沒有人會忍受這種事。尿在杯子裡以得到一個工程師職位？這樣我他媽根本就雇不到半個人，所以我告訴飛利浦「媽的，不可能啦！」我沒有真的說媽的，但全寫在我臉上，於是我和他們做了個交易：「我會做你們的藥檢，要是我陰性，那我聘入團隊的其他人就都不需要做。」幸好我測出來是陰性，我們也聘了些很棒的人。

接著我們必須和General Magic公司協商，以取得他們作業系統的某個版本，這樣才能完成我們要做的事，我知道程式碼，也知道這行得通，但那時候General Magic已經開始快速下沉，沒有收入、沒有顧客、恐慌蔓延。馬克・波拉特跟很多人許下很多承諾，而這些承諾全都跳票。花了幾個月想辦法從General Magic那邊擠出個作業系統之後，我終於接到一通電話：東尼，我們就是做不到，抱歉啦。

於是我只剩下一個職銜、一個正要大顯身手的團隊、一筆預算、一個我們相信的使命，但卻沒有作業系統，而且已經浪費半年時間了。所以我們放棄了拯救General Magic的夢想，不情不願地選了Windows Microsoft CE當成我們的作業系統，然後開始做事。

如果說General Magic是一片空白的石板，有100名工匠深

情地從無到有打造所有元素，那飛利浦就是一組樂高積木：所有的積木都在這裡，去創造點什麼吧。

而我們也這麼做了，1997年，我們推出了飛利浦Velo。

Velo看起來很像我在General Magic倡議的主意：有個觸控式螢幕和鍵盤、更簡潔的介面、明確專注在商務工具上。

隔年我們推出了Velo體積較小的兄弟，飛利浦Nino。

Velo跟Nino都得過獎，大受好評，速度最快、感覺最好、並擁有當時Windows CE裝置最佳的電池壽命。我可以很有信心地說，我們為專用Windows的忙碌商務人士打造了最棒的工具。

圖2.0.1：飛利浦Velo於1997年8月上市，大小為6.7 × 3.7吋，重374克，要價599.99美金，讓不斷移動的商務人士可以寫電子郵件、編輯表格和文件、更新行事曆。Velo的軟體是在Windows CE上開發，但其硬體架構是來自General Magic。

　　我們展開一系列的行銷廣告，做了電視和紙本廣告，並等待顧客蜂擁而上。

　　但當時電子產品是在實體店面銷售，只能分為兩類：視聽設備或電腦設備。沒有什麼「新科技」走道，賣場的一邊在賣印表機，另一側邊在賣音響，天知道PDA是要擺在哪。

　　所以商場Best Buy把Velo放在計算機走道。

　　而Circuit City則把Nino和筆電擺在一起。

　　至於顧客，根本就不知道要去哪裡找，他們問賣場銷售人員時，只會得到空洞的眼神做答案。

　　沒人知道要怎麼賣我們的產品、要在哪裡賣、要賣給誰，

圖2.0.2：Nino於1998年推出，大小為5.5 × 3.3，重220克，要價300美金，搭載Windows CE作業系統及基本的聲控軟體，是頭幾個可以從Audible下載有聲書的裝置之一。

零售商不知道，飛利浦也不知道。飛利浦的銷售團隊只會因為賣DVD播放器和電視拿到業績獎金，行銷團隊在想的是電動刮鬍刀，所以Velo和Nino最後只好擺在TI-89計算機和Toshiba的筆電旁邊。

銷量可想而知不太好，雖然沒有到很糟啦，但還是令人超級受挫。我們所有元素都到位了，只除了一個：真正的銷售和零售合作夥伴。又是另一個被痛打後得到的教訓。

所以是時候做點不一樣的事了，但和我上次跳出原先的聘雇合約也沒那麼不一樣。

我調到一個新團隊：飛利浦策略和創投部門。工作是要協助飛利浦建立數位策略，並投資熱門又新穎的新創公司。而這時正是熱門又新穎的新創公司橫空出世的時候，我就像是個逛糖果店的小孩。我們投資了第一個數位錄影機TiVo，這是當時劃時代的科技，可以讓你暫停和保存正在播出的節目，我們還投資了第一個線上有聲書服務Audible。

我其實是在開發Nino時第一次聽聞Audible，他們正要推出自己的裝置，但他們並不是特別看好這個裝置。他們不想要開發硬體，卻也知道需要硬體才能展示他們想要成為的內容市集。他們很樂意在其他人的硬體上展示，但沒有其他人在開發可以播放聲音的裝置，就連他們的迷你單聲道文字朗讀檔案都無法播放。

所以Nino成了世界上頭幾個可以播放Audible的裝置之一，這才掀起熱潮，大家愛死了。

而要是我們可以播有聲書，那為什麼不能播音樂呢？只需要更大的記憶體、音響、更棒的聲音輸出品質。

我花了很多時間思考這件事，嘗試這項科技。1999年，

我邀請大家來參加我的30歲生日派對，用的是一張我燒錄的客製化CD，檔案格式全是CD和MP3檔，收錄〈給我點愛〉（Gimme Some Lovin）、〈立即因果〉（Instant Karma）、〈親密愛達荷〉（Private Idaho）等曲目，雖然那時候幾乎沒人有MP3播放器啦。

但我可以看見一種新裝置的潛力：一種專為音訊設計的裝置。

有天我和RealNetworks的執行長聊這個聊了3小時，RealNetworks是當時很受歡迎的一項科技，是第一個發明網路串流音樂和影片的，我也幫他和我們公司的執行長們安排了一場會議，打算結合RealNetworks的軟體和飛利浦的硬體，但飛利浦的執行長遲到了，超級大遲到。

等他出現的時候，我已經有了新工作。

我加入RealNetworks為他們打造一種新型的音樂播放器，他們告訴我，我可以在矽谷建立一支團隊，運用他們的科技來打造一個新的願景。他們的招募人員非常有說服力，而老實說，這是最棒的事了。我和他們幾個不同的團隊領導者見面時，發覺其中某些人荒唐地在搞政治，我說的是真的在政治圈搞政治，其中有個人現在已經進參議院了。他們想辦法讓我簽下冗長的競業禁止合約，而且在我上班第一天，他們就食言而肥，跟我說我必須搬去西雅圖。我踏進我嶄新、狹小、隱密的辦公室，還要閃過中間的巨樑，然後兩個禮拜後就遞出辭呈。

這並不容易，到底要去要留，是要收支票還是拯救你的理智，要繼續待在大公司還是跳船展開你自己的冒險，這對所有人來說都很難。

就像管理一樣。你從來沒管過人該怎麼管理一支團隊？大

家意見分歧時你要怎麼決策？你要如何設立流程，以讓事情進展，邁向一個統一的目標？你要怎麼知道自己是往正確的方向前進？還是你其實應該辭職？

　　你越早理解這些問題存在越好，每個在職涯中晉升的人，到某個時刻都會面臨這些問題。

　　而我老實說：你第一次遇到這些問題時，很可能會搞砸。每個人都會，這沒什麼，你會學習、成長、變得越來越好，但為了讓這個邁向領導的第一次大躍進不那麼可怕，我寫下了幾件可能會幫上忙的事，如下文。

2.1 如何才是有效的管理

　　如果你在考慮成為一名主管，那你應該知道以下六件事：

1. **你不一定要成為主管才算成功。**許多人以為通往名利的唯一路徑便是管理一支團隊，其實還有其他替代方案可以讓你拿到金額類似的支票、擁有類似的影響力、整體來說還很可能更為快樂。當然如果你想成為主管是因為你覺得你會喜歡，那麼就放手去追求吧，但就算是這樣，務必記得你不需要永遠當主管。我見過不少人回去當個別貢獻者，接著在下一份工作再次回頭當起主管。

2. **務必記得你一旦成為主管，就會停止從事那些一開始讓你成功的事。**你不會再繼續做那些你做得很好的事，而是要一頭栽進其他人是怎麼做的，並協助他們進步。你的工作現在會變成溝通溝通再溝通、徵人、雇人和炒人、設定預算、評估表現、一對一會議、無窮無盡的會議（和自己的團隊、其他團隊、領導階層開會）、在這些會議中代表你的團隊、設立目標並讓大家跟上進度、解決爭端、幫忙為棘手的問題尋找創新解決方式、阻擋和應付政治狗

屁、指導你的團隊，並且無時無刻詢問「需要幫忙嗎？」。

3. **成為主管是一門專業。** 管理是種後天學會的技能，不是天賦，並非與生俱來。你需要學習一大堆全新的溝通技巧，並用各類網站、podcast、書籍、課程、來自導師和其他資深主管的協助來精進自己。

4. **嚴格仔細、期待良好的成果，這樣並不等於微觀管理。** 你的工作是要確保團隊產出高品質的工作成果。至於微觀管理，則是你制定工作的細部流程，並要求每個人都得這麼做，而沒有專注在成果上。

5. **誠實比風格更重要。** 每個人都有風格，可能大聲、安靜、情緒化、細心、興奮、含蓄，只要你永遠不會害怕以尊重的方式告訴團隊他們必須知道的殘酷難熬事實，那你使用任何風格都可以成功。

6. **不要擔心你的團隊鋒芒會蓋過你。** 事實上，你應該以此為目標。你永遠都應該要訓練團隊裡的某個人做你的工作，他們做得越好，你就越容易往上晉升，甚至開始管理其他主管。

你很擅長你在做的事，比如說你是個很棒的會計師，而你的團隊要的是一個深入理解他們工作、可以協助他們、並在管理階層前代表他們的主管。所以你努力工作，獲得賞識，得到這個職位。恭喜你，你現在負責帶領一支會計團隊。

沒問題的，你是個會計師，只是要去告訴其他會計師怎麼做他們的工作，對吧？你可以做到的，這一定會是個超棒的團隊。

　　所以你深入細節，細察每個人的工作，結果發現他們在做的事情都很詭異，跟你做事的方法完全不一樣。而且為什麼他們要花這麼久？他們要把工作做好，你才可以升職，所以你得讓大家見識見識，該怎麼把事情做好。你打算一步一步、一個細節一個細節告訴他們，要怎樣才會成功。

　　結果進展不太好，團隊覺得你不信任他們，而因為你管得這麼細，盯著每個人工作流程中的所有細節，搞得大家都不知道自己究竟該做什麼，或是哪件事是最重要的。大家開始向你抱怨，也會抱怨你，每個人都氣瘋了。

　　越多事情出錯，你就會越依賴做你懂的事；而你懂會計，所以比起成為一個更棒的會計主管，你會專注在「成為團隊最棒的會計師」上。你開始接下更多團隊成員應該自己做的任務，你漸漸不說出你的顧慮和回饋，因為你不想讓團隊士氣更低迷。你大吼「我們會渡過這一切的！我會讓你們見識見識要怎麼做！只要在旁邊看，跟著我就對了！」來團結團隊。

　　就這樣而已。一個講理的普通人，就這樣變成了令人無法忍受的微觀管理者，專案也因為這樣而缺乏領導，導致分崩離析、進度延宕。這也是許多人在管理團隊時常會落入的陷阱，某些人永遠都沒辦法從這陷阱爬出來。

　　你一旦成了主管之後，你就不再是個會計師了，也不是設計師、不是漁夫、不是藝術家、不是在做任何你真的享受從事的工作。我必須不斷提醒大家：**如果你在做的是舊職位中你喜歡的事，那你很可能做錯事了。**你現在是在帶領一個團隊去做你過往擅長的事，所以你至少85％的時間應該要花在管理上，如果不是這樣，那你就是做錯了。管理就是你的工作，而管理很難。

　　我在飛利浦當技術長時，我的團隊在辦公室掛了一個紅色警示燈，就是以前在警車上裝的那種。如果發生問題，或他們覺得我心情不好時，就會把燈打開。當某個人或某群人要被叫到我的辦公室談一下時，他們總會神秘地知道，有時候還會是很大聲激動地談一下。

　　裝警示燈是在搞笑，算是啦。

　　我的團隊總共有大概80個人，我身兼副總和技術長，我25歲，而且我是第一次當主管。

　　我從來沒接受過任何管理訓練，我自己甚至都不曾有過什麼真正的主管，我心裡沒有一個可以效法的好主管榜樣。

　　雖然我的新創公司都有請員工，卻沒有什麼真正的組織架構，沒有上到下的流程、沒有表現評估、沒有釐清角色和責任歸屬的會議。我是個創辦人，但不是真正的執行長，多數時候我都是一個5到10人團隊中的個別貢獻者，所以我們就只是這樣湊在一起，沒有人在管理任何人（可參見5.2的圖5.2.1）。

　　這也有點像是在General Magic時的情況，我們的文化很清楚：我們不需要主管。每個人都很聰明，可以自己管理自己，所以任何試著想當真正主管的人，都會遭到忽略。

　　這樣很棒，直到團隊開始成長，直到我們需要發佈某個東西並把這所有聰明的腦袋帶往同一個方向，直到我們全都必須同意什麼是必要的，什麼又該刪掉。

　　所以當我離開General Magic加入飛利浦時，我知道我的團隊需要更嚴謹的架構，必須要有訂好的死線、計畫、清楚的領導，我知道我必須成為一名主管。

　　我心想，沒問題的，我是個工程師，只是要來告訴其他工程師怎麼做他們的工作，對吧？

結果警示燈來了、壓力來了、挫折也來了，對我和整個團隊都是。各種不間斷的問題和刺激，微觀管理。

當你是主管時，你不再只負責工作，你是為其他人負責。而雖然這點看似很明顯——沒錯啊，這就是領導的意義——但是當突然之間80個人全都看著你，期待你知道該怎麼領導他們時，就很容易錯過這點。

所以在你決定要擔任主管之前，你必須仔細思考這條路是否適合你。因為你其實不需要這麼做，特別是如果你真的不想要，卻認為加入管理階層是你職涯晉升的唯一方式時，更要想清楚。有很多人都不應該強迫他們負責管理，如果你不是個愛和人交流的人，或是你只想專注在工作本身，或你只要每天定期做出成果就心滿意足，而含糊的「或許你的團隊有天會成功」管理風格並不適合你。

一個明星個別貢獻者是非常有價值的，價值高到許多公司會付他們和主管一樣多的薪水。一個真正厲害的個別貢獻者，會在他們擅長的工作中成為領導者，同時成為非正式的文化領導者，某個公司上上下下都會來尋求建議和指導的人。像是蘋果就會在「優秀工程師、科學家、技術專家」（Distinguished Engineer, Scientist or Technologist，DEST）計畫中，正式認可和獎勵明星個別貢獻者工程師；而Google的第八級工程師也擁有類似的影響力。在工程領域中最常見到這種對於超讚的個別貢獻者加以肯定，但在其他領域也已日漸普及。

考慮走上個別貢獻者這條路時，務必確保你搞清楚，身為一名個別貢獻者，長期來看在公司裡可以走得多遠。大型組織通常擁有明確的階級，所以只要找出個別貢獻者在該組織的成長軌跡，便能了解這家公司是否重視個別貢獻者。

　　許多公司則提供「成為團隊小組長」的選項，這是「個別貢獻者」和「主管」之間的一種折衷，你會擁有某些權力可以批評、形塑、驅策團隊的產出成果，但沒有人會向你報告，而你也不需要負責處理預算、組織報表、管理會議。

　　我當時應該走這條路的。我本來可以繼續當工程師，或許當個團隊組長，事情肯定會比較簡單、比較平靜。

　　但是當我在 General Magic 終於抬頭開始環顧左右的時候，我發覺對我來說，寫程式和設計硬體並沒有像看見整個完整的產品、整件工作如何問世一樣那麼有趣（可參見 1.4　埋頭苦幹，可能完蛋）。事情變得超級明顯，我絕對不可能只靠優質的工程師技巧就確保我成功。最棒的科技不一定總是能獲勝，看看 Windows 95 和 Mac OS 就知道了。

　　任何的專案都還需要其他一堆無形的元素到位，才能有機會，這些元素包括銷售、行銷、產品管理、公關、合作夥伴、財務等—— 這些元素全都陌生、神秘，而且是很重要、有時候還是必要的條件。當我埋頭苦幹、工作工作再工作，想辦法盡量運用 500 萬美元的工程預算時，行銷部門的預算是 1,000 萬到 1,500 萬美元。我必須了解為什麼會這樣，所以我問了。

　　而一切就是這樣改變的，我一開始和其他團隊說話，我就發現了我的超能力。

　　許多工程師只願意信任其他工程師，就像財務只會信任財務一樣，大家喜歡跟他們思考方式相同的人。所以工程師常常會對業務、行銷、創意這類軟實力部門的人敬而遠之。

　　同理，許多業務、行銷、創意團隊的人，通常不願意跟工程師講話—— 太多數字、太多非黑即白、太多極客在一間房間裡耍宅了。

　　但我想要同時了解無形的事和極客的事，而且我全部都喜歡，我還可以在兩邊來回翻譯：向工程師解釋無形的事，幫創意團隊翻譯0跟1。我可以綜合所有碎片，並在腦中記下整間公司的運作。

　　對我來說，這實在令人感到刺激、興奮、充滿啟發，這就是我想做的事。而這代表成為一名主管。我受到這項工作吸引，但更重要的是，我們的使命需要這件事，我們的團隊需要這件事。

　　所以我學習如何放手，至少放下一點點。

　　管理最困難的其中一個地方就是放手。不要自己去做事，你必須控制你的恐懼，不要覺得不插手就會導致產品出問題或是專案失敗，你必須信任你的團隊，給他們創意的喘息空間以及發光發熱的機會。

　　但你也不能太過頭，你不能創造太多空間，害你自己不知道現在的情況，或是等產品出來後被它的模樣嚇一大跳。你不能因為害怕自己會太嚴格，結果讓產品流於平庸。就算你的手沒有親自碰到產品，仍然是應該要放在產線上。

　　仔細檢視產品，而且極度在意你團隊產出成果的品質，這並不是微觀管理。你就是應該要這麼做。**我還記得賈伯斯拿出一個珠寶匠的放大鏡，去檢視螢幕上的每一個像素，以確保使用者介面的圖案有正確畫好。**他對每一樣硬體、包裝上的每一個字，也都展現同樣程度的在意——我們就是這樣學到了對於蘋果產品的期待程度，而這也是我們的自我期許。

　　身為主管，你的焦點應該是確保團隊生產出最棒的產品。成果是你的事，團隊如何達成這個成果，則是團隊的事。若你深入管理團隊的「工作流程」，而不是「工作流程造就的實質成

果」，你就是一頭栽進了微觀管理中（當然有時的情況是流程有問題，因而導致糟糕的成果。如果是這樣的話，主管就應該要放心插手。修正流程也是主管的工作）。

若能盡早與團隊成員針對工作流程的內容達成共識，事先就決定好，這樣會有很大的幫助。這是我們的產品開發流程，這是我們的設計流程、行銷流程、銷售流程，這裡是我們的行程表，以及我們的工作與合作方式。大家有共識後，叫所有人，包括主管和團隊，都在上面簽名。接著主管就必須放手了，讓團隊去做事。

然後主管會在定期團隊會議中，確保一切都朝正確的方向邁進。

這類的會議應該要擁有嚴謹架構，以讓你和團隊盡可能清楚情況。你應該要有一張每周清單，可以協助你決定事情的優先順序，並記下你必須詢問優秀人才的問題（可參見4.5 為工作而死，「每個人都覺得我瘋了」段落）。列一份清單，寫下你對每個專案和每個團隊成員擔心的事，這樣的話每當這份清單變得太長時，你馬上就能察覺。而你此時要不就是深入細節探究哪裡出了問題，要不就是選擇放手。

另一個你可以獲得有用資訊的地方，則是和團隊成員的一對一會議。一對一會議很容易變成友善又沒有結果的閒聊，所以就像你的團隊會議必須要有流程一樣，你和團隊成員個別的每周會議也應該要有議程和一個明確的目標，而且應該要對雙方都有益。在這樣的會議中，你應該要獲得「主管該知道的一切關於產品開發的現況」的資訊，而你的團隊成員應該獲得「他們的表現如何」的深入見解。主管可以試著從團隊成員的觀點檢視大局——直白討論他們的恐懼，以及你身為主管的擔

憂；你可以重新調整你的思維，讓團隊成員得到回饋，瞭解整體目標，並釐清他們的顧慮或搞不清楚的地方。

而且也不要害怕承認你並不知道所有答案。你可以說：「請你幫助我。」如果你是第一次當主管，或只是剛加入公司或團隊，跟對方說就對了。

「我是第一次做這件事，還在學習，請告訴我該怎麼做才能讓情況變得更好。」

就這麼簡單。但這是個巨大的思維轉變。我看過太多人不敢有話直說——擔心底下的團隊成員會發現他們茫然無頭緒。但是，你當然沒有頭緒啊，假裝你知道該怎麼做根本騙不過任何人，只會讓你的鴕鳥心態把你自己埋得更深。如果你是第一次升到管理職，你很可能是要管理先前是你同事的人，那些認識你也信任你的同事。所以請善用這份信任，告訴他們：「我知道我現在是你的主管了，但我們還是可以像以前那樣講話。」

接著就對他們誠實吧，即便事情不順利，也不要不敢告訴他們殘酷的事實。撕掉OK繃，如果你們雙方都很緊張，你可以從某件正面的事展開對話，慢慢帶入正題，但千萬不要忽略房間裡的大象，不要迴避你必須談開的事情。重要的是要記得，即便你必須評斷他們的工作成果或他們的行為，你這麼做也不是要傷害他們——你是來幫助他們的，你的每一句話都應該是出自關心，所以告訴他們是什麼絆住了他們，然後制訂計畫一同努力克服。

你大概每6個月要給一次正式的書面表現評估，而如果你是在Google或臉書這樣的公司，似乎永遠在某種評估循環裡面，所以正式的書面評估會更頻繁。但這類正式評估很單純，就只是把你們每周談的事寫下來而已。團隊成員應該要在日常的會

議現場就獲得你的回饋（無論是好是壞），而不是過了幾個月後才看見正式的書面評估而大吃一驚。

我希望我可以告訴你一個魔法方程式，跟你說我是怎麼搞懂這一切的。除了反覆摸索外，我大多時間都是花在改進自己上面。我不是靠著掰掰手指就得到工作，成為一名工程師的。我非常努力，我有去學校學，我練習了好多年，而這同樣的過程對管理來說也是不可或缺 *。

我從一些管理課程開始，當然沒有任何課程可以提供你所有答案，但有上總比沒上好。接著我大大超越了一般大公司會上的那些基礎課程，我展開一場奇妙的旅程。我開始讀管理書籍，發覺有大量的管理都是源自你如何管理你自己的恐懼和焦慮。而這引領我來到心理學書籍，又帶我接觸諮商和瑜珈。我1995年時就開始做諮商和瑜珈，當時它們並不普遍。這不是因為我是個瘋子，或是因為當了主管之後我瘋了，我去諮商和瑜珈為的是同樣的理由：找到平衡，改變我回應世界的方式，更深入了解自己、了解我的情緒、其他人的感受。

對我來說，關鍵是把「公司的問題」和「我個人的問題」區隔開來，搞清楚什麼時候是我自己的行為替團隊帶來挫折，什麼時候某些事情又是完全超乎我控制的。要自己搞懂這些東西非常難，你很難深入挖掘你自己的腦袋，就像一開始沒有教練教你做瑜珈也很難一樣。我的諮商師就是我的教練、我的老師，他協助我理解我為什麼會變成這樣的微觀管理者，他讓我知道我必須控制我個性中的哪些部分，才能有效領導團隊。

我當時還沒學到要把「我的感受」和「我在工作上該表達的」這兩者區隔開來，結果我讓太多個人擔憂和恐懼，滲入我的聲音以及我的日常互動中。你的團隊會放大你的情緒，所以

當我覺得受挫時，這些感受會在辦公室亂竄，然後以十倍反彈。我對我們缺乏進展越是沮喪，這類挫折對團隊其他人的影響就更大，所以我必須學會調適自己，把我的個人風格調低幾個刻度，以便建立有效的管理風格。

但我並不是在試著改變我是誰。你就是你，如果你必須完全重設你的個性才能變成主管，那就永遠都是在演戲，你在這個角色裡絕不會舒適。

我是個大聲又熱情的人，我永遠不會變成Google和Alphabet的執行長桑達‧皮采（Sundar Pichai）那樣安靜、溫和、優秀、極度細心的人。他在給出經過審慎思考的回應之前，總是會慢慢把事情想個透徹，而我基本上則是只有一種音量設定：一開始有點大聲，然後快速調高到超爆興奮。我兒子有次給了我一個分貝計當成禮物，這當然是個玩笑，結果我發現我時常處在70到80分貝之間，跟吵雜的餐廳、鬧鐘、吸塵器一樣。即便世界上每一本商管書都告訴我要成為團隊中冷靜溫和的聲音，我卻總是會失敗。

所以我的領導風格就是大聲又熱情，尤其重視團隊的使命，我會找個目標然後全速前進，不讓任何事阻擋我，並期待大家和我一起往前衝。

但我同時也發覺，激勵我的事物可能不是激勵我團隊的事物。世界上不是每個人都和我一樣（幸好）。世界上還存在理智的普通人，他們有自己的人生、家庭、各種他們可以做和需要

---

* 如果你想知道更多這部分的事，我在《提姆‧費里斯秀》（Tim Ferriss Show）
podcast中，曾大談管理和我的管理歷程。

做的事，全都需要他們的時間。

所以身為主管，你必須找到什麼東西能對上團隊的頻率。你要怎麼和他們分享你的熱情，並激勵他們呢？

答案一如往常是溝通。你必須告訴團隊「為什麼」：我為什麼對某個專案這麼有熱情？為什麼這項任務有意義？為什麼這個小細節如此重要，重要到當似乎沒有其他人覺得這重要時，我會氣得跳腳？沒有人想要追隨一個毫無理由直接衝向風車的人，要讓大家加入你、要真正成為一個團隊、要讓他們充滿你體內沸騰的相同能量和動力，你就必須告訴他們為什麼。

而有時你也需要補充一點「有什麼」。我會得到什麼報酬？如果我成功，會有什麼獎勵？就算你的團隊全都火力全開準備完成任務，也不要忘了給他們外部動機，因為他們是人，他們可能會需要加薪、升職，甚至是來場派對。給他們點鼓勵，找出什麼事會讓他們覺得自己受到重視，了解是什麼讓他們在工作時感到快樂。

協助他人成功是你身為主管的工作，確保他們可以成為最佳版本的自己是你的責任。你必須創造一個情境，讓他們可以使你喜出望外，讓他們能夠超越你。

很多人都抗拒這個概念，他們不想雇人來做他們的工作，而雇某個做你的工作比你做得還好的人更是可怕。我常常從新創公司的執行長們那邊聽到：「呃，如果我雇某個人去做那個……那樣的話我是要做什麼？」

答案想也知道，就是不管你要雇人來做什麼工作，那都已經不再是你的工作了。如果你是個主管、領導者、執行長，那你的工作就是當個主管、領導者、執行長，你必須放下對自己個人日常成就的驕傲，並開始為團隊累積的共同成就感到驕傲。

　　三星半導體的前執行長、在我們密切合作開發iPod時的超讚合作夥伴、大哥、有時也是我導師的權五鉉，曾經這麼比喻：「多數主管會害怕替他們工作的人比他們還棒，但你應該要把擔任主管想成是當導師或當家長。哪有慈愛的家長會想要他們的小孩失敗呢？你一定想要你的小孩比你還成功的，對吧？」

　　當然，人對於「被比下去」一定會出現自然的焦慮，會這樣想：「等等，要是珍比我還棒，那我是要怎麼管理珍？如果她擅長這件事，而我不擅長，那大家就會覺得她應該來做我的工作才對。」

　　而我要在這裡對你說實話：這有可能是真的，但這是件好事。

　　因為要是你的某個部下做某件事做得很好，正好是向公司顯示你建立了一支很棒的團隊，而你應該為此獲得獎勵。你的團隊永遠都應該至少有一到兩個人是你的天然繼任者，就是你更常開一對一會議、會帶去管理階層會議、大家都會開始注意到的那些人。

　　大家越是注意那些人，就越好。這會讓你更容易升職，因為這樣就不會有人質疑若把你升職擔任其他角色時，要由誰來管理你現有的團隊。

　　孩子做了某件很棒的事時，大家恭喜家長是有理由的，因為雖然孩子的成就是他們自己的，卻也反映了家長的影響。家長也可以為孩子的成就感到驕傲，因為他們知道孩子成功的背後一切時間、努力、指導、難熬的對話、辛勞等等。

　　如果你是個主管，恭喜你，你現在為人父母了。這不是因為你應該要把員工當成孩子，而是因為你現在的責任是協助他們渡過失敗、找到成功。所以他們感到激動時，你也應該感到

激動。

麥特・羅傑斯是我在蘋果管理的一名下屬，他是iPod工程團隊的第一個實習生，當時他還在讀大學，五年後他變成了iPod和iPhone軟體團隊的資深主管。他是個耀眼的超級巨星，人超好，才能也超強，當我離開蘋果，開始思考要創辦另一間公司時，我和麥特見了面，我們成了合夥人，共同創立了Nest。

我們在Nest時雇了一名實習生哈利・譚納鮑（Harry Tannenbaum）。哈利為人細心、孜孜不倦、見多識廣，五年後他成了Google Nest商務分析和電商部門的主管，又隔了一年之後，他則成了Google的硬體部門主管。麥特離開Nest後，他打給哈利，他們在2020年一起創立了自己的公司。

我他媽真的是為他們兩個感到有夠驕傲的。

而且我也等不及認識他們找到、指導、一起開公司的下一代人才了。

如果你是個好主管，並建立了一個好團隊，那這個團隊就會一飛衝天。所以依賴他們吧，在他們升職時幫他們喝采；他們在董事會大放異彩，或是向全公司展示他們的成果時，你也要充滿驕傲。這就是你怎樣成為一名好主管的，也是你怎麼開始愛上這項工作的。

2.2 如何做決策：數據型決策 VS 意見型決策

你每天都會做數百個小決定，但接著還有那些很重要的決策，那些你試圖預測未來、需要耗費許多資源的決策。面對這種決策時，理解你面臨的是哪種類型的決策便十分重要：

數據驅策型：做這類決策時，所需要的、可以給你充足信心的事實和數據，你已可以取得、研究、討論。這類決策相對容易完成和捍衛，且團隊中的多數人都能同意。

意見驅策型：你必須跟隨你的直覺和願景，去做你想做的事，卻沒有充足的數據可以指引你或為你撐腰。這類決定總是很困難，而且總會受到質疑，畢竟，所有人都會有意見。

所有的決策裡面，都會有「數據」和「意見」的元素，但最終都會由其中之一為主（受它驅策）。有時候你必須加倍下注在數據上，其他時候則是需要檢視所有數據，然後相信你的直覺。而「相信你的直覺」這件事，其實超級恐怖的，許多人都沒有好的直覺可以依循，對自己也沒有足夠的信心。這種對直覺的信任需要時間發展，所以常見到有人會把一個「應該是意見驅策型」的商業決策，變成數據驅策型的。可是

數據無法解決意見型問題，於是無論你得到多少數據，都無法獲得結論，這將導致分析癱瘓，也就是因為想太多而死。

如果你沒有足夠的數據進行決策，你就會需要深刻的洞見來評估你的意見。這類洞見可以是你對顧客、市場、產品空間的重要理解，是某件重要的事，會賦予你某種直覺，以便決定該怎麼做。你也可以從外部意見著手：和專家聊聊，諮詢你的團隊。你雖然不會達成共識，但順利的話你可以形成直覺，傾聽你的直覺，並為接下來發生的事負責吧。

在General Magic時，我們不斷聊到為六罐喬打造一項產品，但從來沒有人遇過這傢伙。

我們完成設計後做了使用者測試，但我很確定在這之前我們根本沒做什麼使用者測試。我們完全不知道六罐喬可能想要什麼東西，所以我們就開發了我們自己喜歡的功能，然後認為世界上其他人也會喜歡。

我當時只是一位個別貢獻者，我以為領導階層知道他們在幹嘛（可參見1.4 埋頭苦幹，可能完蛋）。

接著我去了飛利浦，現在我成了領導階層，鐘擺又大力盪了回來。

不要再做假設，不要再按照直覺開發。我帶了一群General Magic的同事跟我過來飛利浦，而我們都還沒從Magic Link丟臉的失敗中恢復。我們知道不能再重蹈覆轍，我們必須了解我們的目標客群以及他們究竟想要什麼，這一次我們的產品會是依據清楚明白的數據而生。而在1990年代，這代表要做顧客小

組，抽樣出消費者來觀察，當時超流行這套。

所以我們找了一間外部顧問公司，告訴他們說我們的目標客群是「不斷移動的商務人士」。接著他們在幾個州裡面設立小組，大約30到40人，每人付給100美金來聽我們報告幾個小時。

接著我們向他們展示了所有事，所有一切。

Velo搭載的迷你鍵盤，開發過程中我們一度做出了十個原型。哪個感覺更棒？哪個看起來更好用？哪個感覺更可靠？你打字時會看著鍵盤還是看著螢幕？你打字時每一根手指都會用到嗎？還是只有拇指？你喜歡灰色嗎？黑色呢？藍色呢？藍灰色呢？

我們仔細鑽研這些訪談活動的錄影帶，觀察顧客的表情和手指，研究他們在我們小問卷上填的答案。接著顧問還會再做一次，他們會整理好一切，並在六周後提出報告。

顧客永遠是對的，對吧？

只不過，顧客小組對設計根本一點屁幫助都沒。一般消費者根本無法清楚表達他們想要什麼，設計者無法從消費者的表達當中明確看見產品的設計方向，尤其是當消費者在考慮的是某種「以前從未使用過」的全新產品時，顧客永遠都會對現有的產品感到比較舒適—— 就算現有產品很爛也沒差。

但我們就跟業界其他所有人一樣，掉進相同的陷阱。我們被顧問懾服，因為數據而興奮，然後我們迅速變得過於依賴數據：所有人都想要數據，這樣我們就不用自己做決定了。比起決定好某項設計，你更常會聽見「嗯，我們先來消費者測試看看好了」，沒有人想為他們打造的東西負責。

所以你就進行測試了，然後再測試一次。禮拜一顧客小組

會挑選項X，禮拜五同一群人又會挑選項Y，同時我們還要付好幾百萬美元給顧問公司，而顧問公司只會花好幾個月把他們的偏見加進來。

數據不是指引。充其量，數據只是枴杖。更有可能是一雙鐵鞋害你沒辦法走路，這是分析癱瘓。

而且這並不只是發生在20世紀老方法「顧客小組」上面。如果當時是2016年，而非1996年，那我們可能會更依賴網路時代無所不在的工具「AB測試」，意思就是進行一次數位實驗，對顧客測試A選項跟B選項，有的人會看見藍色按鈕，有的人會看見橘色按鈕，你則會看見哪個顏色的按鈕最多人點擊。這是個超讚的工具，比顧客小組快上無限多倍，而且也更容易解讀。

但即便是運用AB測試，我們很可能還是會得到同樣混亂的結果，同樣擔心做錯決定而殺死產品。

縱使現在有許多公司瘋狂測試他們產品中的每一個元素，並且毫不質疑的相信點擊數，AB測試和使用者測試仍然「不是」產品設計。它們是工具，是測試，頂多只是個診斷而已，可以告訴你某些事行不通，但不會告訴你要怎麼解決；要不然就是針對某個細微局部的問題給出了解方，卻會破壞後續的某件事情。

所以你必須把測試的本身以及測試的選項都設計好，這樣才能知道你究竟在測試什麼。你必須想清楚，A選項和B選項到底是什麼；不要用演算法隨機分配，或是無腦地直接丟到牆上，看看什麼東西黏得住就及格。而要做到這樣的境界，就需要對於消費體驗具有深入的洞見和知識。你會需要設定一個假設，而這個假設又應該屬於整體產品願景的一部分。所以，「購

買」按鈕要放在網頁的哪一邊，按鈕是藍色還是橘色的，這些都可以做 AB 測試。但你不應該測試顧客會不會在線上購物。

如果你正在測試你產品的核心，而你產品的基本功能可以依據 AB 測試的結果加以隨意調整或改變，那你的產品就沒有核心。原本該是產品願景的地方，此時是個大空洞，而你只是想用數據填滿這個空洞而已。

在我的案例，以及所有第一代產品的案例中，我們很可能就是一直在挖數據而已。要做出確鑿的決定，再多數據也不夠。

如果某項產品真的很新，那就沒有東西可以與之比較，也沒什麼可以最佳化、可以測試的。

我們清楚界定目標客群，和他們聊聊，找出他們有什麼問題，這件事是正確的。但接著去找出解決這些問題的最佳方式，便是我們的工作了。我們去詢問他們的意見，聽取他們對我們的設計有什麼回饋，這也是正確的。但我們再來的工作，便是運用這些洞見，朝著我們相信的方向邁進。

後來我們的團隊終於搞懂了。我們不再砸錢在顧問上，不再兜圈子，而是開始向前走，相信自己以及來自我們身邊聰明人備受信任的意見。

我們做出決策。我做出決策。這個要，那個不要。以後我們就這麼做。

並不是團隊中的所有人都認同我。當某個人必須進行最終決策時，常會發生這種情況。在這些時刻，便是你身為主管或領導者的責任，去解釋這並不是民主制度，而是個意見驅策型的決定，而你不會透過共識決來得到正確的決定。但這也不是獨裁制度，你不會在沒有解釋的情況下就發號施令。

所以要告訴團隊你的思考過程，帶他們走過所有你檢視的

數據、所有你蒐集到的洞見、以及為什麼你最終做出這個決定。你也要接納其他人的意見，傾聽，但不要回應；可能會有少數團隊成員同意你的決定，也可能會有一些優質回饋，讓你決定調整你的計畫。如果沒辦法的話，就對大家演講：我理解各位的立場，這幾點對我們的顧客來說合理，這幾點不合理，我們必須繼續往前走，而在這個情況下，我必須跟隨我的直覺。衝吧！

即便你團隊裡的某些人可能不喜歡這個答案，他們仍會予以尊重，而且他們會信任你，他們會知道他們可以發聲，可以批評你的決定，不會馬上遭到打壓。還有他們可以嘆氣、聳肩、回到他們的團隊、向下屬溝通「為什麼」要這樣決定，然後繼續搭上這輛列車。

這對我來說總是管用，這就是我在飛利浦的團隊如何接受我的決定的。

然而，善變的飛利浦領導階層卻從未接受。一直到產品正式推出之前，他們都在跟我們要數據，想要證明我們的產品確實存在市場。但是當你在開發某項新東西時，根本不可能完全證明大家會喜歡。你就是必須發布產品，向全世界展示，或至少是對寬容的顧客跟內部使用者展示，然後看看會發生什麼事。

在這個階段，擁有一個理解你面臨各類決策的老闆很重要，你需要一個信任你、準備好幫你撐腰的領導者。

但是這類領導者，或說這類人，實在很難找到。

多數人甚至根本不想承認意見驅策型決定存在，或是他們必須進行這些決定。因為如果你跟隨你的直覺，而你的直覺是錯的，那就沒有理由可以開脫了。但如果你做的就只是跟隨數據，結果你還是失敗了，那麼肯定是有別的事出錯了，是其他

人搞砸了。

逃避責任的人常常會採取這種策略。不是我的錯啊！我只是跟著數據走而已！數據不會騙人啦！

這就是為什麼，即便數據根本不存在，某些主管和股東依然會要求數據，接著便追著這些想像中的數據直奔萬丈深淵。這種人，就是那些不質疑自己方向、直直把車開下懸崖的人。如果有可能的話，他們甚至想把人為因素，也就是人為的判斷，從等式中抹除。

也有些人會不假思索，直接去找超貴、但在我看來完全不值的一流顧問，顧問會開心地批評你的決定，然後把你的決定交給下一個完全沒有進入狀況、也不了解你產品、公司、文化的人。

碰到這種情況，你必須搞懂眼前情勢如何，這樣你才能把管理帶到另一個方向。以下便是幾個領導者會擱置你的想法，並找顧問介入的理由：

1. **時程拖延**。他們可能在等待某件事，等待升遷或是獎金，並且在得到以前不想冒險。
2. **擔心丟工作**。他們可能相信失敗的後果是他們會失去這個專案的控制權、失去職位。而且如果失敗很大條，可能甚至會失去他們的工作。
3. **他們沒時間或不想管**。他們不覺得值得花心力好好研究，真正理解這個決策，挑選他們面前的各式選項，並承擔風險。他們只想要其他人來做，並讓他們自己看起來很聰明。
4. **他們知道自己想要什麼，但不想傷害其他人的感受**。他

們想要當「好人」，所以他們只會一直試水溫，不斷要求更多數據，直到你精疲力盡又怒火中燒。

所以當你遇上一名執意衝下懸崖，同時還不斷在顧問身上砸錢的主管時，該怎麼辦呢？或者如果你有數據，但無法蓋棺論定，沒有人能確定這會帶你們通往何方呢？還是你需要說服你的團隊追隨你，即便你無法證明你是朝正確的方向前進？

這時候，你需要說個故事（可參見3.2　為什麼人這麼喜歡聽故事？怎麼說才是好故事？）。

說故事便是你說服大家邁出信仰之躍，去嘗試全新事物的方式，也是你所有重大決策最終回歸的地方──相信一個我們對自己說的故事，或是其他人告訴我們的故事。要做出困難的決定之際，有件很重要的事，就是你必須創造出一個可信的敘述，讓所有人都可以理解。這也是行銷最後回歸的地方。是銷售的最核心。

而你現在正是在銷售。推銷的是你的願景、你的直覺、你的意見。

所以別再用「這位是珍，這是她的人生，而這是她使用了我們的產品之後，人生出現的改變」這種老套投影片去說服他們。你要使用一個重要的工具，就是協助大家從顧客的觀點看事情。但你要做的還不止於此。你此刻的工作，是要創造一個可以說服領導階層的論述：你的直覺值得信賴；你已盡可能蒐集了一切數據；你先前的決策也都頗為正確；你了解決策者的恐懼且已針對他們的擔憂做了處置並降低了風險；你也真正了解你的顧客和他們的需求。而且最重要的是，你提議的事會對公司生意帶來正面影響。如果你這個故事說得夠好，能夠讓大

家和你一起攜手踏上這趟旅程，那他們就會追隨你的願景，就算沒有紮實的數據替你撐腰，也是如此。

世界上沒有什麼事是百分之百確定的，就算是完全透過數據取得成果的科學研究，也充滿各種但書——我們沒有做這種取樣、可能存在這種變項、我們必須進行後續追蹤等等等。答案未必是最終答案，我們永遠都有可能是錯的。

所以你不可能等到完美的數據，因為這根本就不存在。你需要的就只是朝未知踏出第一步，結合你擁有的所有資訊，並盡力猜測接下來會發生什麼事。人生就是這樣，我們做的多數決定都有數據輔助，但並不是完全由數據驅策的。

如同才華洋溢、充滿同理心、見解獨到又無私的Google硬體設計部門副總艾薇・羅斯（Ivy Ross）所說：「並不是數據或直覺二選一，而是數據和直覺同時考慮。」

你兩者都需要，也兩者都會運用。而有時候數據就只能帶你走這麼遠，在這些時刻，你能做的就只是往前一躍。不過不要往下看就是了。

2.3 如何處理辦公室賤人

　　在你的職涯中，你會遇見幾個真正的渾球，大多數是男人，有時是女人，花式展現各種類型的自私、欺瞞、殘忍；但賤人都有一個共通特徵：你不能信任他們。他們有辦法，而且也一定會把你和你的團隊搞得天翻地覆，目的要嘛是為了替自己謀求利益，要嘛就是只是想把你拉下來，然後讓他們自己看起來像個英雄。各個層級都有賤人，包括個別貢獻者和主管，但這種人分布最密集的地方是在接近頂層的位置。根據聖地牙哥大學教授西蒙‧克魯姆（Simon Croom）的說法，有高達12％的企業高階領導者展現出反社會人格的特質（可參見5.1　你需要哪些人才？如何聘雇他們？，「團隊裡的每個人都知道我們面試要看的是什麼」段落）。

　　另一方面，你也會遇見一些好像很難共事的人，他們又粗魯又喜歡大呼小叫，愛發號施令，令人高度不爽。他們乍看之下像是渾球，但後來從他們的動機和行為卻會顯示他們不是混球。

　　了解你面對的是哪種人非常重要，這樣你就能理解怎樣和他們共事最好，或者如果必要的話，怎樣才能避開他們。

以下是你可能會需要處理的幾種渾球：

1. **政治型渾球**：這種人精通職場政治的藝術，但什麼實質的成果都做不出來，只會搶別人的功勞。這類渾球通常極度怕冒險，只會苟且求生，踩著別人往上爬。他們自己不會有任何產出，不會有真正的貢獻，也不會做困難的決定，但只要其他人的專案出現一點點小問題，他們就很開心地跳進來大喊：「早就跟你說吧！」然後試著攪和進來「解決問題」。他們通常不會在大型會議發言，因為他們從來不會想要老闆認為他們錯了，他們不能冒著看起來像個白癡的風險。相較之下，他們會在背地裡搞事，去攻擊你和任何不跟他們「一國」的人。這類渾球的身邊通常會有一群未來渾球——他們以為只要當混球就可以在職場上成功。而且這一群渾球聯盟永遠可以找到一個他們討厭、會群起攻之、要除掉的對象。

2. **控制型渾球**：指的是系統性扼殺團隊樂趣和創意的微觀管理者。你無法和這類渾球講理，他們討厭一切不是出自於他的好想法。如果團隊中有人比他們還有天分，他們就會覺得被威脅。他們從來不會因為工作成果獎勵、稱讚團隊成員，而且還常常會搶功勞。這些混球會在大型會議上面控制局面，不讓你插話，如果有任何人批評他們的主意或支持其他的方案，他們就整個複雜防衛機制全部打開，怒火中燒。但這些渾球真的在專業上很厲害，他們將技能打磨至完美，然後用專業砍殺周遭所有人。

3. **渾球型渾球**：不管是工作還是其他一切，他們都表現得超級爛。這種就是你在派對上會想要避開的卑鄙、忌妒、沒安全感渾球，結果就這麼剛好在辦公室坐你隔壁。他們沒辦法完成任務，超級雷包，會說謊，會傳八卦，會操控別人，所以他們會無所不用其極別讓自己被上級注意到。這些渾球唯一的優點便是他們通常很快就會滾蛋，他們就只能裝這麼久，然後大家就會開始發覺他們無法帶來任何價值，而且大家都不喜歡和他們共事。

此外，上述三類渾球還會有不同的行為模式：

侵略型：他們會崩潰、會鬼叫、會用各種鬼話誣陷你、在會議上嘲諷你，並在你的主管面前誣衊你。這類渾球很好辨認。

被動式攻擊型：他們會微笑、會點頭、會贊同你，表現得好像很友善，接著他們在你背後捅刀、散布惡毒的八卦、想盡辦法要搞你。這是迄今所知最危險的一類渾球—— 你從來不會察覺他們是衝著你來的，直到你發現自己背上插了一把刀。

另一方面，還有一種人，很容易和控制型渾球搞混。對於這一個特殊種類的渾球，我們的下意識反應是把他們當成另一個自我中心的渾蛋，然後驅之別院，可是他們卻擁有截然不同的動機：永遠是為了要讓工作成果變得更好，而不是自私自利或傷害他人。最重要的是，你可以信任他們，他們不一定總會做出你喜歡的決定，但他們專注的是更大的目標。如果是

對產品和顧客最好的話,他們也能講道理。光是這樣,就讓他們在本質上和真正的渾球不同。只不過想與他們共事也不容易就是了。

4. **使命驅策型「類渾球」**:指的是超有熱情,還有點瘋狂的人。他們有話直說,完全無視辦公室的政治正確,並直接碾碎「這裡是這樣做事的」的潛規則。他們和真正的渾球相似之處在於,他們不好相處,不好共事;但和真正的渾球不同的是,他們確實在乎,他們會在意,他們會傾聽,他們工作超努力,並逼團隊變得更好(常常是在團隊不肯的情況下)。當他們知道自己是正確時,就一步也不退讓;但如果其他人真的很棒,他們也願意改變心意,並稱讚他人的貢獻。要如何分辨你是不是在和一位使命驅策型「類渾球」共事?有個好方法,便是去傾聽別人傳述關於他們的神話。總是會有幾個關於他們的超讚故事,講的是他們的瘋狂事蹟;而那些曾和他們密切共事的人,總是會告訴大家他們其實並沒有那麼可怕。真的啦。最明顯的是,團隊最終會信任他們,尊重他們在做的事,並深情回憶和他們共事的經驗,因為他們逼團隊完成了這輩子最棒的工作。

很多人都覺得我是個渾球。

通常是因為我講話會越講越大聲。我會好聲好氣先問幾次,然後,如果我們還是沒有任何進展,我就不再好聲好氣,我會給自己和身邊的人壓力。我不會放鬆,我期待有最棒的成

果（對我自己和對所有人都是）；我深切在意我們的使命、我們的團隊、我們的顧客。我就是必須要在意。

所以我會逼下去。如果某件事好像出錯了，如果我覺得我們有機會做得更好，顧客可以得到更多，那麼我就不會放鬆。我不會讓事情得過且過（可參見6.1　成為執行長），我會逼那些專家，那些早就知道該怎麼做、一直以來又是怎麼做的人，找一個新方式去做。而這可能很難以承受，很難和我共事，我是說真的。

但逼出卓越不會讓你變成渾球，不接受平庸不會讓你變成渾球，挑戰假設也不會讓你變成渾球。在覺得某個人「是個渾球」之前，你要先理解他們的動機。

「為了顧客的權益堅持己見、充滿熱情」，和「霸凌他人只為滿足你的自尊心」這兩者之中，存在天壤之別。

但對團隊成原來說，差異並不總是那麼明顯。你身在一團颶風之中，「啊，這只是團熱情的颶風而已，我只要讓風吹襲一下，然後提供一些有用的數據就行了」。你覺得有可能會這樣覺得嗎？

某些颶風是可以講理的，某些則不行。

所以以下就是怎麼處理像我這樣的人，怎麼說服一團颶風的秘訣：**問原因**。

熱情的人，特別是熱情的領導人有一個責任，就是說清楚他們的決定，並確保你可以從他們的觀點看事情。如果他們可以告訴你為什麼他們對某件事這麼有熱情，那你就能拼湊出他們的思考過程，然後可以選擇加入，或者可以點出潛在的問題。

所以發問吧，不要害怕逼他們。如果你為你相信的事挺身而出，那他們反而會更尊敬你。使命驅策型「類渾球」永遠想

要表現得更好，達成最重要的使命，他們想要確保公司是在朝正確的方向前進。

所以如果是為了顧客的最佳利益，他們最終會聽進你的話，並改變心意。

在蘋果的時候，每當史帝夫‧賈伯斯徹底發瘋的時候，我總會對我的團隊這樣說：「對，這個主意是瘋了沒錯，但理智最後會獲勝的！就算賈伯斯今天錯了，要相信他遲早會找到正確的答案。我們只是需要找個更好的方法，然後提出我們的理由。」

要準備好面對一點小風小雨，但不用擔心會被吹走：使命驅策型「類渾球」可能會把你的工作成果批評個體無完膚，但他們不會對你人身攻擊，他們不會因為你不同意他們就罵你或炒了你。

這便是使命驅策型「類渾球」和控制型渾球之間的差異。

控制型渾球不會聽你講話，他們永遠不會承認自己搞砸了；政治型渾球也不會，他們會忽略明顯的問題，反駁合理的回應，原因可能是這在政治上沒有用，不然就是他們的自尊心無法承受。他們不會保護產品、顧客、團隊，他們只會保護自己。

而我要鄭重聲明，史帝夫‧賈伯斯並不是這樣的渾球。他有時候當然會太超過，但這不是常態，因他也是人，我不會為他粉飾或找藉口。賈伯斯是個使命驅策型「類渾球」，一團熱情的颶風。

對產品最好的事最終總是會勝出，因為產品才是最重要的事，賈伯斯總是專注在工作成果上，永遠都是。

是那些專注在人、專注在控制人上的渾球，才讓工作變成

地獄。真正的渾球總是針對個人，他們的動機是他們的自尊心，而非工作本身，只要他們能贏，他們他媽才不在乎產品發生什麼事或是顧客會面對什麼勒。這些渾球就是那些讓你越來越難創造出你引以為傲事物的人。

比如某個直接對我朋友說「不准跟執行長講話！」的主管。

在產品開發時，執行長常會打電話問我朋友問題、想法，或只是腦力激盪。因為執行長沒辦法從她主管那邊迅速得到資訊，所以他會直接來找她。

她的主管氣炸了，我朋友怎麼能公然忽略啄食順序呢？在這裡不是這樣做事的！

所以主管說：「永遠不要跟執行長講話、永遠不要打給他、永遠不要寄電郵給他，一定要透過我。」

但並不是她打給他，是執行長自己打給她的。而且她也不蠢，如果執行長想要談，她就要回答。於是她跟主管提議：她與執行長談完後，會向主管回報他們討論的所有事。但這樣主管還不滿意。主管不但沒有努力工作，以便提供答案給執行長，主管竟然直接要她封口。

她翻翻白眼，完全無視主管的命令，但她還是必須應付這傢伙，這樣專案才能發佈，所以她做了你面對控制型渾球時唯一能做的事：

1. 用善意殺死他們
2. 無視他們。
3. 繞過他們。
4. 離職。

就按照這樣的順序。

一開始先推定他們只是善意。或許他們只是先前有糟糕的經驗，或是之前和你團隊裡的其他成員有某種糟糕的關係，搞不好他們只是不知道該怎麼和你共事。可能一切都只是個天大的誤會，你會渡過的，並向他們證明這可以是段充滿收穫的關係。

接著確保問題不是出在你，不是因為你做的某件事讓他們有錯誤的印象，或是無意間造成問題。和他們來段敞開心胸的對話，要友善又親切，試著公開讚美他們，稱讚他們做的某件事，就算他們做錯了也沒差，有時候就只需要這樣而已。

但有時候這樣還不夠。

在你打出你最好的牌，諮詢他們、獲得他們的建議、好好對待他們、進行幾次開誠佈公的談話，但卻什麼回報都沒得到之後，你就要換成採取守勢。如果你有個好主管，就請他們保護你免受混球影響，看看主管能不能重新安排一下，這樣你就不用再應付這個人，也不需要再聽他的意見。

如果這招沒用，那就無視他們，做決定時不用再徵詢他們。事後再尋求原諒，而非事前請求准許——最後甚至連事後都不必尋求原諒了。如果你在為公司帶來價值，而且顯然也很值得的話，死渾球要怎麼叫或是怎麼密謀都無所謂，反正他們都會受制於人。你也不要因此有侵略性或是不爽，做你的事就對了。

有時候這就能幫你爭取到足夠的時間，和平完成你的專案。

但有時候不能。

某個和我共事的混球被我無視了好幾個禮拜，又想要在一場又一場會議之中一次又一次搞我，最後他把我拉進他的辦公

室，還有人資在場，直直看著我，然後跟我說：「這間房間裡有兩根屌在甩來甩去，而我的是最大根的啦。」

我不得不佩服他：敢講這種話，實在令人印象深刻。

我記得我坐在那試圖消化這句話：啊不然他是要我怎麼回？還是要怎麼做？他想要我用屌甩他嗎？他想這樣嗎？那真是超詭異的一刻，我真的是傻眼到爆。而我做了正確的事，我一語不發坐在那瞪著他，他還在繼續講，那句只是他的開頭而已。但我沒有和他爭執，我沒有參一腳，只是重新調整我對世界的理解。好吧，所以這就是這傢伙的真面目，這就是我們在玩的遊戲，他不在我團隊裡，他不值得我尊重。

現在我必須採取攻勢了，而我需要後援。

如果你和某個渾球出了問題，那通常你不會是唯一被氣到的人，所以去找那些跟你一樣覺得這個渾球必須走人的人吧。告訴渾球的同事，告訴人資，找到正確的時機，告訴渾球的老闆。而他們通常會對你點個頭，然後說他們已經在處理了。這很可能會花上永遠之久，而且也會弄得不太好看，但順利的話，渾球要不是會離開你的專案，不然就同時也會在你的人生中徹底消失。

要是這也沒用，你也可以試著調個團隊，但當你遇上真正的混球時，他們的惡名很可能已經傳遍整間公司了。如果另一個團隊知道收留你會招致上述提到的渾球憤怒，他們可能會決定並不值得為此惹上麻煩。我還記得某次有個人變成賤民，沒有團隊敢收他，因為擔心那個魯蛇主管會報復。

到了這個時候，你唯一的選項就只剩下檯面上最後一個選項了。

辭職。

告訴你的老闆、人資、任何在關注這件事的人，你已經無所不用其極，卻再也沒辦法跟這傢伙共事了（可參見2.4　何時該考慮辭職，「但當你已經窮途末路」段落）。

如果你有價值又有用，那領導階層很可能會匆忙想辦法讓你留下來，並找個方法處理這個狀況。關鍵永遠是在一個有意義的專案中做出貢獻。如果你可以貢獻，對方卻不行，大家最後總會發現渾球就是渾球，他進而會受到孤立或失去產能。這可能要花上很長、很長的時間，但他們的意見通常會開始失去影響力，然後他們就會淡出。

但也不總是會這樣。

有時候，即便渾球被趕出組織，他們還是可以想辦法搞你。

所以永遠要留意社群媒體，不要只看公司內部，記得去檢查Glassdoor、臉書、推特、Medium、LinkedIn，甚至是他媽的Quora、TikTok、還有各種各樣的社群媒體。氣瘋的人會在一切水源裡下毒，社群媒體是每個渾蛋火藥庫裡的新武器，如果他們在工作上沒辦法從你身上得到想要的，他們會非常、非常公開地把事情搞的超級、超級針對。

這總是會很麻煩，而且令人超級不爽。但假如他們是控制型渾球，或只是一般的普通渾球，那他們最後很可能會害到自己。真相昭然若揭。

政治型渾球則是另一種完全不同的動物。

政治型渾球的問題在於他們常常會和其他政治型渾球拉幫結黨。其他原本是好人的人，會看著這些渾球升職，然後覺得這也是正途，於是加入渾球聯盟。而這些人幾乎都只會專注在向上管理，所以領導階層不會察覺發生了什麼事。

政治型渾球在大型組織中尤其猖獗，他們可以在那裡運用

馬基維利式狗屁邏輯，把你說得又發瘋又偏執。他們會找到在工作上沒什麼表現的人，保護他們，交換他們的效忠。他們會去揭同事的瘡疤：誰在和主管搞曖昧？我們可以找人資掩蓋嗎？接著這些人就一輩子欠他們了。

這就像黑手黨，但不是在殺人，而是在扼殺好的想法。

政治型渾球需要一群黨羽去散播不和的種子，或是為八卦搧風點火。這是他們控制他人的方式，也是他們安然脫身的方式。

那麼你要怎麼對抗黑手黨呢？

你可以先召集你的同事，制訂計畫視時機採取行動。但你這麼做不是為了保護自己，也不是為了升職、權力、獎金、或那些渾球在追求的事，你們是為了服務顧客而團結起來。

政治派系是以眼還眼、適者生存的金字塔，所有渾球都強取豪奪，彼此爭鬥，只為上位。你的團體則應該專注在彼此打氣，並保護客戶免受渾球糟糕的決定影響。當渾球聯盟開始散播謊言、偷別人點子、接管他們一竅不通的專案時，他們會對領導階層鸚鵡學舌，他們會確保所有人口徑一致，他們會為彼此撐腰，直到他們不可能受到忽視。

這時你的團隊便需要反制的敘述。這時候，狗屁不對稱理論，又稱「布蘭多里尼法則」（Brandolini's law），便可以派上用場：「駁斥狗屁所需的能量，比起產生狗屁所需的能量，還要多上一個量級。」

所以你必須想出一個超棒的故事，並在走進會議室時準備好支持彼此。要事先達成共識，確保所有人都知道台詞，還要蒐集數據為自己撐腰，這樣才不會雙方各執一詞。接著當混蛋開始講得天花亂墜時，你的人馬就會有火力和人力可以把他們

打倒。

順利的話，你就可以瓦解黑手黨，或至少讓他們把精力花在更容易的獵物上。而這類戰役帶來的其中一個優點，便是你會和一大群好人建立起長久的連結。

在我們阻止混球摧毀產品，搞死顧客之後，我們就可以停止創造敘述了，不用再去玩我們一開始從來就不想玩的愚蠢遊戲。我們可以回去從事我們深愛的工作。

渾球就是這樣，他們真的讓人超不爽，不爽到你忘不了，還會在你的書裡佔一整章的篇幅。但多數人只是想進辦公室，然後打造個酷東西而已。造成你麻煩的絕大多數人都並非出自惡意，也不是馬基維利主義者——他們也在苦苦掙扎，可能是第一次當主管，做他們不適合的工作，或者只是今天過得非常、非常糟而已。搞不好他們的小孩不睡覺，搞不好他們老媽死了。就算是世界上最好的人，有時候也能表現得像個渾球。也可能他們是團熱情的颶風，會把你逼到超出自以為的極限，因為他們知道你有才華，而你在絆住自己。

大多數人都不是渾球。

而且就算他們是渾球，他們也是人，所以不要剛去工作就想害人被炒。先從善意推定開始，先談和，假設會發生最好的狀況。

不過如果這不管用，那麼務必記得世上有因果輪迴，雖然報應從來都來得不夠快啦。

2.4 何時該考慮辭職

　　打死不退是一項重要的特質。如果你對創造某個東西充滿熱情，你就必須頑強追求，而這可能代表有段時間賺比較少錢，或是待在一間問題叢生的公司，以便把你的專案完成。

　　然而，有時候你只是需要辭職而已，以下便是你該辭職的徵兆：

1. **你對使命不再擁有熱情。**如果你是為了薪水或你想要的職銜留下，但你在辦公桌前的每個小時，感覺都像永恆一樣，那麼拯救你自己吧！不管你是為了什麼理由留下，這個吸乾靈魂、讓你連起床都不想的悲慘工作根本不值得。

2. **你已經用盡一切方法。**你仍對使命擁有熱情，但公司讓你失望了，所以你和你的主管、其他團隊、人資、高階領導層談過，你試著了解路障是什麼，並推銷解決方法和選項。但你的專案依然陷入死胡同，你的主管不可理喻，公司快要倒閉了。在這樣的情況下，你應該離職，但仍堅信使命，並尋找另一個團隊一同踏上相似的旅程。

　　你決定要辭職之後，務必確保你是用正確的方式

離開。你給過承諾，所以謹守承諾，並試著盡量完成那些由你開始的事。在你的專案裡找個天然的突破點，下一個里程碑，然後鎖定在那個時候離開。你在一間公司待得越久、位階越高，就要花越多時間才能淡出。個別貢獻者通常可以提前幾周到幾個月通知，執行長則需要一年或是更久。

我在徹底看清我的專案後離開飛利浦，我確保我已經探索過每一條可能的路徑，想盡辦法要讓我的團隊成功。我離職是因為所有人都在使用相同的 Windows 作業系統，而我們的主要功能特色都受限於這個作業系統，這樣的話我們永遠都無法比過競爭對手。我經過了四年的努力、挫敗、學習、個人和專業成長後，終於離開。

而我下一份工作在 RealNetworks，才兩個禮拜我就閃提辭呈，是因為我看見不祥之兆：我一定會痛恨這份工作的。

即便如此，我在提離職後仍是多待了四個禮拜。我寫下各種選項，建議他們可以展開不同的生意，並描繪商業計畫和專案介紹。我想確保我留給他們某些具體的東西—— 真正可行的計畫，出自良好的構想。我不想讓別人說「他來了又走了，搞死了我們」。雖然我確定他們不管怎樣都還是會這麼說啦。

但我必須離開那家公司。當他們食言而肥，跟我說我必須搬去西雅圖的那一秒開始，我就失去對這間公司的所有信任了，而你無法和你不能信任的人共事。我內心的一切都在尖叫著事情一定只會從爛變成更爛。

大多數人要辭職前，心裡早就已經有底了，接著卻會花上好幾個月、甚至好幾年，說服自己不要辭職。但我打從一開始

就知道，我雖然會有優渥的薪水，卻會過很慘很慘。

而我必須非常鄭重聲明：再多薪水都不值得一份你討厭的工作。

我重申：不管他們丟出多少加薪、職銜、福利等誘因要你留下來，都不值得一份你討厭的工作。

我知道，這種話從我這麼一個幸運又有錢的人口中說出來，聽起來很假。但我之所以變有錢，並不是因為我收下了鉅額薪水支票或高階職銜然後去做我明知自己會討厭的工作。我乃是追隨自己的好奇心和熱情，一直都是——而這代表把錢留在檯面上不收——有夠多錢，多到大家都覺得我是不是真的發瘋了：「瞧瞧你扔掉了什麼，領導 iPhone，離開蘋果欸？還有這一大堆錢？你是有什麼問題？」

但是每一分錢都值得。

所有曾困在自己討厭工作中的人都知道這種感覺。所有會議、所有沒意義的專案、每個小時都會無限延伸。你不尊重你的主管，你會對使命翻白眼，你在下班時精疲力竭，步履蹣跚地走出辦公室，把自己拖回家，跟家人和朋友抱怨，直到他們跟你一樣悲慘為止。時間、精力、健康、快樂，都從你的人生中永遠消失。但是，嘿，那個職銜、那些名利，全都值得的，對吧？

不要被困住了。只因為你不知道其他更棒的選項，並不代表這些選項不存在。還有別的錢可以賺，還有別的工作可以做。

只要你放出風聲，說你正在找工作，或你離職了，新的機會很可能就會出現。我總是在朋友身上看見這種事發生，他們更新了 LinkedIn，然後馬上就有人來接觸。噢，這個人現在有空欸，真令人興奮！

當然，和其他一切一樣，認識「對的人」總會有幫助。

找到這些人的關鍵便是建立人脈，我意思不是說去某場會議，然後一個一個人發你的名片或QR碼，趁著大家正忙著在吃小三明治的時候，看到潛在的雇主就把他們堵在牆角。我說的只是建立新的關係，超越生意的關係。和舒適圈之外的人聊聊，了解一下外面有什麼機會，認識一些新的人。建立人脈是一件你必須不斷去做的事，就算你有個開開心心的工作也一樣。

我還記得2011年時，和某個剛離開蘋果、正要自己開公司的主管吃午餐。他從1990年代末期就在蘋果工作了，而且在那之前就已經是史帝夫‧賈伯斯的多年學徒。或許你會認為他擁有世界上所有優勢——他過去10年都在矽谷最有名公司的最高層工作，就在最充滿幹勁的領導者身旁。誰不會想投資他？誰不會想把握和他一起共事的機會？

結果他彷彿剛出獄一樣。他從來沒跟任何賈伯斯圈子之外的人說過話，他不知道要找誰，不知要如何籌措資金，他和世界唯一的連結便是透過蘋果。而一旦他離開了，他就不知該怎麼辦。他最後當然是弄懂了，但比他預期還花了更久。

所以不要被困住了。

而且也不要把建立人脈視為達成目的之手段——不要將其視為一種交換，覺得你幫了某人某個忙，那他們就會幫你忙回報。沒有人想要覺得自己受到利用。

你應該因為你天生就充滿好奇心，才去和其他人聊聊，並建立連結。你好奇想知道你公司的其他團隊是怎麼工作的，又是在做什麼；你也想和你的競爭對手聊聊，因為你們都在想辦法解決同樣的問題，而他們採用不同的方法。你想要你的專案成功，所以你不只是要在午餐時和親密戰友聊天，你要和你的

合作夥伴、顧客、他們的顧客、他們的合作夥伴一起吃飯，你要和所有人說話：了解他們的想法和觀點。而在過程中，你就有可能向某人伸出援手、交到朋友、展開一場有趣的對話。

而一場有趣的對話可能變成一次面試，也可能不會，但至少對話還是很有趣，至少你可以感受到潛能的火花。而這可能會引領你走向另一條道路，又開啟另一場對話，又一場，再一場，直到你在另一端看見亮光：某間公司、某個工作、某個團隊，讓你想要再次去工作，能夠協助你再次變回熟悉的自己。

然後，就辭掉你的舊工作吧，不幹了不幹了不幹了。

但不要就這麼走進你主管的辦公室，並把你的辭呈甩在他桌上，然後離開你努力打造的一切。就算你討厭你的工作，也不要留下一團亂。把你可以做的事完成，不能做的整理好，並順利交接給下一個繼承你職責的人。這可能要花上幾個禮拜，甚至幾個月，如果你是主管或高階領導者，老實說感覺起來會像是永遠。我離開Google Nest時交接就花了9個月，在蘋果時則是花了20個月。

大家不會記得你怎麼開始的，他們會記得你怎麼離開的。

但不要讓這點阻止你下定決心離開。

只要你發現自己身處一個你相信其使命的地方，那一切就都會改變。

當然，那一份工作，你也有可能最後會辭掉，因為你投身的、你堅持的，是那個使命，那個想法，而公司是次要的。如果你找到某個啟發你的東西，那就跟隨能夠追求的最佳機會吧。我迷上了個人電子裝置，並跟隨這個熱情經過5間公司，只有到了最後我才真正賺到錢。但這是我熱愛的事物，所以我不斷尋找新的機會去做。每份工作都採取不同的角度，對相同的

問題擁有全新的觀點，最後我便對我想要解決的挑戰，擁有一個豐富的全方位觀點，以及所有可能的解決方案。比起付我薪水的公司，這些想法更為珍貴。

但這是個取捨的問題。在 RealNetworks 時到處都是糟糕的徵兆，我馬上就失去了對他們的信任。但在其他公司我就待了 4 年、5 年、將近 10 年。如果你找到一個可以跟隨自身熱情的好機會，那麼你在目前的公司裡窮盡了一切辦法之前，你都不應該放棄。

所以如果某件事行不通，不要只是跟那些沒辦法解決的人抱怨，然後兩手一攤辭職。光是跟主管講，這樣還不夠，特別是如果你的主管本身就是問題的時候。

如果因為公司內部的政治、沒效率的行政、管理階層不穩定、或只是糟糕的決策，使得原先讓你興奮的使命變得黯淡了，也不要不好意思。去建立人脈，去和所有人聊聊。不是閒聊，不是聊公司內部的八卦，也不只是純抱怨不解決。要提出建議，去解決你和你團隊面臨的棘手問題。和你的主管、人資、其他團隊聊聊，尋找願意傾聽的合適領導者。順利的話，某些人會同意你、挑戰你的觀點、協助你改善你的想法。這全都會有用，所以去了解他們的看法吧！

聊的對象，也包括最高階領導者和管理者。如果有可能，甚至可以去找董事會成員和投資人。這就是我做的，在飛利浦和在蘋果都是。盡量往高層去，讓他們知道問題出在哪，反正假如這些問題沒有解決，你也應該會辭職，所以沒什麼好怕的。

大多數位居高位的人，都頗有興趣聽聽下面發生了什麼事。他們可能會因你讓他們注意到問題而獎勵你，甚至可能覺得你的挫折感很有道理（雖然他們不會跟你講就是了）。

而沒錯，你這樣做，很可能會把你的直接主管搞瘋。繞過你的主管總是很麻煩，每次我跳過我的主管，去找其他管理者時，總是會把我主管逼瘋。所以如果他們有問的話，就直接告訴你的主管你在搞什麼，並解釋你為什麼這樣做。這便是請求原諒，而非准許的時機。你可以解釋說，你先前已經跟他們反應過問題了（當然，你真的應該先跟他們反應問題），卻發現事情沒有改善。告訴他們你在擔心什麼，以及你提出的解決方案。解釋你想找誰，以及你希望可以達成什麼。

如果你選了這條路，如果你繞過你直接主管，然後開始在全公司搞事，務必確保你提出的問題並不是為了自己的利益。

我記得我們在蘋果時開過一次全員出席的超大會議，這類會議一年只有兩到三次而已。有個人在問答時間站起來，開始問史帝夫・賈伯斯他怎麼沒有升職，為什麼他的評鑑結果不好。賈伯斯一臉不可置信看著他，然後說：「我可以告訴你為什麼，因為你在一萬個人面前問這種問題。」

那個人不久之後就被炒了。

所以千萬不要當那種人。

你可以有個人問題——薪水不夠多，一直升不了職，但你也可以有和你正在進行的專案相關的問題。因為個人問題辭職完全合情合理，但向公司所有人抱怨這種事就不是了，而且你也不需要在一萬個人面前搞事，不斷和某個主管一直抱怨你的配股幾乎也一樣糟了。

如果你要成為眾人焦點，務必確保這會對使命帶來幫助，而不是為了個人利益。你的專案碰到什麼問題？把它透徹想個清楚，寫下經過深思、充滿洞見的解決方案，然後把這些方案告訴領導階層。方案最後可能不會有用，但過程至少會很有

教育意義。不要嘮叨，但要堅定。審慎選擇你的時機，展現專業，不要隱瞞你失敗的後果，告訴他們你很有熱情，想讓一切成真，但要是你沒辦法解決這些問題，那你很可能會辭職。

但辭職必須說到做到，不能拿辭職當談判策略。有太多人因為鬧脾氣斷送他們在某間公司的大好前程。你絕對不能以辭職要脅，然後又猶豫、反悔、留了下來，這樣所有人瞬間就不尊重你了。你必須貫徹始終。

你提出離職，或許會迫使公司正視問題，做出你要求的改變。但也有可能什麼都沒變。辭職永遠不該拿來當成談判策略。辭職，應該要是你最後的王牌才對。

而且要記得，就算領導階層承認你是對的，並承諾會有重大改變，還是得花上一些時間事情才能改變，也有可能永遠不會改變。但還是值得嘗試，如果事情一變得棘手就辭職，不僅在你的履歷表上不好看，也殺死了所有你創造出引以為傲事物的機會。好東西都需要時間，又大又好的東西則需要更久時間，如果你在專案跟專案、公司跟公司之間跳來跳去，你就永遠無法獲得重要經驗去展開、完成有意義的事物。

工作是不能互換的，工作並不是一件毛衣，你覺得太熱就隨便脫掉。有太多人在需要他們全心投入、開始努力完成艱難惱人的工作，以便創造出真正的事物時，就跳船了。而當你看著他們的履歷表時，你馬上就會發現這個模式。

兩頁的履歷表就可以說完三百頁的小說要說的故事，而且有太多情節都漏洞重重。只要你知道該怎麼看履歷。

所以在你離職前，你最好想出一個故事，一個優質、可信、真實的故事。你會需要一個理由，解釋你為什麼離開。你也會需要另一個理由，解釋你為什麼想加入下一間你前往的公

司。這兩個敘述非常不同，你在面試時會需要，但你自己也會需要，以確保你真的有透徹思考過，並確保你下一份工作做的是正確的決定。

「你為什麼離開」的故事應該要坦白又公正，而「下一份工作」的故事則應該要充滿啟發：這些是我想學的事、這是我想共事的那種團隊、這是真正讓我感到興奮的使命。

獵人頭的招募人員來接觸你時，務必要記得這一切。因為如果你很成功，那他們會來找你的。知道什麼時候該離職，並回應招募人員的招募，是個兩階段的過程：首先你必須知道你的工作已經不再適合你，接著你必須決定新地方會更好。有太多人搞混這兩點，被招募人員的話術弄到眼花撩亂，忽略了他們現在工作的地方提供的機會；要不然就是他們沒有在公司內部建立人脈，所以他們甚至不知道有哪些機會。我看過太多人在還沒有仔細研究、透徹思考之前，就跳船了，他們通常會在3到6個月後夾著尾巴回來，羞愧地想拿回舊的工作。

所以也不要當這種人。

但當你已經窮途末路，真的已經看不見出路，而不只是受到招募人員吸引時，也不要害怕離開。

我在蘋果辭職了三次。第一次是我們推出 iPod 之後，我的團隊排除萬難，提早了好幾個月發布，沒人覺得有可能，同時還大受好評，而且我們還是在我的主管想方設法搶走我們功勞的情況下完成的（可參見 2.3　如何處理辦公室賤人）。

我試過所有方法，讓他參與、無視他、對抗他、安撫他的自尊心。現在專案完成了，我的團隊已經不眠不休工作 10 個月了，所以我要求公司實踐承諾，給我我早就應該擁有的職銜：「我什麼時候才能升副總？」

然後他回答：「我們等個一年吧，這種事需要時間，沒有人升這麼快的。」

他媽的他早知道我打從一開始就值得更高的職銜，他一開始就騙了我（這件事如果你想知道的話，可以在華特·艾薩克森 Walter Isaacson 寫的《賈伯斯傳》Steve Jobs 裡讀到完整的故事）。但我現在有功勞了，功勞還大到不行。

我試著保持冷靜，向他解釋我的理由。但他就只是聳聳肩，然後給我皮笑肉不笑的答覆：「抱歉，現在沒辦法。」

我對他的最後一絲尊重也飛出窗外。

我依然相信使命，也對我們打造出的東西感到驕傲。我很興奮，想繼續前進，但我就是沒辦法繞過這傢伙。不管我工作做得多好，他就是會一直搞我，這是個永遠不會癒合的傷口。

人的忍耐是有極限的，所以我說了唯一該說的那句話：「我不幹了。」

有時候拯救你自己的唯一方式，就是離開。

兩周後，我在打包辦公室時，接到雪柔·史密斯（Cheryl Smith）的電話。她是負責監督我們 iPod 團隊的人資主管，她是個超讚的合作夥伴，讓我理解蘋果這部機器是怎麼運作的，並在我還是新人時帶我走過一切。她說：「我聽說發生什麼事了，這完全沒道理啊，你不能離開！我們去走走吧。」

我們在蘋果公司附近走得越久，我邊告訴她一切細節，音量也變得越大聲，在半空中揮舞的手勢也越誇張。她充滿同理心，說她會想辦法，叫我撐著點，但我認為已經太遲了，24 小時後我就要永遠離開蘋果了。

隔天，在他們預計要護送我出去的幾小時前，我接到史帝夫·賈伯斯的電話。

「你哪裡都別去，我們會讓你得到你想要的。」

我走到我主管的辦公室，雪柔臉上掛著大大的笑容在外面等我。

我主管不情不願的來到桌子旁，雖然他表情扭曲，明顯痛恨這每一分鐘：「我們這裡不是這樣運作的。」他邊抱怨邊簽署我的升職單。

那天晚上，我走進我的告別派對然後告訴大家：「我要留下來了！」

隨著時間經過，我必須再次離職，這次是為了保護產品和團隊。接著還有一次，那次是為了保護我的理智和家人。而當然每次都有各種劇場上演，超多劇場。離開我的團隊，離開賈伯斯，從來都不是件容易的事。

但我知道這是正確之舉，花了10年全心全意奉獻給蘋果之後，是時候離開了。

有時候和你主管跟人資開會時的所有算計、談判、討論，都完全不是重點。有時候就只是離開的時候到了。而當那一刻來臨時，你心裡也會知道。

所以辭職，去做你愛的事吧。

第三部
關於產品：如何創發

第一代iPod的基礎科技並不是在蘋果設計的。

甚至不是為了手持式裝置設計的。

從1990年代末期開始，大家紛紛在硬碟裝滿了MP3音訊檔，這是第一次音質夠好的音樂可以儲存在容量夠小的檔案中，供你在電腦上下載一座巨大的歌曲圖書館。

但就算你有昂貴的音響系統可以聽你下載的音樂，卻沒辦法使用。因為音響是為了錄音帶和CD開發的，所以大家只好用超爛的電腦喇叭播放他們新下載的音樂。

我在1990年發現了更棒的潛力，不是MP3播放器，而是數位音訊點唱機。

這可以讓你把你所有CD轉成MP3檔，在電視和家庭劇院系統上播放，加上你下載的所有東西。在iPod著名的廣告詞「把1000首歌裝進口袋（1000 CDs in your pocket.）」之前，我們想做的其實是「把1000張CD裝進家庭劇院」。

反正這就是我向RealNetworks推銷的，但那是錯誤的地方、錯誤的人、錯誤的一切。所以我想說，管他的，我自己來做吧。

這句話催生了上千間新創公司。

我把我的新創公司取名為Fuse Systems。

靈感是來自飛利浦的某個專案，他們試著開發一台用

Windows系統運作的家庭劇院加DVD播放器，這樣你就能在電視上上網，並且類似在網路上串流音訊。前提是你能在Wi-Fi出現前的時代在線上串流任何東西啦。

這是個超棒構想的縮影。家用網路的速度已經越來越快，從56kbps變成風馳電掣的1mbps，使得下載音訊、甚至是下載顆粒粗糙的小型影片化為可能。事情變得相當明顯，大家的音樂和電影收藏會轉移到電腦上，但是沒有人會想在我們1990年代的那種灰色的、可悲的、企業用Windows電腦上聽歌。家庭劇院棒多了——有HD的電視和環繞音效，但只有技術最厲害的視聽宅才會安裝。

飛利浦理解這點，但他們沒辦法靠這賺錢。他們已經徹底陷進微軟，正在打造妄想會成為音響的個人電腦，他們專注在「自己能夠開發的東西」上面，而不是「為什麼會有人想買」。我反覆思索然後心想：不！完了完了完了！你就是不能用Windows。我已經拿頭去撞微軟的作業系統好幾年了，很清楚這對消費性電子產品來說是條死路。誰想花兩分鐘等他們的電視開機啊？而且你還必須為了普通人、不是極客的人在使用的簡單家庭劇院，打造出某種任何人都能隨插即用的東西。

我想打造一種產品，可以連上網路，但看起來或感覺起來不會像是電腦。Fuse這個產品將會為大家帶來全新的消費性電子產品體驗：你將能夠訂購和安裝一整套家庭劇院系統，包括一台能夠把你的音樂存在內建硬碟的CD加DVD播放器。接著你會連上世界上第一個線上商店，以下載更多音樂，有一天也能下載電影和電視節目。那時候TiVo超紅，但我希望Fuse可以更進一步。

　　我手上有一點創業基金，接著我就一頭栽進去了。我必須創辦一間公司，而且不是副業，不是什麼小咖菜鳥的大學生新創公司，是一間真正的公司，是認真的事業。

　　我這次一定要弄懂，我們要追上的是世界上最大的對手，我們要挑戰Sony。

　　但首先我必須先說服其他人來和我一起工作。我已經沒有飛利浦巨大的基礎設施跟他們像山一樣的流程和資金。我現在的道路，是沒人走過的。我只有個大構想，其他什麼也沒有。而所有我試圖想招募的人，他們也都期望會有薪水，他們期待會有健保、人資、付款的帳號、以及所有你在一間真正的公司

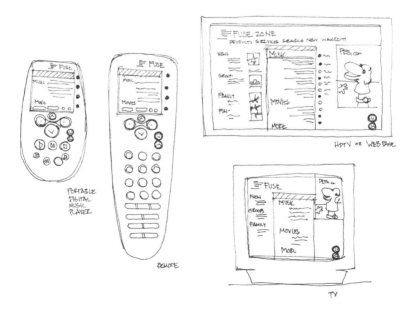

圖3.0.1：我們在Fuse的推銷介紹裡使用這些素描圖，說明要怎麼把網路、音樂、電視結合在一起。現在看起來，MP3播放器讓我不禁莞爾，pets.com的廣告更是讓我笑死。

中工作時，理所當然會有的東西。

所以我必須工作，然後工作工作再工作。

我建立了團隊，雇用了12個人。我們和三星合作，當時三星還只是個默默無聞、試圖打進美國市場的韓國消費者品牌。計畫是我們負責設計一切，三星則負責製造，然後我們會在產品貼上我們的品牌銷售。大家會用我們公司的數位產品量身打造他們的家庭劇院系統，再加上三星經過品牌重塑的電視和音響等，而且一切都能在線上訂購。接著東西就會以一個易於使用的套組形式送到顧客家。

當時是1999年，矽谷的資金、人才、創意多到滿出來，而我們很知道自己在幹嘛，我要為General Magic的失敗以及Velo和Nino浪費掉的潛能雪恥，我充滿啟發、意志堅決。

沒有事情能阻止我們。

而這些話，當然也是讓上千間新創公司直直摔下懸崖的話。

2004年4月，網際網路泡沫化了。就在我開始尋找資金時，湧向矽谷的穩定錢潮一夕之間枯竭（可參見4.3　為了錢結婚，「投資的世界是循環的」段落。）。

我跟不同的創投公司做了80場介紹，整整80場！無一成功。投資人亂成一團，忙著拯救他們已投資或過度投資的新創公司。這是個股市暴跌、公司翻肚的浪潮，沒人有興趣再投資昂貴的消費性電子產品。數十億美金就這樣沖下水溝。時機就是一切，而我的時機可說是史上最糟，我一毛錢都弄不到。

在我焦急地四處想辦法找錢資助我公司最忙碌的那段期間，我和某個General Magic的老朋友一起吃午餐。我告訴他我在開發什麼，還有我的掙扎——針對我們打造產品的興奮，混雜著如果一切完蛋的恐懼。他表達同情，邊吃他的三明治，然

後祝我一切順利。

　　隔天中午他和一個在蘋果工作的同事吃午餐，聊到公司正要展開一項新專案，同事問他會不會剛好知道有人有開發手持式裝置的經驗？

　　隔天我就接到蘋果的電話。

　　剩下的故事你大概頗為熟悉了，因為本書前面有提到。我最早在蘋果當顧問，只是想賺夠多的錢，付我員工薪水，或是搞不好運用我的工作讓別人收購Fuse。把我的希望寄託在蘋果上，當然是孤注一擲。那時史帝夫・賈伯斯又重新掌舵，但在上個10年裡蘋果陷入死亡循環，推出了各種平庸的產品，幾乎快把公司拖下倒閉邊緣。麥金塔電腦苦苦掙扎，想在美國突破2％的市佔率，他們的電腦銷售陷入泥沼。當時蘋果的市值大約是40億美金左右，微軟的市值則是2千5百億美金。

圖3.0.2：這是我在2001年三月做的保麗龍模型，用這個去說服賈伯斯為iPod專案開綠燈。

蘋果已經快掛了，但Fuse掛得更快。

所以我接受了這份工作。

- 蘋果的電話是在2001年1月的第一個禮拜打來的。
- 幾個禮拜後我便成了帶領iPod研究的顧問。但那時候還不叫iPod，代碼是P68 Dulcimer，而且那時候也沒有團隊、沒有原型、沒有設計，什麼都沒有。
- 到了3月間，我和史丹·吳（Stan Ng，音譯）向史帝夫·賈伯斯推銷iPod的主意。
- 4月的第一個禮拜，我成了全職員工，並把Fuse的團隊一起帶了過來。
- 4月底，我和東尼·布萊文斯（Tony Blevins）找到了我們的製造商，台灣的英業達（Inventec）。
- 5月時我聘了DJ·拉沃特尼（DJ Novotney）和安迪·霍吉（Andy Hodge），這是在原始的Fuse團隊外第一次擴增。
- 2001年10月23日，我加入的10月後，我們肥肥的塑膠加不鏽鋼寶寶iPod問世。

我實在非常幸運，可以帶領開發出前18代iPod的團隊。接著我們又有另一個超讚的機會，iPhone。我的團隊負責打造硬體——就是你拿在手上的金屬和玻璃——還有讓手機運作的基本軟體。我的團隊也負責製造。我們也撰寫了觸控螢幕、手機使用的數據機、手機、Wi-Fi、藍牙等軟體。接著我們又為第2代iPhone做了一次，還有第3代。

我眨了眨眼，然後就2010年了。

　　我在蘋果待了9年，這裡是我終於長大成人的地方。我不再只是在管理一個團隊而已，我負責帶領數百人、數千人，這對我的職涯以及我個人來說，都是非常重大深遠的轉變。

　　失敗了10年之後，我終於打造出某個大家真正想要的東西了，事實上還是兩個呢，我終於搞對了。

　　但這一開始感覺並不像成功，甚至到最後也不像，一切依然是工作，過程中的每一步。

　　蘋果是我學會該在哪裡劃線的地方，我們做得夠完整了嗎？夠好了嗎？

　　也是我了解設計真正意義的地方。

圖3.0.3：這是第一代iPod，於二2001年10月推出，搭配著名的廣告詞「把一千首歌裝進口袋」。大小為4.02 × 2.43吋，價格為399美金，而且跟我在7個月前做出來的原始願景模型超他媽接近。

　　我在這裡也學會在面臨密集、惱人、無窮無盡的壓力時，該如何組織我的腦袋和我的團隊。

　　所以如果你正要邁向職涯的新階段，朝越來越高的層級而去，要打造團隊、建立關係，試圖在離你打造的東西越來越遠的地方站穩腳步，同時必須承擔比以往更多的責任，壓力大到不可置信，那麼請聽我在此分享我學到的事。

3.1 化無形為有形

　　人們很容易分心，我們傾向把我們的注意力放在可以看見和觸碰的有形事物上，甚至到達會忽視無形經驗及感受重要性的程度。但是當你在創造某項新產品時，無論是用原子或電子做的，無論是為了企業或個人所做的，你在打造的那個東西，那個實質的物品，只是屬於一個廣闊、無形、大家沒注意到的使用者旅程當中，非常微小的一個部份而已。這趟旅程早在顧客碰到你的產品之前就早已開始，也會在許久之後才結束。

　　所以不要只是做出你產品的原型，然後就以為你搞定了。原型要盡可能模擬完整的使用者體驗，要化無形為有形，這樣你才不會忽略這趟旅程中不那麼顯眼、卻超級重要的部分。你應該要能夠想出來、視覺化呈現顧客如何發現、考慮購買、安裝、使用、維修、甚至退回你的產品。這一切都很重要。

我小時候，常和我的祖父一起打造東西，包括鳥屋和肥皂箱賽車。我們也會修理割草機跟腳踏車，或是進行房子的裝修。

　　這感覺非常棒。一個孩子的生活中有太多他不理解、不能控制的東西。但實質的物體不會有任何模糊存在，你打造出

來，拿在手上，交給別人，心滿意足，一切搞定。

即便在我一頭栽入寫程式的世界後，我也不曾質疑我與生俱來的信仰，相信電腦本身就是一切的關鍵，電子要是沒有原子，就什麼都不是。

這就是為什麼，我大學畢業後要加入 General Magic 公司的時候會這麼興奮。我一直在寫程式寫程式，但現在我要打造某個具體的東西了。某個裝置、某個實質的物體，和那台改變我一生的電腦一樣。

但我打造東西越久——包括在 General Magic、在飛利浦、在蘋果——就越是發現有很多東西其實不需要創造出來。

iPod 問世之後，很多人開始和我推銷他們的裝置。別人跟他們說：「東尼就是個硬體咖，去找他，他會喜歡你的主意的。」而當他們驕傲地把自己精心打磨的原型產品交給我時，我做的第一件事就是將它放到一旁，然後問：「你想解決的問題，若沒有了這個，該怎麼解決？」

他們會大吃一驚，這個「硬體咖」怎麼沒有看一下我的超酷裝置呢？

人們用原子打造出東西時，常常會非常興奮——他們會仔細鑽研設計、介面、顏色、材質、質地——接著馬上就會對更簡單、更容易的解決方案視而不見。但是用原子打造任何東西都十分困難，這不是個你可以複製然後點一下就可以更新的應用程式。真正值得製造、值得包裝、值得送貨給消費者的硬體，就是非常非常必要、且會帶來重大改變的硬體。如果不需要硬體存在，就可以讓整個消費者體驗成真，那麼這個硬體就真的不應該被製造出來。

當然，有時候你確實會需要硬體，這是無法避免的。但是

當這種情況發生時，我仍然會告訴大家先把東西放到一邊，我會說：「不要告訴我這東西有多特別，告訴我使用者的旅程會有什麼改變。」

你的產品不只是你的產品。

你的產品是整個使用者體驗—— 是從某個人第一次得知你的品牌開始，並在你的產品從他們的人生中消失，可能是退貨、扔掉、賣給朋友、壞掉扔了之後，才結束的一連串經驗。

你的顧客不會去區分你的廣告、你的應用程式、你的客服人員之間有何差別。這些全都代表你的公司及品牌。全部都是同一件事。

但我們會忘記這點，產品開發者太常只把使用者體驗當成顧客碰到東西，或觸碰螢幕的那一刻，也就是顧客真正使用那個產品（不管產品是以原子、位元、或兩者混合組成）的那一刻。產品開發者永遠以為產品本身才是最重要的。

這就是Nest智慧溫控器開發初期發生的事。大家都對溫控器愛到不可自拔—— 精雕細琢地去照顧到設計、AI、裝置的使用者介面、電子裝置、位元、顏色、質地等等。他們仔細思考了所有元素，包括安裝、你撥動刻度時的感覺、你經過時亮度多亮。他們苦心打造硬體和軟體，確保裝置本身完美無瑕。

但消費者體驗當中最重要的部份，我們並沒有給予足夠的重視：你手機裡的應用程式。

團隊想說這很簡單，只不過是個應用程式而已。在2011年我們第一次開始思考整個體驗時，有做了一個初期的原型，但我們沒有回頭去檢視，沒有隨著溫控器的演變而修改。

團隊覺得反正最後會找出時間來做的。有這麼多事情要處理，而這只是個手機應用程式而已，我們很快就可以搞定的。

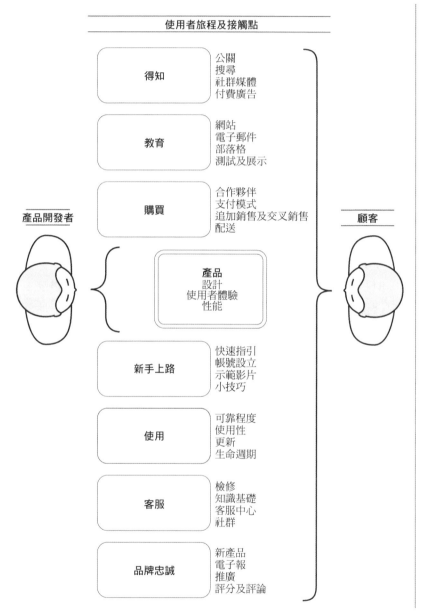

圖3.1.1：產品開發者經常把焦點放在顯眼的物品，也就是他們打造的產品上，卻遺忘了使用者旅程剩下的部分，直到他們快要準備好要向顧客推出產品。但消費者會看到所有事，體會到所有事，他們才是一步步踏上這趟旅程的人。而當其中一步缺少或不協調時，他們也很容易就會跌跌撞撞，甚至摔倒。

這是我其中一次有點大聲的時刻，好啦，是真的蠻大聲的。

應用程式並不是個用過就丟的元素，或是某件你可以之後再加進去的事。應用程式其實跟溫控器本身一樣重要，因為消費者需要從世界上的任何角落控制這東西，也可能是從沙發上。應用程式對我們成功與否來說絕對很重要，也是最難搞對的事情之一。

溫控器本身當然很重要，但是只佔據使用者旅程中很微小的一部分而已：

- 我們的使用者體驗有10％是網站、廣告、包裝、實體店面展售：我們首先必須說服顧客購買，或是至少考慮一下，回去研究看看。
- 有10％是安裝：遵照說明將溫控器裝在你家牆上，別緊張，不會跳電。
- 有10％是查看和操控裝置：溫控器必須要很美，這樣大家才會想在家裡裝。不過大概過了一個禮拜之後，機器就會在你不在家時學會你的設定喜好，所以你其實不怎麼需要操控了。如果我們有把工作做好，那顧客只需要在預料之外的寒流或熱浪來襲時，偶爾操控一下就好。
- 70％的使用者體驗是發生在顧客的手機或筆電上：你可能會在回家途中打開應用程式，開啟家裡的暖氣，或是可以在耗能歷史記錄中，看到冷氣開了多少時間，或者是調整行程等。然後你檢查你的電子郵件，便會看見你這個月使用多少能源的摘要。而要是你有任何問題，你可以到我們的網站使用線上檢修系統，或是閱讀技術支援文章。

要是我們在使用者體驗的任何一個部分表現得不夠好，那Nest產品就會完蛋。使用者旅程的每一個階段都必須非常棒，以便讓消費者無縫接軌到下個階段，並克服階段與階段之間的落差。

「得知產品」和「購買產品」之間、新手上路和熟練使用之間，這趟旅程的每個階段之間都有障礙，你必須協助消費者渡過。而在這所有時刻中，顧客會問：「為什麼？」

- 我為什麼要在意？
- 我為什麼要買？
- 我為什麼要使用這個產品？
- 我為什麼要死忠？
- 我為什麼要買下一代？

你的產品、行銷、客服必須要幫助消費者順利繞過障礙——持續與顧客溝通和連結，給他們需要的答案，這樣他們才會覺得過程絲滑又順暢無比，是一趟持續不斷、順流而下的旅程。

為了達到這點，你必須為整個使用者體驗開發出原型——把使用者體驗當中的每一個部份，都像是實體物品一樣，賦予它該有的重量和現實條件。不管你的產品是以原子打造的實體物品、位元打造的線上產品，還是兩者混合組成，過程都是一樣的。畫草圖。做模型。釘上情緒板。用概略的架構描繪出使用者體驗的骨幹。寫下模擬的新聞稿。創造詳盡的模擬，以顯示顧客如何被廣告引導來到網站，再到應用程式，以及過程中在每個接觸點消費者會看見什麼資訊。寫下你想要從初期顧客

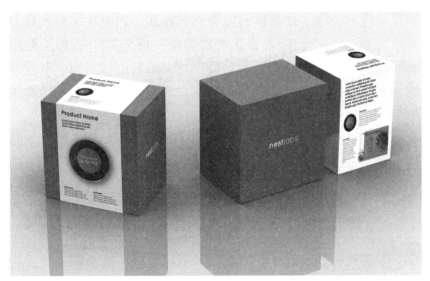

圖3.1.2：在我們推出 Nest 智慧溫控器大約一年前，早在我們甚至都不確定產品
名稱時，我們就已經有這個初期包裝原型了，我們以此淬鍊我們的行銷訊息。

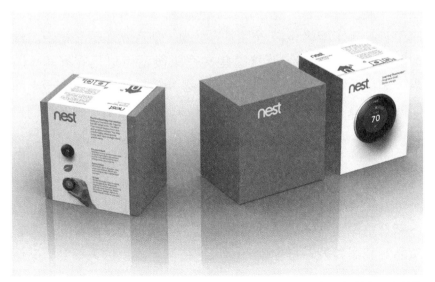

圖3.1.3：這是我們在2011年10月正式推出的產品，文案聚焦在智慧學習和節能
上，設計則使其感覺簡潔又高級。

那裡獲得的反應，你想從評論看到的標題，你想在所有人身上喚起的感受。將一切視覺化、實體化。把你腦中的想法抓出來，做成某種可以觸碰到的實際東西。而且這個過程，不要等到你的產品都做好了才準備開始——你在設計你的產品能夠做什麼的時候，就一併描繪這整趟使用者體驗的旅程。

這就是你腦力激盪的方式，也是你團隊所有成員腦力激盪的方式。

從使用者旅程最初的那一刻為起點。你應該早在為市場提供任何東西之前，就開始設想行銷的原型。

而在Nest，這代表專注在包裝盒上。

產品的包裝，是一切的起頭。產品名稱、廣告詞、首要功能、功能的先後順序、主要的價值主張等等，都直接印在我們一直拿著、看著、調整、修改的紙盒上。紙盒會有實體尺寸的限制，迫使我們全神貫注在我們想讓顧客了解什麼、用什麼順序了解。為了配合包裝盒有限的空間，創意團隊精心構想出精簡幹練的文案文字，而且這些文案以後還可以用在影片、廣告、網頁、媒體訪談中。而為了傳達Nest的品牌力，盒子上面印的照片既溫暖又飽和，好讓消費者想像這個東西放在他們自己家裡、自己的生活中，會是什麼樣子。

產品的外包裝盒是我們一切行銷的縮影，用意是讓某個路過商店的人，拿起來後便能馬上了解我們想告訴顧客的一切。

但如果要好好替「拿起來之後馬上了解這是什麼產品」這一刻打造原型——真正理解某個人注意到包裝、傾身向前拿起產品的那半秒鐘——你就不能只把這個理論上的人稱為「某個人」。

我們必須真正的了解他們。他們是誰？他們為什麼要拿起

盒子？他們想要知道些什麼？對他們來說最重要的是什麼？

我們運用我們對整個產業、Nest潛在顧客、統計學、心理學的所有了解，創造了兩個獨特的角色，其中一個是女性，另一個是男性。男性著迷於科技，喜歡他的iPhone，總是在尋找酷炫的新玩意。女性則是最後擁有生殺大權的人—— 她會決定什麼東西要留在家裡，什麼要退貨。她也喜歡漂亮的東西，但是對超級新穎、未經測試的科技存疑。

我們幫他們加上名字和臉孔，我們替他們的家、小孩、興趣、工作製作了情緒板。我們知道他們喜歡什麼品牌、家裡的什麼東西會把他們逼瘋、冬天的暖氣帳單又是多少錢。

我們必須從他們的角度思考，以理解為什麼男子會拿起盒子，這樣我們才能說服女子把東西留下來。

隨著時間過去，我們越來越了解我們的客群，也加入了更多角色，有情侶、家庭、室友。但一開始我們是從兩個人開始，兩個所有人都可以想像、可以投射自己形象的人。

這就是「原型」的功能，就是這樣才能把抽象的概念化為實際的表示。你把你的訊息架構變成紙盒上的文案和圖片（可參見5.4的圖5.4.1），你把「商店裡的某個人」，變成住在賓州的貝絲。

接著你繼續往下，沿著每一個步驟，走下過程中的所有接觸點。

我們完成溫控器的實體原型後，就展開真人測試。我們知道自行安裝可能是個潛在的巨大障礙，令人卻步，所以公司裡每個人都屏息以待，看看事情會怎麼樣。消費者會電到自己嗎？會引發火災嗎？還是會因為這個產品太複雜半途而廢？

測試者很快就回報：進展很棒，一切都安裝好在運作了！

但他們花了將近1小時安裝。

我們皺起眉頭。夭壽喔，一個小時實在太久了。家住在賓州的貝絲把家裡的電力總開關切斷、挖開牆壁、搞一些莫名的電線長達一個小時，這樣一定會不爽。這個產品應該是個簡單的DIY計畫才對，應該是個快速升級才對。

所以我們仔細研究報告。為什麼花了這麼久？我們錯過了什麼？

結果我們並沒有錯過任何事，而是我們的測試者錯過了。他們花了前半小時找工具—— 剝線鉗在哪？扁頭螺絲起子⋯⋯不對不對，等等，我們要十字螺絲起子，奇怪我把那個小工具放哪裡去了？

一旦他們找齊所需的工具，整個安裝過程便咻咻咻搞定，頂多20到30分鐘。

我猜大多數公司此時應該會鬆一口氣。實際的安裝只要20分鐘，而這就是他們會跟顧客說的。很棒，問題搞定。

但「安裝」將會是顧客和我們的產品（這個裝置）互動的起點，是他們對Nest的第一印象。他們買了一個249美金的溫控器，他們期待的是全新的體驗，而我們必須超越他們的期待。每一分鐘，從打開包裝盒、閱讀說明、把東西裝到牆上、到裝好後第一次打開暖氣，都必須是無縫接軌。是個絲滑柔順、暖心溫和、愉快享受的體驗。

而我們也懂貝絲。她跑到廚房抽屜裡找螺絲起子，接著到車庫的工具箱，等等，說不定還是在廚房抽屜⋯⋯這個體驗不會讓她覺得暖心又順暢，她才找了5分鐘就開始翻白眼了。這時她會受挫又賭爛。

所以我們調整了原型。不是溫控器的原型—— 是安裝的原

型。我們加入了一個新元素:一把小小的螺絲起子,擁有四種不同的頭,可以放在手掌裡,時髦又可愛。但最重要的是,它是不可思議的方便。

所以,現在消費者不必在工具箱和櫥櫃裡面東翻西找,試著找到正確的工具把他們古怪又老舊的溫控器從牆上拆掉。顧

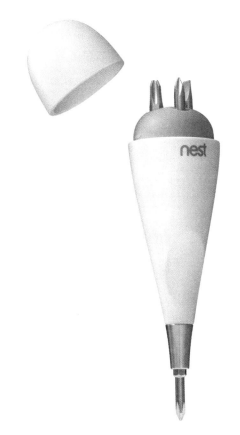

圖3.1.4:原始的Nest螺絲起子成本大約1.5美金,所以要把它附在每個產品盒裡,引起了激烈的討論,因為我們很重視簡潔跟賺錢。但是螺絲起子友善的外觀,讓自行安裝溫控器變得似乎不那麼惱人。而且這個螺絲起子又這麼方便,使其在產品售出許久之後都具備行銷工具的功能。

客反而只要簡簡單單伸手到Nest的包裝盒裡，就能拿出他們需要的東西。這讓挫折的一刻變成快樂的一刻。

接著又變成更多更重大的東西。

螺絲起子從來都不只是為了安裝而已。它在整趟使用者旅程的前前後後都引發了漣漪效應。

售後服務是使用者體驗的重要部分，你要怎麼以真正有用的方式，和顧客保持連結呢？你要怎麼不斷取悅顧客，而不只是不斷對他們行銷、銷售再銷售，直到他們討厭你呢？

我們的溫控器起初設計時就可以在你家的牆上待10年，透過設計，溫控器會成為某種藝術品，有時受到欣賞或受到調整，但多數時候融入背景之中。

但是顧客每次打開他們廚房裡的雜物抽屜，都會看到這把可愛的Nest小螺絲起子，然後他們會露出微笑。

每一次他們需要更換小孩玩具車的電池，都會拿起我們的螺絲起子。接著突然之間，螺絲起子便成了玩具，玩具車遭到遺忘。

我們知道這不只是個硬體工具，而是個行銷工具。

這可以協助顧客記住Nest，可以協助他們愛上Nest。

而且這能協助大家發現我們公司，記者會撰寫有關螺絲起子的文章，每篇五星評論裡面也都會提到。這是免費的公關，口碑大加分。在Nest的接待櫃台我們擺的不是糖果，而是螺絲起子。這成了整個使用者體驗的象徵—— 體貼、優雅、年限長遠、超級有用。

這就是為什麼，我不願意讓任何人把螺絲起子拿掉。

每一代新的溫控器推出時，螺絲起子都會在內部引發討論。它很貴，每附一把都會吃掉我們的利潤，所以總是會有一

群員工請求把螺絲起子拿掉。他們不理解為何要這樣增加我們的銷貨成本。

但他們不知道的是，這並不是直接的成本，而是行銷費用，以及客服費用。這把螺絲起子幫我們省了超多電話客服的錢——比起憤怒的客訴電話，我們擁有的是在線上暢聊他們愉快體驗的開心顧客。

我們花了非常多的心力和關注在控溫器產品本身上面，如果我們沒有花費同樣的心力和關注，去把安裝過程想個透徹，那麼我們是永遠不會想到要在每盒裡面附一把螺絲起子的。

而要是我們沒有仔細思考完整的消費者生命週期—— 從發現產品、客服、到品牌忠誠—— 那我們可能也只會附贈那種IKEA家具的一次性小型螺絲起子。相形之下，我們的螺絲起子有4種可替換的頭，絕對超過你安裝溫控器所需要的，消費者幾乎所有東西都可使用這個螺絲起子。如此一來，只要螺絲起子待在他們的抽屜，Nest就也會留在他們腦中超久。

當一間公司把這樣的關注和在意，付出給使用者旅程中的每一個部分，消費者一定會注意到的。我們的產品很棒沒錯，但最終是這消費者體驗這整趟旅程定義了我們的品牌。這是Nest與眾不同之處，也是蘋果之所以與眾不同之處。這使得企業可以超越他們的產品，創造出連結—— 不是和使用者及顧客，而是和真正的人連結—— 而你也是要這樣才會創造出某種大家會愛的東西。

3.2 為什麼人這麼喜歡聽故事？怎麼說才是好故事？

所有產品都應該要有個故事，一個解釋為什麼需要這個產品、以及這個產品會如何解決顧客問題的敘述。好的產品故事應該包含以下三項元素：

· 能夠吸引人們的理智面和情感面
· 將複雜的概念變得易於理解
· 提醒人們這個問題可以解決了——也就是注重在「為什麼」上

這個「為什麼」便是產品開發最重要的部分，必須先於一切。你一旦擁有堅實的答案，可以解釋為何需要你的產品，接著就把焦點放在你的產品如何運作。但務必記得第一次和你產品相遇的人，並不會擁有你有的脈絡，你不能在還沒有告訴消費者「為什麼」之前，就直接把「是什麼」扔給他們。

同時也要記得，消費者不是唯一會聽見這個故事的人。講故事也是你吸引他人加入團隊、吸引投資人投資公司的方式，故事是你的銷售人員放在銷售簡報裡，以及你放在董事會簡報中的東西。

有關你的產品、你的公司、你的願景的故事，應

該要是你做的一切事背後的驅動力量。*

　　我還記得2007年時，坐在座位上看著史帝夫‧賈伯斯向全世界介紹iPhone。

　　為了今天，我期盼了兩年半。

　　三不五時，總會有某個改變一切的劃時代產品橫空出世，而蘋果一直以來……嗯，首先，如果你有辦法在職涯中參與開發其中一個產品，那你就已經很幸運了。而蘋果一直以來都非常幸運，能夠和世界介紹其中幾項這類產品。

　　我們在1984年推出了麥金塔，這不只是改變了蘋果，也改變了整個電腦產業。

　　2001年我們推出了第一代iPod，不只改變了我們所有人聽音樂的方式，也改變了整個音樂產業。

　　嗯，而今天我們要介紹三樣這類革命性產品。第一樣是支援觸控的大螢幕iPod，第二樣是一支劃時代的手機，第三樣則是台突破性的網路通訊裝置。

　　所以，有三樣東西：支援觸控的大螢幕iPod、劃時代的手機、突破性的網路通訊裝置。一台iPod、一支手機、一台網路通訊裝置。一台iPod，跟一支手機……你們有聽懂嗎？這不是三台不同的裝置，而是

---

* 如果你有興趣了解更多有關設計和說故事的事，我會推薦你去找我和彼得‧福林特（Peter Flint）在他NFX podcast上的對談。

合而為一，我們將它稱為iPhone。今天，蘋果將重新
發明手機，而這就是我們的成果。

以上是他的演講中被社會大眾所記得的部分。他一步步醞
釀，給出驚喜，高超的鋪陳。大家到現在都還會撰寫有關這場
演講的文章，並慶祝它誕生的週年。

但演講的其餘部分也同樣重要。在鋪陳之後，賈伯斯提醒
了聽眾蘋果為他們解決的問題：「最先進的手機叫作智慧型手
機，大家是這麼說的，但問題是這些手機並不是那麼聰明，也
不是那麼好使用。」他談了一下一般的手機、智慧型手機、以
及各自的問題，之後開始說起全新iPhone的功能。

賈伯斯使用了一種我後來稱為「懷疑病毒」的技巧，這個
技巧可以鑽進別人腦中，讓他們想起某個日常挫折，並因此再
度感到不爽。如果你可以用懷疑病毒感染他們，讓他們覺得
「或許我的體驗並不如我想得那麼棒，搞不好還可以更好」，那
你就已經替他們準備好接受你的解決方案了。你讓他們因為目
前事情運作的方式生氣，所以他們就會為新方式興奮。

賈伯斯是這種技巧的大師。在他告訴你產品的功能之前，
他總是會花時間解釋你為什麼會需要產品，而他讓這一切看起
來如此自然、如此容易。

我之前曾見過其他執行長推銷產品，但他們幾乎不知道自
己理論上劃時代的產品到底是什麼，有時候甚至連自己的產品
怎麼拿都不知道。反觀賈伯斯的發表，總是受到消費者和媒體
讚讚。他們會說：「真是奇蹟，他好冷靜，好穩定，不像讀稿
機，投影片上也幾乎沒有任何文字，但他就是知道自己在講什
麼，一切都完美融合。」

聽他演講，從來不像一場演講，更像一場對話，像說一個故事。

理由很簡單：賈伯斯並不是為了演講在讀稿。他在產品開發過程中月復一月，每一天都在對我們、對他的朋友、對他的家人，述說同一個故事的不同版本。他不斷調整這個故事，使故事越來越好。每次他只要從不知情的初期聽眾身上得到一個困惑的表情，或是澄清的要求，他都會繼續打磨這個故事，稍微修改，直到整個故事臻至完美。

這便是產品背後的故事，驅策著我們打造的事物。

如果這個故事有個部分銜接不上，那麼產品本身也會有某個地方行不通，需要進行調整。這便是為什麼最後iPhone的表面會是玻璃，不是塑膠，以及為什麼iPhone沒有硬體鍵盤。因為假如你第一次把手機放進口袋就刮傷，或是你被迫在超小的螢幕上看電影，那麼這個「救世主手機」的故事就會崩解。我們述說的故事，是有關一支能夠改變一切的手機，所以這就是我們必須打造出來的。

而當我使用「故事」這個詞時，我說的並不只是文字而已。

你的產品故事便是這個產品的設計、它的功能、照片和影片、顧客提供的回饋、評論提供的小技巧、和客服人員的對話。是大家對於你所創造的這個東西，看到和感覺到的總和。

而且故事也不只是為了銷售產品存在，故事存在是為了協助你定義產品、了解產品、了解顧客。故事是你會告訴投資人的話，以說服他們掏錢出來；也會對新員工述說，以說服他們加入你的團隊；對合作夥伴述說，以說服他們和你合作；並和媒體述說，以說服他們關注你的產品。最後才是對消費者述說，以說服他們購買你的產品。

而一切都從「為什麼」開始。

為什麼這個東西需要存在？為什麼重要？大家為什麼會需要？又為什麼會喜愛？

要找出這個「為什麼」，你必須理解你想解決的問題的最核心，也就是你的顧客每天會碰到的痛點（可參見4.1　如何找到好想法，「最棒的想法是止痛藥，不是維他命」段落。）

而你在打造「是什麼」，也就是產品的功能、創意、對顧客所有問題的解答時，也必須緊緊抓牢這個「為什麼」。因為你投入開發某個東西越久，「是什麼」就會稱霸，對你來說「為什麼」會變得極其明顯，變成你的直覺，蘊含在你所做的一切之中。你甚至無須再解釋了，你會忘記「為什麼」有多重要。

當你被「是什麼」包圍的時候，你就會走在其他人前面，你會覺得你看見的東西，其他人也都看得到。其實他們根本看不見，他們沒有在這上面投注好幾個禮拜、好幾個月、好幾年的心力。所以你必須停下來，清楚闡釋「為什麼」，之後才有辦法說服任何人在乎「是什麼」。

不管你在開發什麼，都應該要這樣。就算你在賣的是B2B企業對企業的支付軟體，就算你是在為還不存在的顧客打造深度技術的解決方案，就算你是在賣潤滑油給一間20年來都買相同潤滑油的工廠，都應該要這麼做。

我們要為了市佔率競爭，但也需要為了消費者的「心佔率」競爭。如果你的競爭對手說的故事比你還好，如果他們玩的是你不會玩的遊戲，那他們的產品就算比較爛也沒差了，反正他們會得到關注。對於所有正在進行初步搜尋的消費者、投資者、合作夥伴、人才來說，你的競爭對手看起來會更像是產業的龍頭。越多人在談論他們，他們的品牌辨識度就越高，然後

又會有更多人在討論。

所以你必須找到機會，精雕細琢出能夠留在顧客心底的故事，並讓他們不停討論。就算消費者已經知道你們公司和你的產品，或是他們已經很懂你的產品了，還是有你可以幫助他們了解產品的地方。你可以解釋為什麼他們需要某種特定的潤滑油，或是提供他們從未擁有過的資訊。你也可以解釋為什麼從你的公司購買相同的產品，比從競爭對手那邊購買還好。你可以透過展現你真的很專業，或是理解他們的需求，來爭取他們的信任；也可以提供他們某個有用的東西，用新的方式和他們建立連結，以讓他們覺得放心，認為選擇你的公司是正確的決定。你要告訴他們一個可以連結的故事。

好的故事會展現同理心。好的故事能夠辨認出聽眾的需求，並融合事實及感受，以讓顧客獲得事實與感受。首先你需要足夠的洞見和紮實的資訊，這樣你的論述才不會太虛空和脆弱。不一定要是確切的數據，但還是要有足夠的數據，才會顯得豐富，以說服顧客你說話是有憑有據。但你有可能會做過頭——如果你的故事純粹是資訊性的，那麼大家很有可能會覺得你說的有道理，但是說服力不夠，他們還不需要依據你提供的資訊而採取行動。下個月再說吧，或是明年。

所以你必須動之以情——讓他們連結到某個他們在乎的事，例如他們的擔憂或恐懼。或者也可以向他們展示一個充滿說服力的未來：提供有人性的實例。你要帶著真人的視角，走一遍消費者真正的使用者體驗——他們的生活、家庭、工作、消費者會體驗到的改變。但是，也不要全部依賴情感連結，這會導致你的論述變得過於新穎，卻非必要。

述說一個有說服力的故事是門藝術，但也是門科學。

　　而且永遠都要記得，顧客大腦的運作方式不一定和你相同。有時候你的理性論述會創造情感連結，有時你動之以情的故事則會為顧客帶來理性的思考，從而去購買你的產品。Nest的某些顧客會看著我們以愛意打造的美麗溫控器，覺得心靈受到吸引，並說「是啊是啊，不錯啊」，接著真正觸動他情感波動的，反倒是他使用我們控溫器可能省下23美元的電費。

　　每個人都是獨一無二的，因此會從不同角度詮釋你的故事。

　　這就是為什麼，比喻是個非常有用的說故事工具。比喻會使複雜的概念變得易於理解，是座直接通往普世經驗的橋樑。

　　這也是我從史帝夫・賈伯斯身上學到的另一件事，他總是在說比喻能夠賦予消費者超能力。一個好的比喻，能讓顧客瞬間理解某個困難的功能，並轉口開始告訴其他人。這就是為什麼「把一千首歌裝進口袋」這個行銷詞會如此強大，當時每個人身上攜帶的笨重播放器，每次只能聽一張（CD或錄音帶）專輯裡的10到15首歌，所以「把一千首歌裝進口袋」就是個超讚的比喻，讓大家可以把這件無形的事化為有形：他們喜歡的所有音樂都放在同一個地方，很好搜尋，也很好攜帶；這個行銷詞也為消費者提供了一個說故事的方式，可以跟朋友和家人分享這台新iPod為什麼這麼酷。

　　Nest的一切也充滿比喻，我們的網頁、影片、廣告，甚至是技術支援文章和安裝說明上面隨處都是比喻。非這樣不可。因為要真正了解我們產品的諸多功能，你必須具備深度的知識，關於暖氣、通風、空調系統、電網、煙霧如何透過雷射折射以偵測火災等等。而這些知識幾乎沒有人懂。所以我們走一條捷徑，我們不解釋，我們直接使用比喻。

　　我記得有個複雜的功能，設計本意是為了在一年中最熱或

最冷、大家馬上會狂調冷氣或暖氣的日子，減輕發電廠的負擔。這通常一年會發生幾次，通常是在下午的幾個小時中，此時為了預防停電會有更多座火力發電廠上線。所以我們設計了一個功能，可以預測這些時刻何時會發生，然後Nest智慧溫控器就會在重要的尖峰時段來臨之前，先加強暖氣或冷氣，並在其他人開始用電的時候調回來。所有登記加入這個計畫的人，電費帳單都會有減免，而隨著越來越多人加入計畫，這將帶來雙贏的結果：使用者家裡可以保持舒適又能省錢，電力公司也不需要啟動他們最不環保的火力發電廠。

　　這一切都又棒又美好，但要把它解釋清楚，卻需要動用150個字。所以花了無數小時思考，並嘗試過所有可能的解決方案之後，我們決定只用幾個字一言以蔽之：尖峰時段獎勵，Rush Hous Rewards.

　　大家都了解尖峰時段的概念，也就是當太多人一起上路，交通就會塞到不行。電力也是一樣。解釋到這裡就好，無須繼續—— 交通的尖峰時段令人苦惱，但當電力尖峰時段發生時，你可以從中獲得好處，你可以得到獎勵。你不但不必和大家一起搶著用電，你還可以省錢。

　　我們為此做了一整頁網頁，上面有車輛跟冒煙小發電廠的圖示。或許我們可能解釋太多了，但我們知道大多數人根本不會看這麼仔細。

　　我們只是對大多數消費者簡單交代，只要幾個字跟一個比喻，就能協助大家了解：當電力尖峰時段來臨時，你的Nest智慧溫控器可以幫你省錢。

　　這也是個故事，一個快速小故事。但這是最棒的那種故事。

　　快速小故事很好記，而且更重要的是，也很好對他人覆

述。比起你在你自己公司的平台上講再多，讓其他人幫你講故事，永遠都可以讓更多人聽見，進而說服他們購買你的產品。你應該不斷努力講述一個超棒的故事，棒到這個故事不再屬於你，這樣你的顧客便能了解、深愛、內化、擁有這個故事，並告訴他們認識的所有人。

3.3 你的產品要演化，還是顛覆？如何執行？

　　演化：一個小小的、漸進的、讓某個東西變得更好的步驟。

　　顛覆：演化樹上的分叉。某個本質上全新、會改變現狀的東西，方式通常是針對老問題做出新穎或革命性的解決方法。

　　執行：實際進行你承諾要做的事，並且做好。

　　你的第一版產品（V1）應該要是顛覆性，而非演化性的。但是顛覆本身並不能確保成功，你不能因為覺得只需要超厲害的顛覆，就忽略了執行的根本層面。就算你把構想執行得不錯，這樣也有可能還不夠。如果你想顛覆的是個根深柢固的大型產業，你還會需要顛覆行銷、運輸、製程、後勤、商業模式，甚至是某件你從沒想過的事。

　　假設V1至少達到了重要的成功，那你的第二版產品V2通常會是第一版的演化，會使用來自實際顧客的數據和洞見，去細緻雕琢你在V1所打造的事物，並且加倍下注在你最初的顛覆上。執行則是需要再往上一級——你現在知道自己在做什麼了，應該可以提供功能更棒的產品。

　　你可以持續演化這項產品一陣子，但一定要不斷

尋找顛覆自己的新方式，不能等到競爭對手威脅要追
上，或是你的生意開始停滯不前時，才開始思考。

如果你要全心全意打造某個新東西，那這個東西應該要是
顛覆性的，必須很大膽，必須要改變某件事。這不一定要是個
產品——亞馬遜早在開始製造他們自己的硬體之前，就已經是
個顛覆性的服務了。你可以顛覆產品銷售、配送、服務、獲利
的方式，也可以顛覆其行銷或回收的方式。

對你個人來說，顛覆應該要很重要。誰不想去做某件令人
興奮又充滿意義的事呢？對你的生意來說，顛覆也很重要。如
果你真的打造出某種顛覆的事物，你的競爭對手很可能無法快
速複製。

關鍵在於找到正確的平衡——沒有顛覆到你無法執行，也
沒有容易執行到沒人會在乎。你必須選擇你的戰場。

不過要先確定你有戰場。

如果你沒有做到位——要是你創造的只是某件演化性的
事物，只是在一條人來人往的路上又往下走一步，那麼當你向
你在各領域認識的聰明人士推銷時，他們只會聳聳肩，表示
「喔，是哦」而已。

這樣會雷聲大雨點小。

你需要某種會讓他們停下腳步，並表示「哇，再跟我多說
一點」的事物。不管你顛覆的是什麼事，這都會成為定義你產
品的事，是會讓大家注意到的事。

而這也可能會是讓他們一聽就笑了的事。如果你要顛覆的
是巨大又根深柢固的產業，一開始你的競爭對手肯定會嘲笑
你，他們會說你不是認真的，你在打造的東西不會是個威脅。

他們會當著你的面把你笑到爆。

Sony 就笑過 iPod。Nokia 笑過 iPhone。漢威聯合（Honeywell）也笑過 Nest 智慧溫控器。

但這只是一開始而已。

依照心理學的悲傷階段理論，這個階段我們稱之為「否認」。

但是很快的，隨著你的顛覆性產品、流程、商業模式開始在消費者當中流行起來了，你的競爭對手也會開始擔心，他們會開始關注。而當他們發覺你可能會搶走他們的市佔率時，他們會生氣，而且是真的氣炸。當人們抵達悲傷階段的「憤怒」階段時，會整個大爆發，爆打某個東西只求洩憤；而當公司生氣時，他們會削價競爭、用廣告羞辱你、用負面的媒體評論攻擊你、和通路達成新協議以把你趕出市場。

而且他們可能會去告死你。如果他們沒辦法創新，他們就會去打官司。

好消息是，訴訟表示你已經正式佔有一席之地了。漢威聯合來告 Nest 時，我們開了場派對，我們都超激動的。那場荒謬的訴訟（他們因為我們的溫控器是圓形的告我們）代表我們已經成了真正的威脅，而且他們也知道這件事。所以我們拿出香檳。這就對了，媽的廢物，我們要來幹走你們的午餐啦。

我們完全不想被收購。我們知道漢威聯合數 10 年來都在控告小型的新創公司，以把他們逐出市場，他們會在這些小型公司的脖子上套上絞索，直到這些新貴別無選擇，只能賤價把公司賣給漢威聯合。任何威脅都會快速遭到撲滅。但是我和 Nest 的法務長奇普・魯頓（Chip Lutton）從蘋果時代開始就已身經百戰，不是被人嚇大的，絕對不會妥協（可參見 5.7 告起來，

「我第一次需要打官司」段落）。

　　如果你的公司充滿顛覆性，你就必須準備好面對激烈的反應和強烈的情緒。某些人絕對會超愛你做的事，某些人則會恨你恨超久的。這就是顛覆的危險性，並不是所有人都能坦然接受。顛覆會樹立敵人。

　　就算是在一間大公司裡開始打造新事物，也沒辦法保護你。你必須處理政治、忌妒、恐懼。你試著要改變，而改變很恐怖，特別是對那些覺得自己已經成為專家、對腳下世界天崩地裂完全沒有防備的人來說。

　　要引發一場土石流，只需要一件又大又恐怖的新事物就夠了。或許兩件。

　　但千萬不要做得太超過，不要試圖一次顛覆一切，不要變成亞馬遜的Fire Phone。

　　我記得傑夫・貝佐斯（Jeff Bezos）第一次提到這個主意的時候，我們在開早餐會議，聊的是我有可能會加入亞馬遜的董事會。傑夫在席間暗示開闢一條新產線，生產亞馬遜自有品牌裝置的各種計畫，特別是手機。這一定會超級顛覆：一切看起來都會是3D的，可以讓你用X光掃描所有媒介，你可以掃描世界上的任何東西，然後到亞馬遜上去買，這會改變一切。

　　我跟他說，他已經用Kindle顛覆了硬體，Kindle超爆創新，擁有一個沒人能夠複製的獨特平台。要把亞馬遜弄到大家的手機裡，並改變人們線上購物的方式，並不需要打造一台全新的裝置。你只需要一個真的很棒的應用程式，裝置則使用其他人的就好。

　　我告訴他：我不會做這支手機。

　　結果他還是做了這支手機。

我也沒有得到董事會的席位。

Fire Phone推出時，真的能夠做到他承諾的所有事，但都做得頗半吊子。他們想要一次做太多事、改變太多事了，結果顛覆變成小噱頭，專案也大暴死。這是次難熬又痛苦的教訓，他們再也沒有重蹈覆轍了。去嘗試、去失敗、去學習。

但這就是顛覆的微妙之處——這是一門極度精細的平衡藝術。而顛覆會失敗，通常是因為以下三個原因：

1. 你專注在創造某個很棒的東西上，但忘記這必須是個單一、流暢體驗的一部分（可參見3.1的圖3.1.1）。於是你忽略了大量小細節，因為要做這些小細節，並不是很令人興奮的事。這情況特別容易發生在開發第一版產品V1時。最後你做出來的會變成某個看起來很棒的小樣品，卻無法真正融入大家的生活中。

2. 相反來說，你也可能是從某個顛覆的願景開始，但因為技術太過困難、太過花錢、表現不夠好而將願景拋到一旁。於是你在枝微末節上都執行得很棒，但那個「真正能使你產品鶴立雞群」的特色卻隨之凋零。

3. 或是你太快改變太多事，使得普羅大眾無法欣賞或理解你創造的事物。這便是Google眼鏡發生的諸多問題之一，外觀跟科技本身對大家來說都太過新穎，導致沒人知道該拿這怎麼辦。這個東西的功能無法使人直覺上就理解，彷彿特斯拉打從一開始就決定要開發一輛有五個輪子和兩個方向盤的電動車似的。你可以改變引擎，改變傳動，但看起來必須還是要像是一輛車才行。你不能把大家逼出他們的心智模式太遠，一開始不行。

　　第三個理由解釋了為什麼第一代iPod並沒有搭載iTunes音樂商店，因為當時沒有任何音樂市集，「podcast」這個字還要好幾個月才會出現，使用者就只是把CD擷取到iTunes裡，或是在網路上聽盜版音樂。

　　而這並不是因為我們沒有想到，我們在開發iPod時就設想過各種iTunes功能，但我們沒有時間去執行。而且我們也已經夠顛覆了，我們必須讓大眾從CD過渡到MP3，這早已是很大的改變。若我們要成功，必須先讓大眾有時間站穩腳步，然後再要求他們再度改變。

　　隨著我們開始開發V2和V3，加入數位市集成了合理的下一步。我們是在最大化我們一開始的顛覆，並從中獲利。已經有很多唾手可得的果實了，所以我們就只是不斷精雕細琢，不斷演化，V4、V5、V6。

　　我們越是演化，就越是想要改變。有一次我們帶著iPod的新設計去找賈伯斯——這個新設計讓我們超級興奮的，非常激進，更輕更小，充滿創意，又很美麗，我們也把按鍵轉盤刪掉了。但他看著新設計，然後跟我們說：「這很不錯，但已經失去身為iPod的意義了。」

　　全世界只要看見按鍵轉盤，就會想到iPod。所以把轉盤刪掉並不是個演化，而是個在當下毫無道理的顛覆。如果我們真的照做，我們便會打造出一個更輕、更小的音樂播放器，然後毀掉我們自己的品牌。

　　又學到了一課。

　　你在演化時，必須了解你產品「是什麼」的最核心精義。對你的功能組和你的品牌來說，什麼才是最重要的？你訓練消費者追求的是什麼？iPod的精髓是按鍵轉盤；Nest智慧溫控器

的精髓是簡潔乾淨、中間顯示著大大溫度的圓形螢幕。

為了要維持你產品的核心，通常會有一兩樣元素必須保留，其他一切則跟著這些元素調整及改變。

而這是個有用的限制。你需要某些限制，才能迫使你深入鑽研，獲得創意，去追求你以前從沒想過要打開的信封。

在蘋果時我們不停驅策自己，我們知道我們每年都必須推出一台經過大幅改進的全新iPod，準備好當成節慶的賀禮。這是蘋果第一次訂定這樣的節奏，因為Mac系列產品一直以來都是環繞著我們供應商的電腦處理器升級而有變化（可參見3.5死線：心跳節奏和手銬，「有很長一段時間，麥金塔電腦都是受IBM、Motorola、Intel的一時興起驅策」段落），但我們在腦中聽見Sony和其他競爭對手緊追在後的腳步聲。我們雖然領先，還是必須不斷精準演化和執行，才能維持這樣的地位。和去年的模型相比，每一年的iPod都必須好上加好，要不是在軟體上，就是在硬體上，或者兩者皆是。我們必須牽制競爭對手，並為顧客提供升級的理由。

所以我們學會承諾少一點，並交出多一點成果。我們對電池壽命等重要功能頗為保守，在整個開發過程中，我們都會確保我們達到賈伯斯滿意的數字就好，13小時、14小時之類的。但在背後，我們一直努力嘗試改進，在這邊多撐一分鐘，那邊又多撐一分鐘。

接著我們會用最新的規格推出最新的iPod：14小時的電池壽命。

評論家拿到手上的新iPod不但會很棒，還會超出預期，使用時間會比他們預期還久上好幾個小時。

我們年復一年每次都這麼做，但不知道為什麼，根本沒人

發現我們的套路。對他們來說，每一次都是驚喜，大家心滿意足，而這對鞏固蘋果卓越的名聲來說，就跟iPod的設計和使用者體驗一樣，擁有同等重要的效果。

上述這整個過程，對於定義iPod的品牌以及讓大眾持續關注蘋果，起了極大的貢獻，而且還讓我們的競爭對手心灰意冷到不行。我在飛利浦的朋友曾告訴我，每一次他們想到擊敗iPod的好主意，不料幾個月後我們就已推出類似的功能，然後他們只能再回去絞盡腦汁。這重重打擊了他們的士氣。我們的速度太快了，等到他們終於趕上時，他們早就已經落後了。

但是，演化會有盡頭。

最後，競爭會追上來。iPod徹底打爆了市面上其他MP3播放器，我們在全世界擁有85％的市佔率，但是競爭超激烈的手機製造商開始想出如何分一杯羹。他們開始把MP3功能加進手機裡，然後又看見了潛力，開始把一切整合到同一個裝置中：打電話、傳訊息、貪食蛇、以及聽音樂。

同時手機在全世界像發瘋一樣流行，數據網路也大幅進步，變得更棒、更快、更便宜。情況很明顯，多數人很快就可以在線上串流音樂了，根本不用下載下來，這會整個翻轉iPod產業。

所以要不是眼睜睜看著周圍環境改變，不然就是要由我們促成改變。

我們必須顛覆自己。

iPod是蘋果15年來唯一成功的非Mac新產品，當時佔蘋果總收入超過50％，超級受歡迎，而且仍快速成長，並為數百萬名Mac以外的顧客，定義了整間公司。

但我們決定自殘，我們必須開發iPhone——即便我們知道

iPhone很有可能，而且也真的會殺死iPod。

這是巨大的風險，但是對任何顛覆來說，競爭對手不可能永遠卡在「否認」和「憤怒」階段裡。他們最後會抵達「接受」階段。而如果這時他們還沒死透，他們就會開始拼命工作，以便趕上你。或是你也可能啟發了一整波新創公司，他們可以把你最初的顛覆當成超越你的墊腳石。

當你能夠看見競爭對手迎頭趕上時，你就必須做點新的事。你必須從根本上改變你的公司，你必須不斷演化。

你不能害怕去顛覆那些一開始讓你成功的事，就算那些事當初讓你超級成功也一樣。看看柯達跟Nokia吧，那些變得太巨大、太安逸、過度執著於保存和保護最初讓他們崛起大構想的公司，都會傾頹、崩潰、死去。

如果你正享有貴公司史上最高的市佔率，那表示你已經在變成化石和停滯的邊緣了。是時候埋頭苦幹，踹踹自己的屁股了。Google、臉書、所有科技巨頭現在時機已經成熟了，隨時可能展開顛覆——否則法規的變化也會迫使他們顛覆。

特斯拉也可能掉進了相同的陷阱。他們從一個巨大的顛覆開始，重塑了整個汽車產業，使電動車首度對消費者產生吸引力。但隨著世界上所有車商跟隨他們的腳步，特斯拉現在正陷入危機，有可能會在市場上一大堆電動車製造者的潮流中滅頂。所以他們開始開發各種不同種類的電動交通工具，並革新充電網路、零售、服務、電池、供應鏈。他們的用意是讓其他競爭必須全面顛覆特斯拉的每個層面，才有可能加入這場電動車競賽。等到所有車商都開發出電動車時，顧客就會聚焦在充電、銷售、服務等等特斯拉早已顛覆過、並已經穩定上市的東西。

競爭是必然會發生的事實，包括直接和間接。總是會有人在旁觀察，試圖利用競爭對手的任何弱點。

多年來，微軟主要的營收來源都是販售Windows給巨型企業。這是個以銷售驅策的文化，而非由產品驅策，所以產品本身年復一年並沒有太多改變。在網際網路都誕生很久而且把世界都改變了，產品不變。在微軟的商業模式顯然都已經沒用了，產品不變。在公司文化陷入深深的憂鬱，整個產業都笑他們是化石了，產品不變。

但是最終，垂死掙扎多年之後，新上任的執行長薩蒂亞·納德拉（Satya Nadella）撼動了他們的文化，迫使他們去檢視其他產品和商業模式。他們擴展業務——雖說做了很多半途而廢的東西，做了很多失敗的商品。很多擴展都失敗了，但有些擴展成果累累：Surface系列產品以及Azure雲端運算。他們不再把Windows當成搖錢樹，並把Office變成線上訂閱模式。他們爬出坑洞和停滯的泥沼，而現在微軟又再次開始開發創新又腦洞大開的產品，比如Hololens和他們的Surface系列產品。

當然，多數創辦人巴不得自己可以開創一個這麼大、大到陷入停滯風險的企業。很少人能這麼成功。

大多數人在第一步，也就是第一個顛覆就會卡住。要說「改變某件有意義的事」很容易，而想出一個好主意，並以能夠和顧客連結的方式去執行，可說難上無數倍（可參見4.1　如何找到好想法）。

尤其是因為只有一個超棒的顛覆可能還不夠，你可能必須要顛覆你甚至連想都沒想過的事物。

如果Nest當初只顛覆硬體，如果我們只單獨開發出Nest智慧溫控器，我們很可能會失敗，徹徹底底失敗。

我們也需要顛覆銷售和配送管道。

當時一般人不會真的出門去買溫控器。五金行有得賣沒錯，但都故意設計的很複雜，消費者無法自行輕鬆安裝，而且也沒有在網路上賣，所以你無法比價之後發現被安裝的五金水電行狠狠削了一筆。如果你的溫控器壞了，你就只能打電話叫技師來換，而且要是你壞的是暖氣或冷氣，他們也會趁機推銷你更貴的新溫控器，完全不管你需不需要。

每多賣出一個昂貴的全新漢威聯合溫控器，技師都會因為幹得好而得到一點小小的獎金。只要賣出夠多，漢威聯合就會招待他們去夏威夷度假。

這是個穩固的市場，現有的玩家想方設法不讓競爭對手加入。而對技師來說，販售或安裝 Nest 智慧溫控器就沒有任何額外獎勵，我們不會給他們獎金——事實上，他們賣我們的裝置比賣舊的裝置賺得更少。我們也絕對不會招待任何人去夏威夷度假。我們只是間小公司，而漢威聯合已經花了數 10 年收買安裝技師的忠誠。

所以我們必須完全繞過現有的銷售管道，我們必須創造一個新的市場：在一個屋主不會自己去買溫控器的世界，直接賣溫控器給屋主。而且我們還必須在從來沒賣過溫控器的地方販售，我們的第一個零售夥伴是 Best Buy，而他們完全不知道要把 Nest 智慧溫控器擺在哪，他們沒有一條專賣溫控器的走道。

但我確保我們不會重蹈飛利浦的覆轍，我們不會讓 Nest 智慧溫控器堆在某間儲藏室的音響後面。所以我們告訴 Best Buy，我們要的不是一條溫控器走道，我們要的是一條「智慧家居用品」走道，而他們當然也沒有這種走道，所以我們一起合作發明了智慧家居用品走道。

　　我涉足溫控器產業並不是為了顛覆 Best Buy，但我們必須這麼做才能賣溫控器。

　　如果你做得對，那麼一場顛覆會催生後續的顛覆，一場革命會推倒革命的骨牌。大家會笑你，跟你說不要笑死人了，但這只是代表他們開始關注了。你找到某件值得做的事了，所以繼續堅持下去吧！

3.4 你的第一場和第二場冒險

　　你在領導團隊或專案發布V1──也就是對你和你的團隊來說全新的第一版產品時──會有點像是第一次和朋友去爬山。你覺得你已擁有一切關於紮營和攀登的用品，但你以前從來沒爬過山，所以你有點猶豫，速度也會很慢。但你仍會盡力猜測你需要什麼、要往哪裡去，然後就出發了。

　　隔年你決定再去一次，這一次就是V2。這次完全不一樣了，你知道你的目的地，知道需要什麼才能抵達，也認識你的團隊成員。你現在有信心可以更大膽、承擔更大的風險、前往你從未想過的遠方。

　　但在第一趟旅程中，你並沒有這些優勢：你會需要做出許多意見驅策型決策，卻沒有數據或相關經驗可以協助指引你（可參見2.2　如何做決策：數據型決策VS意見型決策）。

　　所以，你進行這類決策時所需的工具如下。按照重要程度排序：

1. **願景**：了解你想打造什麼、打造的理由、為誰打造、為什麼大家會想購買。你會需要一名強大的領導者或一個小組，以確保願景完好無損地傳達。

2. **顧客洞見**：指的是你從顧客及市場調查，或單純透過從顧客的角度設想，所學到的事物。包括他們喜歡什麼、他們討厭什麼、他們日常會遭遇什麼問題、他們會對哪些解決方案有反應。

3. **數據**：凡是真正全新的產品，都找不到太多可靠的數據，甚至根本找不到。但這並不代表你應該放棄蒐集客觀資訊。不，你還是應該透過合理的嘗試，去尋找包括：成功機會的範圍、大家運用現有解決方案的方式等。不過這類資訊永遠不會是決定性的，無法替你進行決策。

等到你現有的產品開始改版，亦即你的第二趟冒險 V2，此時你已擁有經驗、顧客、大量數據驅策型決定等優勢。然而，短視近利地專注在數字上，有可能會拖累你的速度，或是把你引導到錯誤的方向。所以你仍然會需要上述的所有工具，只不過順序不同。如下所示：

1. **數據**：你將可以追蹤顧客如何使用你們現有的產品，你也可以測試新版本。你可以透過來自實際購買顧客的紮實數據，來確認或推翻你的直覺。這類數據將可以修復以往你只能依照直覺而做決定時，所搞砸的事。

2. **顧客洞見**：等到大家開始變成死忠，願意購買你的產品時，他們就會變得更為可靠。這時你可以獲得有用的洞見，他們可以告訴你哪邊做錯了，以及他

們接下來想看到什麼。

3. **願景**：假設你的V1，也就是那個你在沒有實際顧客的數據和洞見支持下，所開發的原始版本，或多或少猜對了，那麼你在開發新版本時，也不應該完全拋棄原版。你應該永遠記得你的長期目標和使命，這樣才不會失去你產品的核心價值。

你也應該要記得，你並不只是在開發產品的V1或V2而已，你同時是在打造你的團隊和工作流程的第一版及第二版。

V1團隊：大部份成員（也可能是全部）都是首度在一起共事。你們仍然在彼此熟識，正在嘗試能不能信任彼此，以及事情變糟時誰能夠堅持。你們需要針對共同的單一工作流程達成共識──這通常比對產品達成共識還難。大家可能因為各自經驗的差異，而產生不同的意見，導致信任迅速崩解。對團隊缺乏信心，可能會加劇創新時要面對的風險。

V2團隊：隨著你的野心越來越大，你可能必須要把團隊裡某些部分加以升級。不過一起在V1共患難過的許多相同戰友，也都已經準備好再度為V2奮鬥了，順利的話，此時你們已經信任彼此，而且已經對行得通的開發流程達成共識。同時你也已擁有一些小技巧，可以加速下階段計畫的進行。這種對彼此擁有的信心，將讓你能夠承擔更大的風險，並打造出更令人興奮的產品。

　　行銷團隊在iPhone的鍵盤上和史帝夫‧賈伯斯吵得最兇，但我們有很多人也加入反抗的行列。2005年時，最流行的「智慧型」手機是黑莓機，有個可愛的綽號又稱「癮莓機」，因為大家都上癮了，黑莓機當時的市佔率為25％，而且還在快速成長。而黑莓機的鐵粉總會告訴你他們最愛的裝置中最棒的一點，可說是顯而易見，那就是鍵盤。

　　黑莓機就像台坦克，要花幾個禮拜才能上手，但之後你就能神速傳簡訊和電子郵件了，在拇指下的觸感很棒，相當紮實。

　　所以當賈伯斯告訴團隊他對蘋果第一支手機的願景，是一個巨大的觸控螢幕，沒有附硬體鍵盤時，大家集體倒抽了一口氣。人們在竊竊私語：「我們真的要做一台沒有鍵盤的手機嗎？」

　　觸控式鍵盤爛爆了。大家都知道這很爛，但我則是真正的知道有多爛。我兩度開發過觸控式鍵盤，第一次在General Magic，接著是在飛利浦。你必須要拿一根觸控筆，在螢幕上點啊點啊點，可是螢幕卻沒有任何動作、任何反應；你滑來滑去，速度慢到讓人賭爛，使用起來永遠很不自然。所以我頗為懷疑世界上存在著可以讓觸控螢幕達到我們期望的科技。自從我1991年參與開發開始，這個領域就沒有出現太多技術突破，最大的突破是Palm的Graffiti手寫輸入法，強迫你用潦草的速記方式書寫，這樣電腦才能辨認。

　　行銷團隊比較不擔心科技，他們更擔心銷售。他們清楚知道消費者想要的是硬體鍵盤。一開始在蘋果只有業務團隊獲准使用黑莓機，過了很久以後行銷團隊才終於獲得許可使用，以了解到底是在搞什麼東西。而行銷人員也愛上黑莓機了。所以他們頗為確定：要是沒有硬體鍵盤，我們是無法和市面上的智

慧型手機競爭的。不斷移動的商務人士肯定不會買,他們已經對癮莓機上癮。

賈伯斯死不讓步。

iPhone將會是全新又截然不同的,不會是為不斷移動的商務人士設計,而是為普羅大眾設計。但是沒人能知道一般人會有什麼反應,因為我們已經有10年未曾涉足消費市場了。General Magic的第一代「智慧型手機」崩潰時,吸乾了整個產業的意願,沒有人想要再為六罐喬打造個人裝置了。

1990年代和2000年代初期的硬體製造商都做了我做的事:他們轉向商務工具。飛利浦、Palm、黑莓機,全都鎖定時常需要寫電子郵件、傳訊息、上傳文件的商務人士。不是看電影,不是聽音樂,不是在網路上亂逛、拍照、和朋友聯繫。

而iPhone的尺寸也會很小。蘋果不想要iPhone比iPod大太多,這樣才能很方便收在口袋裡。最終決定螢幕是3.5吋,賈伯斯也沒有打算要犧牲半數的面積來納入塑膠鍵盤。因為只要一有塑膠鍵盤,如果之後有什麼變動,就必須整個產品打掉重練。

硬體鍵盤沒有彈性,會把你困在硬體世界。如果你想寫法文呢?日文?阿拉伯文?如果你想要表情符號怎麼辦?要是你需要加入或移除某個功能呢?而要是你想看影片又要怎麼辦?如果手機空間有一半是鍵盤,就不可能把螢幕轉成橫的。

我贊同賈伯斯的想法,原則上啦。我只是不覺得我當時有見識過任何科技可以達到他的想法。我需要足夠的數據,才可以知道我能不能把他的願景化為現實。所以為了讓心裡踏實,並停止意見爭論,我們為硬體和軟體團隊設下每周挑戰,要他們開發出更棒的樣品。我們多快可以達成?錯誤率又是多少?按鍵會比你的手指還小,所以一定會出現錯誤,我們要怎麼繞

過並修正這些錯誤？又要花多久時間？按鍵要在什麼時候啟動，是在你放下手指時，還是抬起手指時？聲音聽起來會是怎樣？如果沒辦法有觸覺回饋，我們就必須要有聽覺回饋。接著還有品質測試：感覺棒嗎？我會想用嗎？還是會把我逼瘋？我們必須改變整個系統方方面面的演算法超爆多次。

　　八個禮拜之後，雖然離完美還差很遠，但我們確實在朝完美邁進。考量到我們在幾個月內就進步了這麼多，我想，雖然無法變得像硬體鍵盤一樣那麼棒，但還是夠棒了。我就這麼說服自己。

　　但行銷團隊依然不肯讓步。

　　一周又一周的爭論之後，賈伯斯終於動用了他的職權。在沒有數據可以確切證明這行得通，也沒有數據能證明這行不通

圖3.4.1：瞧，這就是黑莓機，信徒又將其稱為「癮莓機」。這是2004年推出的黑莓機7290，可以上網跟寄電子郵件，擁有有背光的QEWRTY鍵盤，以及黑白的螢幕，可以顯示超多的十五行簡訊。

的情況下，顯然此刻面臨的是一個意見驅策型的決策，而賈伯斯的意見是最重要的意見。他說：「你要不是現在加入，不然就離開團隊吧。」行銷團隊終於屈服。

當然，結果證明賈伯斯是對的。iPhone改變了一切，而這完全是因為他堅持他的願景才有可能發生。

但這也不是說堅持願景永遠都會通往成功。

甚至對史帝夫・賈伯斯來說，也並非如此。

多數人並不知道一開始開發iPod的目的，並不只是放音樂而已，而是要協助銷售麥金塔電腦。賈伯斯腦裡是這麼想的：我們要做出某個超讚的東西，而且只能在我們的Mac上運行，大家會超愛，然後他們會再次開始購買Mac。

當時蘋果已經快掛了，市佔率低到不行，甚至連在美國本土也是，但是iPod將會解決這個問題，並拯救整間公司。

所以從賈伯斯的觀點來看，iPod和個人電腦是永遠不會相容的，這將完全摧毀我們的如意算盤。我們的目的，是必須賣出更多電腦。

而這就是第一代iPod之所以失敗的原因。

評論家愛死了iPod，已經有蘋果電腦的人也很愛。不幸的是，當時這種人的人數太少。iPod要價399美金，入門級的iMac則要賣1,300美金，就算iPod是當時市面上最棒的MP3播放器，還是沒有人會為了聽電台司令樂團（Radiohead）更方便，就豪擲1,700美金買下整組蘋果產品。

但這並沒有阻止我們。我們推出第一代iPod的當天，就已經開始開發第二代了，V2會更苗條、功能更強、外觀更美。我們去找賈伯斯，跟他說這必須要和個人電腦相容才行，非這樣不可。

他不要。

絕對不要。

要強逼賈伯斯放棄他原本的計畫，幾乎是不可能的任務，但我們竭盡全力掀起一場全面戰爭，試著向他證明這已經不再是個意見驅策型決定了，這是數據！我們已經在V2了，我們擁有真正的收入，以及來自實際購買顧客的洞見（雖然兩者都不夠就是了）。

我們在開發下一代產品，我們再度攀登巔峰。是時候把願景放在第三位了。

圖3.4.2：2007年推出的第一代iPhone很迷你，比你今天能買到的任何iPhone都還小。大小是4.53 × 2.4吋，重135克，螢幕則是3.5吋。相較之下，iPhone 13 mini的大小則是5.8 × 2.53吋，重141克，並擁有5.4的大螢幕。

我們想方設法讓賈柏斯考慮接受折衷方案，就是在第二代 iPod 加入了 Musicmatch Jukebox（它基本上是 iTunes 在個人電腦上的最大競爭對手），這可以讓你把你的音樂庫從 Windows 裝置傳到 iPod 上。而就算是這樣，我們也必須使出渾身解數。

最後我們同意，我們應該請著名的科技評論家華特・莫斯堡（Walt Mossberg）來投下決定性的一票（當然華特他本人並不知情）。這百分之百是設計好的—— 我認為如果最後賈柏斯發現行不通，他會想找個代罪羔羊。

結果證明賈伯斯這次是錯的，讓 iPod 和個人電腦相容之後，馬上使得銷量上漲。到了第三代 iPod，我們的銷量開始突

圖3.4.3：當你比較2007年8月推出的黑莓機 Curve 8310 和2007年6月推出的第一代 iPhone 時，就能輕易看出賈柏斯的論點。黑莓機的螢幕只有2.5吋，鍵盤超級笨重，螢幕幾乎沒剩什麼空間了。

破一千萬台，接著是一億台，這為蘋果翻轉了局面，並拯救了公司。諷刺的是，這甚至拯救了Mac——喜歡iPod的顧客開始發掘蘋果的其他產品，麥金塔電腦又再次賣起來了。

但此處的教訓並不是史帝夫·賈伯斯也會犯錯。他當然會犯錯，他也是人。

教訓在於願景及數據何時該指引你的決策，又是以何種方式。在非常初期的階段，在顧客出現之前，願景會比大多數事物都還更重要。

但你不需要全憑自己想出願景，事實上，你最好也不要這麼做。把自己單獨關在房間裡，想出你唯一卓越願景的宣言，這樣看起來和完全發瘋沒什麼兩樣。至少再找另一個人，但最好是一小群人，來激盪出想法，一起描繪你們的使命，接著一起去實現。

最後，你可能會創造出某種魔幻的事物，改變整個世界。不過你也可能不會。

你可能在面對一切阻礙的時候，英勇地緊抓著你的1.0版願景，結果卻發現願景是錯誤的（可參見3.6 三個世代，「『鴻溝』便是公司可能掉進的坑洞」段落）。你打造出的所有事物都行不通，或許你誤把某個意見型決策當成數據驅策型決策，或許你只是估計錯了、時機錯了、大環境的某個因素改變了，而你無法控制。

到了這種時候，你必須往回看。而即便會很痛苦，你也要老實又徹底地分析你失敗的原因。這便是你需要蒐集數據的時候。你的直覺帶你來到此處，所以去找數據來協助你理解為什麼你的直覺是錯的。

你可能再也無法東山再起，你可能花光了資金，失去了團

隊，失去了你的信用。但是往前走的唯一方式，便是老老實實的回顧過去，學會你的教訓，特別是那些痛苦的教訓。接著再試一次，捲土重來，回到V1。

最後你的願景將會進步，你將學會再次信任你的直覺，而你會成功抵達另一端：V2。不過這又是另一個非常截然不同的故事了。

2

你在打造第二版的產品時，可以和真正的消費者聊聊，了解他們究竟在想什麼，接下來又想看見什麼。你可以去做那些你迫不及待想放進V1、當時卻無法的事，你也可以分析數據，了解成本和效益，並用各式資訊、AB測試、圖表，來確認你的洞見。還可以根據消費者的需求調整及適應，而且會有越來越多決策是由棒到不行、易於理解、清楚明白、一目了然的數據驅策。

但在這一刻來臨之前，你必須撐過V1的衝刺和馬拉松。你需要你信任的人，以便繼續向前，而你也會需要知道何時該停下。

如果你在等你的產品變成完美，那你就永遠不會完成。但究竟什麼時候才算完成？什麼時候必須停止開發，讓產品問世？什麼時候才算夠好？你什麼時候才足夠接近你的願景？那些無可避免的問題什麼時候才算是可以容忍，並與其和平共處？這些，都很難找到答案。

此時一般來說你的願景會比V1具體實現的還要廣闊非常多：永遠都會有另一次修改，永遠會有某件你想去做、改變、

添加、調整的事。你究竟什麼時候才要把手上正在開發的產品放下來，然後就只是……停手？將其發布、釋放到市場，然後看看會發生什麼事。

技巧就是：撰寫新聞稿。

但不是在完成時寫，而是在一開始的時候就寫。

我在蘋果時開始這麼做，最後發覺其他領導者也領悟出這點了。我就是在說你啦，貝佐斯。這是個超級有用的工具，可以篩選出真正重要的事。

要寫出一篇很棒的新聞稿，你就必須專注。新聞稿的重點在於勾住他人，為了要讓媒體對你打造的事物產生興趣，你必須吸引他們的關注，內容必須精錬又有趣，強調你產品的精髓，它能夠做到最重要的事。你不要光是列出所有你想打造的東西，你必須要有先後順序。你寫新聞稿時會說：「這裡，就是這個，這才有新聞價值，這才是真正重要的。」

所以花點時間盡可能寫出最棒的新聞稿，需要的話就去諮詢行銷和公關團隊，他們會協助你去蕪存菁。

接著在幾個禮拜、幾個月、幾年之後，隨著你的產品即將邁向完成，當你們在討論要留下什麼、要去掉什麼、什麼重要、什麼不重要時，就拿出你當初的新聞稿，大聲唸出來。

如果你現在就要發布，你可不可以只要稍微修改一下那份新聞稿，然後大多數內容就都會是正確的？如果答案是可以，那麼恭喜你：你的產品很可能已經準備好了，至少也非常接近了。你已經達成了你的核心願景，其他事項很可能只是「如果有就很好」，而非優先事項了。

當然，也有可能在你展開計畫之後，必須經過大幅調整，幅度大到原始的新聞稿已經離譜到有點荒唐了。有時候確實會

發生這種情況。

但沒問題，就寫另一份新聞稿吧，然後一樣去漱漱口，複誦一遍。

這是一場大冒險，而冒險永遠不會按照計畫。這便是冒險的有趣之處、恐怖之處、值得之處。這也是為什麼，你會深吸一口氣，找一群超棒的人組隊，然後一起朝野外進發。

3.5 死線：心跳節奏和手銬

你需要有限制，才能做出良好的決策，而世界上最棒的限制便是時間。當你被嚴苛的死線銬住，你就不能這邊試試那邊試試、改變心意、為某個永遠不會完成的事物加上各種最後妝點。

當你把自己和死線銬在一起（理想的死線是一個無法變更的外部日期，比如聖誕節或是某個大會），你就必須努力執行、發揮創意，以便準時完成。所謂的「外部心跳節奏」，也就是限制，將會驅策創意，進而催生創新。

在你發布 V1 之前，你的外部死線永遠都會有點不確定，有太多未知的事物沒辦法定案。所以你讓所有人繼續向前走的方式，就是透過設立嚴苛的內部死線——你的團隊會依照內部死線，排定工作時程的節奏：

1. **團隊心跳節奏**：個別的團隊各自設立自己的工作節奏和死線，以交出他們那部分的拼圖，接著所有團隊同步……

2. **專案心跳節奏**：不同團隊同步的時刻，以確保產品依然合理，所有拼圖都以正確的步調前進。

我加入General Magic時，計畫是要在9個月內發布產品。接著發布延後了半年，又半年，再半年，就這樣一直延後了4年。

我們最後終於發布的唯一理由，很可能是因為蘋果推出了Newton，投資人開始對我們施壓。這便是我們第一次遭遇到限制的時刻：競爭對手出現了。

Magic Link是在不得不推出時才推出。我們那時才剛開始要做出困難的決定：哪些功能要留下、哪些要刪掉、哪些夠好、哪些不夠好。而我們已經沒有選擇了，不能再無止盡地開發，一心追求完美。General Magic這家公司正在垂死掙扎，需要一副手銬才行，我們必須設下發布日期，並且遵守。

但V1的危機永遠都是這樣：你究竟什麼時候該發布？你沒有任何顧客，你根本還沒真正告訴世界你在打造什麼，繼續埋頭苦幹實在太容易了。

所以你必須強迫自己停手，設立死線，並把自己和死線銬在一起。

開發iPhone的第一個版本時，我們給自己10個禮拜的時間，看看能不能有點進展。如果我們能夠完成最基本的版本，就證明了這是值得追求的正確方向。

我們最初的概念是iPod加上手機：留下按鍵轉盤，其他的都改掉，結果不到3個禮拜就發現這行不通。按鍵轉盤是主要的設計元素，但我們沒辦法在不把整個東西變成轉盤式電話的情況下，做出撥號功能。

最初的假設是，我們可以利用iPod標誌性的設計和硬體。後來證明這個假設是錯的。所以我們按下重置鈕，尋找新的假設，而這次我們會從零開始，所以我們給自己5個月的時間。

　　第二版概念擁有iPod Mini的基本造型和工業風設計,但有一整面的螢幕,沒有按鍵轉盤,和我們今日看到的iPhone非常類似。

　　我們在第二版iPhone的原型設計上,又碰上一連串新問

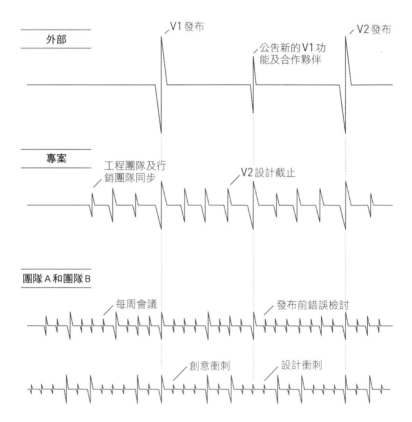

圖3.5.1:每個團隊根據自身的風格、負責的工作、專案的需求,擁有各自的節奏。外部心跳節奏驅動著專案的心跳節奏,而專案的心跳節奏又驅策著里程碑,而不同的團隊匯聚在里程碑的時候都必須已經同步了。最棒的外部心跳節奏並非由公司決定,而是來自外部力量,比如節日或是某個重大集會。要建立穩定的專案心跳節奏,就必須確保團隊不會錯過上述任何重要的外部死線。

題，工程部分一直搞不定，天線、GPS、相機、散熱……我們以前從來沒開發過手機，更不要說智慧型手機了，而我們的假設又一次錯誤百出。

重置，重新開始。

要一直到了第三版，我們對每個部份才有足夠的了解，以創造出正確的 V1 裝置。

但要是我們沒有給自己前兩版的嚴苛死線，我們是不可能來到第三版設計的。如果我們沒有在嘗試幾個月後阻止自己、重置、繼續向前，那是不可能達成的。

我們盡量為自己設下許多限制：不要太多時間、不要太多資金。團隊不要太多人。

最後一點非常重要。

不要只因為你現在有錢，就瘋狂雇人。還在概念階段的專案，大約只需要十個人（甚至更少）就可以完成大量的工作。最糟的就是請了一堆人，七嘴八舌無法達成共識，或是把其中一些人晾在一旁袖手旁觀沒事幹，等著你搞清楚情況。

到了第一代 iPhone 專案結束時，團隊大約有八百個人。但你能想像如果這八百個人從一開始就跟著我們，並看著我們拋下願景，重置整個專案，會發生什麼事嗎？然後幾個月後還要再來一遍？那一定會一團亂，這八百個人會不知所措，人心惶惶，而我們則得不停讓所有人放心、專注在正面的事物、試圖讓所有人在真的超瘋狂的好幾版設計中保持同步。

所以請讓你的專案維持小規模，越久越好。而且不要一開始就砸下太多錢：有一大筆預算時，大家會做出蠢事：他們會設計過頭、想太多，而這無可避免會導致更久的失控、更長的行程、更慢的心跳，而且是非常非常慢。

　　一般來說，所有全新的產品都不應該花上超過18個月的時間才發布，極限是24個月，甜蜜點則是介於9到18個月。這點可以適用在硬體和軟體、原子和位元產品上。當然，有些事情會需要比較久，比如研究就可能花上好幾10年，但是即便你需要花十年才能研究出某個問題，過程中的定期回報，也能確保你仍然是在追尋正確的答案，或是問的依然是正確的問題。

　　而所有專案都需要心跳節奏。

　　在V1發布前，心跳都是完全來自內部，你還沒有要跟外面的世界溝通，所以你必須要擁有強大的內部節奏，推動你朝設

圖3.5.2：這個iPod手機模型其實不是我們開發的，是來自某間製造商。他們聽到風聲，說我們在開發手機，所以想要向我們推銷他們的主意。這個外觀怪異的裝置，顯示了若要以按鍵轉盤為中心來設計一支手機，根本是不可能的任務。裝置上半部能夠180度旋轉，所以你在撥號或傳簡訊時就可以使用螢幕，這主意其實還不賴，但這並不是iPhone。

定好的發布日期邁進。

　　這個節奏是由幾個重要的里程碑組成——董事會、全員大會，或者是產品開發特定時刻的專案里程碑，在抵達這個里程碑的時候，所有人（包括工程團隊、行銷團隊、銷售團隊、客服團隊）可以暫停一下，協調彼此的腳步，以求達到同步。這可能每隔幾周或幾個月會發生一次，但是絕對必須發生，以讓所有人步伐整齊劃一地往前走，朝外部的發布邁進。

　　而為了要維護專案心跳，所有團隊都必須按照自己的步調產出各自的成果。每個團隊的心跳速度都不同—— 可能是

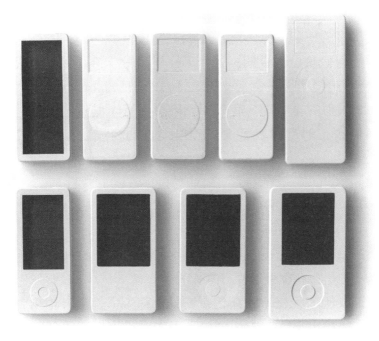

圖3.5.3：我們花了很多時間翻玩不同的概念，而這些瘋狂的塑膠板，便是來自某些初期的規格測試。這些模型讓我們能夠看見自己的想法擺在手上、口袋裡、包包裡感覺如何，並在過程中搞清楚哪些概念合理，哪些又不合理。

為期6周的衝刺、每周檢討、每日回報。可能是敏捷式開發（scrum）、瀑布式開發（waterfall）、看板式開發（kanban），任何你覺得有用的組織架構或專案管理方法都可以。創意團隊和工程團隊的心跳速度截然不同，硬體公司的團隊節奏也會比只處理電子的公司還慢。重點不是心跳速度快慢，你的工作是要維持速度穩定，這樣你的團隊才會知道對他們的期望為何。

我是在飛利浦學到這點的，那是我第一次必須從無到有創造心跳節奏。

我們起步時，整個團隊都還很年輕，缺乏專案管理經驗，所以我們雇了幾個顧問來幫我們設立行程表。他們建議我們以半天為單位安排工作內容，團隊會估計他們需要幾個半天才能完成專案的每個部分，然後我們把完成我們想得到的所有工作所需的每個月份、星期、工作天一一劃分，接著我們再根據每個人各自的工作量，擬訂未來12到18個月的詳細行程表。

這看似完全合理，我們對顧問點頭表示同意，太讚啦！我們有個真正的行程表了！我們可能真的會成功！直到我們發覺：

1. 沒人有辦法精確估計他們的工作時間，以及他們完成工作所需要的所有步驟。
2. 試圖設想這麼久遠未來的這麼多細節，這樣是沒用的，總是會有突發事件打亂你的。
3. 我們把所有時間都花在安排行程，爭論半天能夠完成什麼事，不能完成什麼事上面。而從半棵樹的角度是不可能看見整座森林的。

　　結果只要產品需要調整或演化，我們都會手足無措。我們必須騷擾每個人，要他們告訴我們需要花幾個半天才能調整好，而非馬上著手調整。我們每個禮拜也都要花上好幾個小時和所有團隊成員「安排行程」，而不是實際工作。

　　幾個月後我們便放棄了整個系統。別再以半天為單位了，我們用更長的單位來管理時間，用星期、用月份。我們開始從宏觀的角度思考我們的專案，而這讓我們在大約18個月內開發出了Velo的V1，接著我們把閃閃發亮的全新V1交給銷售和行銷團隊。

　　結果他們完全不知道該拿這個產品怎麼辦。他們以前從來沒看過這樣的東西，他們不知道要怎麼銷售、在哪銷售、如何廣告。我們當時根本沒有顧慮到他們，現在換成他們顧不到我們了。

　　我們找到了我們的內部心跳節奏，卻從未和其他團隊同步。沒有人可以跟上我們的節奏，我們用自己的節拍跳舞，以為大家的目光都在我們身上。結果我們的舞伴卻在房間另一頭喝酒，邊想著電動刮鬍刀該怎麼賣。

　　我們在專案中必須要有內部里程碑，也就是定期回報，以便確保所有人都了解產品演化的現況，同時依此調整他們的工作。這也能確定產品依然合理，看看行銷團隊跟銷售團隊是不是依然喜歡，客服團隊是否仍然能夠解釋，並確保所有人都了解他們在打造的事物，以及相關的發布計畫。

　　短期看來，這類里程碑會拖慢你的速度，但最終卻能加速整個產品開發流程，而且也會讓產品變得更棒。

　　接著，最後的最後，某一天你會完成產品，或是產品至少夠完整了，而你會來到V1的第一個外部心跳。

　　順利的話一切都會很棒，世界會喜歡，他們會想要更多。所以第一個外部心跳之後會出現第二個，接著是第三個。

　　你渡過V1，來到V2後，開始驅策你內部心跳節奏的，將會是外部的步調，很有可能還有你的競爭對手。

　　務必要小心。

　　如果你是在打造某種數位產品，某個應用程式、某個網站、某個軟體，那是可以隨時調整的，你可以每周加入新功能，每個月重新設計一次整個使用者體驗。但只因為你可以，並不代表你應該這麼做。

　　心跳不應該太快。如果某個團隊不斷在更新他們的產品，消費者就會開始不理不睬。假如產品一夕之間就變成全新的，那他們根本就沒時間去學習是如何運作的，更不要說熟練了。

　　看看Google吧，Google的心跳節奏是不穩定又無法預測的，多數時候這樣的節奏對他們來說都行得通，但仍然有很大的進步空間。Google可說每年只有一次重大的外部心跳，就是Google I/O。而多數團隊根本就不在乎，他們通常在一整年內想什麼時候發布他們想發布的東西，就什麼時候發布，有時候背後有真正的行銷操作，有時則只有簡單的電子郵件宣傳。

　　這代表他們永遠無法以統一的方式，從整間公司的角度和消費者溝通。某個團隊做了這個，另一個團隊做了那個，他們的公告要不是重疊，就是忽略了創造敘述的明顯機會。而沒有任何人，包括顧客，甚至是公司的員工，可以跟得上的步調。

　　你需要自然的停頓，這樣其他人才可以跟上，消費者和評論家才可以提供讓你能夠整合到下一版中的回饋，你的團隊也才可以理解顧客不理解的事。

　　但你也不能慢太多，和處理電子的公司相比，處理原子的

公司心跳速度通常太過緩慢。因為原子很可怕：你不能重新發布原子。

正確的流程和時機是門平衡的藝術，不要太快，也不要太慢。

所以要把眼光放在一年以後。

你發布V1的那一年，應該要向世界發聲兩到四次，可能是新產品、新功能、新的設計調整或更新，某個令人垂涎三尺的東西，值得大家的關注。不管你是大公司還是小公司，你是在開發硬體還是應用程式，B2B還是B2C（企業對消費者），這對顧客來說，對人類來說，都是正確的節奏。公告或重大改變如果超過這個數目，外界就會開始覺得一頭霧水；而如果少於這個數目，大家就會開始遺忘你。所以每年至少要有一次重大發布，以及另外一到三次小型發布。

蘋果的外部心跳以前總是在舊金山的MacWorld年度大會上跳得最大聲。這個活動決定了全公司的步調，最重要的宣布一定要在MacWorld上公告。

而MacWorld總是在一月舉辦。

主要原因在於MacWorld的主辦單位很小氣。每年的第一個禮拜是舊金山會展空間最便宜的時間，因為觀光客和商務人士在新年假期之後會暫時消失，而且不管怎麼說，MacWorld的規模都頗小。1990年代時蘋果正陷入泥沼，顧客基數很小，所以少數會來參加活動的死忠粉絲都是本來就住在附近的矽谷科技宅。舊金山也很樂意在一月間接待極客們，並把利潤更好的春夏檔期保留給會吸引更多非舊金山市民的大型會展。

所以就是1月了。

但這代表蘋果的員工每年都不能放年假，一切都必須在1月

1號以前完成。如果你是在蘋果的某個團隊工作，那你的家人基本上就等同從感恩節到新年都不會見到你了。大多數團隊都要等到MacWorld結束後才會回公司上班，憔悴卻志得意滿，對著陽光瞇眼和揉眼睛。情況好些年來都是這樣。

　　直到最終，史帝夫・賈伯斯表示：「管他的勒。」

　　他決定蘋果已經夠大了，可以不用再辦MacWorld，他設下了新的心跳。

　　舊的心跳節奏是在1月的MacWorld發表重大宣布，小型的發布則是會在六月舉辦的蘋果全球開發者大會（Apple Worldwide Developers Conference，WWDC）上，九月也還會再舉辦一次。

　　但是新的心跳則是改成小型發布在3月，重大宣布在夏天的WWDC，更小型的發布在秋天。

　　而現在蘋果則是有超多東西可以發布，3月、6月、9月、假期開始前的十月都會有發布。

　　但不是1月，永遠不會再是1月，他們已經學到教訓了。

　　不幸的是，你不一定總是能控制你的心跳節奏。有時這會是以其他人的會展為基礎，有時則是圍繞著其他人的產品展開。

　　有很長一段時間，麥金塔電腦都是受到處理器製造商IBM、Motorola、Intel的一時興起所侷限。如果新的處理器延後了，那新的Mac就也會延後。麥金塔電腦長久以來都選擇Intel處理器的原因是因為，Intel處理器是一堆不可靠的處理器裡面，算是最可靠的。但就算是Intel，也並非百分之百可以預測，他們行程表上的任何細微調整，都會導致蘋果這邊無窮無盡的手忙腳亂和時程調動。

　　如果蘋果要繼續依賴Intel處理器，就沒有辦法為Mac的顧

客創造穩定的心跳節奏，也無法為公司內部的團隊設立合理的節奏。所以如同賈伯斯決定自己主宰發布行程表，他最後也決定蘋果必須開發自己的處理器。

這是唯一能讓世界變得可以預測的方式。

而大家最愛的，莫過於一個可以預測的世界。

人都喜歡認為自己沒有受到行程表的約束，覺得我們隨時都可以扔掉習慣的枷鎖。但多數人都是習慣的動物，會因為知道接下來會發生什麼事而感到安心，然後依照接下來會發生的事情來安排自己的生活和計畫。

可預測性讓你的團隊能夠知道他們什麼時候該埋頭苦幹，什麼時候又該抬頭和其他團隊確認，或是確保他們仍然是朝正確的方向前進（可參見 1.4 埋頭苦幹，可能完蛋）。

可預測性也讓你能夠管理產品開發流程，不必每次都從零開始。可預測性使你能夠創造一個動態記錄，內有檢查點、里程碑、行程、計畫等，可以用來訓練新進員工並教導所有人：這就是我們的做事方式，這就是如何打造產品的架構。

而最終，可預測性也是你實際訂定死線的方式。

你必須竭盡全力別去破壞外部心跳的節奏，但有時候這不管怎樣都會發生：某個東西會故障，某個東西會出乎意料花上更久時間。這在 V1 幾乎總是會發生，也就是你從零開始，試圖要一次弄懂所有事的時候。

但只要你的工作流程就位，並且終於發布了 V1 之後，你的心跳就會安頓了，也可以變得穩定。

而當你發布 V2 時，你就真的會準時，同時所有人，包括你的團隊、你的顧客、和媒體，也都會感受到你的節奏。

3.6 三個世代

　　有句玩笑話是說，一夕成功需要花上廿年。而在商業世界，比較像是六到十年。要找到產品的市場契合度、獲得顧客的關注、打造完善的解決方案、接著還要賺錢等等，永遠會花上比你以為還要久的時間。你通常需要打造至少三代全新的顛覆性產品，才能弄懂並開始賺錢。不管是對B2B和B2C、打造原子、電子、或兩者的公司、全新的新創公司和全新的產品來說，道理都是一樣的。

　　務必記住營利分為三個階段：

1. **幾乎無法賺錢**：推出第一版產品時你還在測試市場、測試產品、試圖找到顧客。許多產品和公司在這個階段就掛了，一毛錢都還沒賺到。

2. **「單位經濟」有獲利或者整體有獲利**：順利的話，到了 V2 時，每賣出一個產品或有一名顧客訂閱你的服務（亦即一個單位），你就能賺到毛利。但務必記得，美妙的單位經濟尚不足以讓公司賺錢。你依舊需要花費大筆資金，為了經營、業務、行銷及開發客戶。

3. **賺到整體經濟或淨利**：到了 V3 時，你就有潛力能夠

透過每次訂閱或售出的產品獲得淨利。這表示銷售
的收入超過了你的經營成本，所以公司整體來說開
始賺錢。

要花這麼久時間才能賺到毛利，甚至更久時間才
能賺到淨利，原因在於學習需要時間，對你的公司和
顧客來說都是。

你的團隊必須想出如何為V1找到市場契合度，並
在V2時把產品修正好，同時經過妥善的行銷推銷給更
多顧客。此時你才能專注在優化你的事業上，以便永
續發展，並透過V3賺到錢。

而顧客也需要時間試探你。大多數人都不是早期
接受者，他們不會馬上嘗試新事物，他們需要時間習
慣新想法、看一些評論、問他們的朋友、並等待下一
版產品問世，因為下一版很可能會更酷。

我還記得1992年或1993年時，在General Magic的走廊走
來走去，邊讀傑佛瑞・墨爾（Geoffrey Moore）的《跨越鴻溝》
（Crossing the Chasm）。我們有很多人都在讀跟討論，指出他
寫得有多對，雖然當時我們正直直衝進鴻溝，還越陷越深，而
且我們也很明顯永遠都沒辦法爬出來了。

「鴻溝」便是公司可能掉進的坑洞。假如普羅大眾——不
只是早期接受者——都不購買他們的產品，那公司就會陷入鴻
溝。現在這則稱為找到產品的市場契合度。

《跨越鴻溝》向世界介紹了下圖著名的「顧客接受度曲
線」，背後的概念非常簡單：不管新產品功能好不好，都只有極

少比例的顧客會願意在初期購買，因為他們就是想要最新的小玩意。而多數顧客都會等到產品上市一陣子，所有缺陷都排除之後才會購買。

但上述並非事情的全貌。如果你不知道一併考量顧客接受度、產品及公司發展這三者，那你就錯過了一塊非常重要的拼圖。

公司找到產品的市場契合度後，他們就可以開始專注在獲利上。開發原子的公司會聚焦在銷貨成本上，除了直接的勞動力之外，他們主要的開銷在於實際生產產品，所以他們必須要降低生產產品的成本，以便開始獲利。

開發電子的產品會聚焦在顧客開發成本（customer acquisition cost）上，除了直接的勞動力，他們的開銷在於銷售及支援產品。

同時開發原子和電子的公司則必須擔心銷貨成本和顧客開發成本，但基本上應該一次專注其一就好。先處理好銷貨成本，再去處理顧客開發成本，先打造產品，再加上服務。

而即便原子和電子、硬體和軟體間存在許多差異，有個東西會對兩者帶來同樣的束縛：時間。

不管你在打造什麼，要到達獲利階段都會花上比你以為還久的時間。你在 V1 時幾乎肯定不會賺到錢，你必須要改造自己至少三次，有時還要更多次呢。

而即便你的時程縮短，就算你只是在快速開發某個應用程式，你的產品依然要先學會怎麼爬，再學會怎麼走路，最後才能跑步。而這對應用程式或服務來說，花的時間也可能跟推出硬體一樣久。演化及改變、根據顧客回饋做出反應、把使用者

旅程上的每一個點都打磨得跟產品本身一樣穩定，這些都需要時間。而顧客也仍然需要時間去了解你、嘗試你的產品、決定

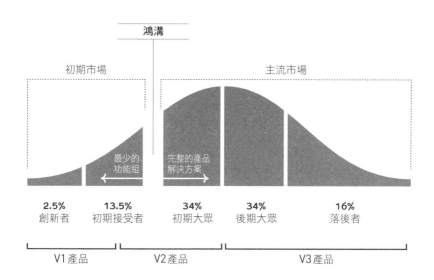

圖3.6.1：傑佛瑞‧墨爾在他的著作《跨越鴻溝》中首開先河，描繪不同客群何時會願意接受新產品。但這並非事情的全貌。同樣重要的是，了解你的V1、V2、V3產品位在本圖表中的何處，以及這將如何改變你專注的重點—— 是要顛覆、雕琢、還是發展事業。

誰是適合的顧客

V1	V2	V3
創新者和初期接受者	初期大眾	後期大眾和落後者

這些人熱愛你做的所有事，他們可能是極客或科技宅，也可能只是真的很著迷你的領域。他們對任何又新又酷的東西都會出現情緒反應，而且即使知道很可能會錯誤百出的情況下，也會購買。

這些人會帶起潮流，他們在購買前會觀察初期接受者，並閱讀一些評論。他們期待的是產品錯誤已經解決、優質的客服、了解產品資訊及購買途徑的簡易方式。

剩下的人就是這些，期待完美產品的大量顧客。他們只會購買市場上明顯的贏家，無法忍受任何麻煩。

產品		
V1	**V2**	**V3**
你出貨的東西,基本上算是原型。	你在修正你在 V1 搞砸的事。	你在雕琢已經非常棒的產品。
開發顧客的成本會非常高昂,某些你非常想要的功能無法實現。你的行銷、銷售、客服都會有點不穩定。你需要的合作夥伴不會出現,你會持續發現自己弄錯的事	在這個階段,你會了解問題出在哪裡,以及如何修正,包括在你發布後無可避免會如雨後春筍般出現的意外問題,以及你第一次刪掉的東西。V2通常會無縫接軌在 V1 後面,因為你在短期之內學到了這麼多東西,於是你迫不及待想要將其納入下一代產品中。	此時你的注意力應該別放那麼多在產品上,更應該專注在事業上,用心打磨顧客生命週期的所有接觸點。

外包 VS 內部自行開發		
V1	**V2**	**V3**
把事情搞清楚並外包。	開始讓更多工作回歸內部。	留住內部專業,把小型專案選擇性外包。
你的團隊很小,所以你必須外包一堆工作,包括行銷、公關、人資、法務。這能讓你快速推進,並搞定很多事情。但也非常昂貴,無法擴大規模。	你用你在 V1 時和第三方團隊合作學到的一切,開始在內部打造同樣的實力(可參見 5.3:給所有人的設計心法,「但在你試圖自行解決之前,永遠不應該把問題外包」段落),你的團隊和專業程度將會成長。	有些內部的關鍵團隊,負責專注在公司最重要的功能上。這意味著要把品牌、法務或對你公司最重要的團隊留在內部。隨著這些團隊成長,職責也越來越廣,這時可以再次開始外包,但只會外包特定的小型任務,同時還要由內部團隊密切監督。

產品獲利		
V1	**V2**	**V3**
產品市場契合度	賺錢的產品	賺錢的事業
這真的只是代表把產品弄得夠好,以證明市場存在,可以使你跨越鴻溝。如果你無法證明至少會有初期接受者購買你的產品,那你就必須砍掉重練,重新開始。	在這個階段你會擴大市場,使用者旅程也會有更多部分開始穩定,每賣出一個產品甚至還能賺點錢,不過很可能不夠打平成本就是了。	假設你在 V2 已經可以賺到毛利,你可能想在 V3 時以淨利為目標,這時你便要開始和合作夥伴協商,談到更好的條件、優化你的客服和銷售管道、購買新的媒體形式行銷。順利的話,你終於可以獲得足夠的聲量,讓你可以開始調降價格,真正賺到錢。到了 V3 時你會有機會可以搞定一切,包括產品、公司、你的商業模式。

是否值得，他們需要時間爬上接受度曲線。

iPod花了三代的時間，也就是3年，才到達獲利的單元經濟階段。

iPhone也一樣。第一代真的只是為初期接受者設計，沒有3G，沒有應用程式商店，我們的售價模式也一塌糊塗。賈伯斯從來都不想要為iPhone提供補助── 他想要所有人知道真正的價格，這樣他們才會珍惜。他也想從數據計畫當中獲得利益（可參見6.4　關於員工福利：馬殺雞去死吧，「當大家為某個東西付錢時，他們就會珍惜」段落）。但是iPhone注定要跨越鴻溝，全世界都超愛的，顧客只是需要我們在他們購買之前把細節都弄好。

可是跨越鴻溝並不是保證，就算對相當受歡迎的產品來說也不是，而真正開始獲利更是難上加難。

當然在網際網路出現後，新的商業模式正在挑戰這個傳統的智慧。即便如此，許多公司，像是Instagram、WhatsApp、YouTube、Uber，在他們搞懂怎麼賺錢之前，也已經經過了五代、十代、更多代，而還有許多其他公司到現在都還沒開始賺錢。不賺錢的公司之所以還沒倒閉，是因為他們擁有大量的創投資金，或是被更大的科技公司收購。他們會先專注在找到產品的市場契合度，並打造他們的使用者基礎，之後才決定按照這樣的商業模式改版賺錢。但這並不適用於所有人。這需要快速跳過鴻溝，接著是用又久又曲折的狗爬式游泳法，游過一大池資金，最終抵達獲利階段。而這可能會毀滅一間公司，如同第一步就摔下鴻溝一樣致命。

幾年前，全球各大城市充滿各種共享機車和單車公司，突然之間彷彿無所不在。這就是他們的方法，這些公司想要盡可

能佔有市佔率，以便獲得顧客。

他們有的是錢，於是就買下他們買得起的所有單車，然後一直擴張擴張擴張。

但他們一直沒辦法賺錢，他們無法到達 V2 或 V3。等到他們開始發現這點時，錢也已經花光了，深不見底的錢池乾涸啦。

現在第二和第三代的機車及單車公司正在崛起。但他們目睹了前輩把錢燒光後，他們採取的是截然不同的方式。他們極度精挑細選自己的市場，並且選擇了正確的原子打造出硬體——超級耐用的單車和機車。他們對於錢花在哪相當小心翼翼，同時確保自己了解單位經濟的細節，到達無微不至的程度。

對於讓你與眾不同的少數重要元素，擁有這樣精細的關注，更有可能協助你達成你的目標。不要亂槍打鳥，然後希望會發生好事。

特斯拉在初期相當關注車輛本身，而且還只是車輛的少數幾個部分，幾乎不管其他事。他們基本上沒有客服，你打電話找不到任何人，所以如果你的特斯拉出了問題，他們就只會跑來你家然後把車開走，只剩下手邊沒車，不知道接下來該如何是好的你。

幸好特斯拉總部所在的矽谷充滿許多科技狂熱者和早期接受者。我有個朋友就買了一輛最早的特斯拉 Roadster，也就是他們的 V1，這真的只是台電動的 Lotus 而已，沒有完全從頭開始重新設計，但擁有特斯拉的一個重要特色：再生煞車。每次你只要踩煞車，你的車都會把引擎當成發電機，為電池充電。

問題在於我朋友住在山頂，所以他每天把車開上山回家，然後在晚上充電。但次日早上開車下山時，他的煞車卻幾乎失效。結果是因為他不應該把特斯拉的電充到百分之百滿電。開

下山的路上他必須一直踩煞車，這樣會造成電池過充。最後特斯拉必須修改煞車和充電演算法，才能防止他撞車。

但我朋友根本就是活生生的初期接受者，他愛死他的Roadster了，就算車子待在車廠的時間比待在他家還久，就算當他遇到問題時，他都開始直接打電話給工程師了，他還是很愛。

初期接受者知道沒人會在V1就搞懂所有事，也知道沒人有辦法實現V1計畫當中的每個部份。產品和顧客基礎會隨著每一代產品演化及成長，而每個階段都會帶來不同的風險、挑戰、投資。沒人能一次搞定一切。在新創公司不能，在大公司也不能。

所以你本人、你的員工、你的顧客，都必須要擁有正確的期望，你的投資人也是。

有太多人都期待產品跟公司打從一開始就獲利了。我當年在飛利浦時，就看見許多新產品種類和事業計畫都遭到取消，就算是幾乎準備好要推出的產品也無法倖免。開發、測試、完成，但產品會出師未捷身先死，因為上層想要保護自己，所有剛加入團隊的主管，永遠都想要完全確保新產品能夠賺錢（可參見2.2　如何做決策：數據型決策VS意見型決策，「多數人甚至根本不想承認意見驅策型決定存在」段落）。他們要求提前得知產品的單位經濟和整體經濟是穩固的，但這是不可能的事。

他們是在要求我們用接近百分之百的信心水準去預測未來，是在要求我們證明某個嬰兒可以去跑馬拉松，但那個嬰兒甚至根本都還沒學會怎麼走路。

這些人根本不懂嬰兒，他們更不懂如何創造一個新事業。

這就是為什麼產品募資平台Kickstarter上面有這麼多專案

會失敗。他們以為「如果我用50美金開發，然後用200美金售出，那我就會發大財，我的公司會大成功」，但公司不是這樣運作的。這150塊的獲利會被每一張新辦公椅、員工的眷屬保險、每一通客服電話、每一則Instagram廣告吸乾。直到你優化你的產品及事業之前，你都無法打造出長久的事物。

這就是在現今所有科技巨頭身上發生的情況：Google、臉書、推特、Pinterest都是這樣。Google本來已經很久沒在賺錢了，直到他們想出AdWords才真的開始獲利。臉書決定吸引關注，接著找到了商業模式。Pinterest和推特也是，他們開發出V1產品，在V2擴大規模，然後在V3優化整個事業。

Nest智慧溫控器也遵循相同的模式。

在V2時一切都變得更容易了，不再需要那麼常預測未來，更多是面對現實，我們知道顧客喜歡什麼，不喜歡什麼；我們知道他們想要什麼，又有什麼功能可以幫他們最多；而我們也有辦法開始朝我們在V1中無法加入，卻迫不及待在V2中修正的一長串事物進攻。V1推出僅僅一年後，V2就推出了，我們等不及想推出了。

第三代的Nest智慧溫控器在三年後到來，雖然在外觀上和第二代明顯不同，但升級實則更為細緻，形象更精簡、螢幕更大。大多數改變都發生在幕後。

第三代也是我們真正確立了銷售合作夥伴的時候。在V1時我們無法好好打入零售市場，我們能做的就只有在nest.com上賣我們的溫控器，以證明大家真的想要買。V2則引起了零售業者的興趣，好好考慮這個產品：噢，也許我們該訂些存貨。

但是到了V3時，我們就出現在Target、Best Buy、Home Depot、Lowe's、Walmart、Costco等各大通路裡了。而且還不是

圖3.6.2：隨著每一代新產品推出，產品都會變得越發精緻及精鍊，開發成本也會越低，你可以從產品本身看見V1到V2的躍進。當我們推出第一代時，這是市面上最時髦、最美麗的溫控器，但我們推出V2的那一刻，原版馬上看起來笨重又老舊。等到我們來到V3時，產品的改變雖然更為細微，但我們的事業已經完全改造了，成本降低、有新的銷售管道、市場拓展到新國家、有許多新的合作夥伴、客服也相當流暢有效率。

在什麼很偏僻的走道：我們為每一間店打造了全新的商品區，專賣智慧家居用品。這樣不僅為Nest創造了空間，也替其他的智慧家居產品帶來市場—— 這些產品開始在我們周遭如雨後春筍般快速成長。

我們所有的合作夥伴都發現我們開始擁有吸引力，想要留住我們的生意，所以我們得到更好的交易條件、更棒的合約。我們也改善了客服，大幅降低每一通電話的成本。並修正我們的知識基礎。

所以當我們開始開發我們的第二個產品，Nest智慧煙霧及一氧化碳警報器的時候，你會以為一切都會更容易。畢竟，我們已經打造好的一切可以讓我們跳過一些步驟。但是從你開始開發新產品的那一秒開始，你就必須按下重置鈕，就算你在大公司也一樣。有時候，第二次甚至會更困難，因為替第一個產品打造的所有基礎設施此時會變成阻礙。所以你仍然必須撐過至少三代，才可能把一切都做得正確。

你開發產品、你修正產品、你打造事業。

你開發產品、你修正產品、你打造事業。

你開發產品、你修正產品、你打造事業。

每一個產品、每一間公司、每一次都是。

第四部
關於未來：如何打造你的事業

我必須創辦這間公司，對吧？

幹。

一間新創公司，從來不算是計畫本身。計畫是一個突破，一個長遠的突破，我很需要—— 埋頭苦幹衝刺了將近10年之後，我終於在2010年離開蘋果。我們推出了前三代iPhone，現在大震盪已經結束了。在十八代iPod之後，我知道接下來會怎麼發展：我們會永無止盡地調整、調整、再調整；或者我也可以開始開發iPad，但iPad的骨幹基本上和iPod Touch一樣，基本上也就是iPhone。

但我離職更大的理由是因為我的家人。我是在蘋果認識我老婆丹妮的，她是人資部門的副總，我們有兩個年紀非常小的孩子，而雖然我們總是會撥出時間陪他們，我們也工作得很累。這是個改變人生的機會，所以我和丹妮都離開了蘋果，然後我們離開了美國。

我們去環遊世界，努力不要去思考工作的事。但是不管我們去哪，我們都躲不過一件事：幹他媽的溫控器。讓人賭爛、有夠不準、耗能到爆、無腦到炸、根本不可能重新設計、讓屋子裡總是有某個地方太熱或太冷的幹他媽廢物溫控器。

要有個人把這修好才行，而我最後發覺那個人會是我本人。

大公司不會去修，漢威聯合跟其他做硬體的競爭對手30年

來根本都沒有創新，這是個死氣沉沉又沒人愛的市場，全美一整年的銷售金額只有不到10億美金，而2007年和2008年的環保創新潮失敗之後，綠能科技的投資人也堅定地遠離節能裝置。所以一間充滿生面孔、沒什麼人脈的小小新創公司，完全不可能有足夠的可信度，足以得到資金。我都已經可以聽見創投公司的嘲諷了：「溫控器哦？真假？你想要做溫控器？這個市場又小、又無聊、又難。」

但某天我和藍迪・高米沙（Randy Komisar）去騎腳踏車，藍迪是我長年的朋友、導師、以及在可敬創投公司凱鵬華盈（Kleiner Perkins）任職的合作夥伴。我們是在我1999年跟他推銷，請他投資Fuse時認識。因為我非常信任藍迪，所以我決定向他試試我的主意，提出智慧溫控器的概念。

他當場提議開一張支票給我。

我正是那種投資人最愛的創辦人。四間失敗的新創公司和多年的失意職涯，為10年的成功鋪路。我當時40歲，完全知道之後一切會有多困難，還有如何避免重蹈哪些覆轍。我開發過硬體及軟體，小公司和大公司也都待過，我有人脈、可信度、足夠的經驗，可以了解我不知道的事，而且我有個具體的主意。

你的溫控器應該要學會你喜歡的溫度，以及你什麼時候喜歡；應該要和你的智慧型手機連結，這樣你無論身在何處，就都能控制。你不在家時溫控器也應該要關閉節能，而且當然也一定要很美 —— 美到你會驕傲地裝在牆上。

唯一缺少的東西，就是放手一搏的意願。我還沒準備好要再扛起一間新創公司，那時候還沒，而且也不想一個人。

接著就像變魔法一樣，麥特・羅傑斯跑來找我。麥特一開始是iPod專案初期的前幾個實習生之一，我看著他一路在一個

充滿精挑細選世界級人才的團隊中，呼嘯超過所有人。他畢業後我們聘他當正職員工，而他很快成為一個超讚的主管，專注在建立團隊，從來不會害怕問問題或逼出極限，對整個產業方方面面的好奇也貪得無厭。

我離開蘋果後，他開始對事情的走向感到挫折，所以我們約了午餐，他問我接下來要做什麼，我把這個主意告訴他，他非常有熱情，而當我說有熱情時，你應該要知道麥特是一台能量永不止息的永動機，他馬上開始研究，提出建議和構想。我們聊得越久，他就越來越興奮。

這就是我撐下去需要的動力，他是個真正的夥伴，可以分擔重擔，會和我一樣努力工作，也一樣在意。我們已經知道如何共事，也對怎麼開發產品擁有共識，我不需要另一個同樣擁有數十年經驗的中年主管來告訴我我們不能做什麼。我需要一個真正的共同創辦人，我需要麥特。

我們一起把這個構想塑造成一個願景。我們要向投資人推銷一個智慧溫控器，但我們也了解，我們真正創立的公司並不會止步於溫控器，我們會開發各式產品，改造所有人家中需要、不受喜愛卻重要的物品。而且，最重要的是，我們還要創造一個平台，我們要打造智慧家園。

這個概念並不新穎，截至當時，智慧型居家系統已經出現好幾十年了，我記得General Magic的比爾·艾金森在1990年代時就試圖開發過智慧家園，他試著一個人來，努力想開發出某個有用的東西。但在這些年間，已有許多富有的科技咖願意豪擲25萬美金在自己家的牆壁上裝一套精緻的系統，內有感測器、螢幕、按鈕、溫控器控制器、警報系統、燈光、音響等等，全都閃閃發亮，非常時髦。但其實是徹頭徹尾的廢物跟垃

圾，沒有一樣有用。

我們推銷時跟投資人提到這點，他們的表情都抽動了一下。沒錯，他們全都買了那些垃圾，沒錯，他們的配偶全都還在因此生氣。

我們想要採取不同的方式。與其試著把一個搭載所有功能的完整平台塞進某個人的家裡，我們會先從一個真的很棒的產品開始，一個能夠待在大家牆上10年或更久的美麗溫控器。只要大家愛上我們的溫控器，他們就會購買更多和溫控器搭配的產品，顧客將能夠一點一滴組合他們的智慧家園，為他們的家園和家庭打造一座獨特又合理的系統。

溫控器會是我們的切入點。

但首先我們必須打造出溫控器。

要做得很美並不會很難。漂亮的硬體跟直覺的介面，這我們可以達成，我們在蘋果時便已精雕細琢這些技巧。但要讓這項產品成功，並賦予其意義，我們需要解決兩個大問題：

必須要可以節能。我們也必須要能賣出去。

先說節能。在北美洲和歐洲，溫控器的電費佔家庭電費帳單的一半，大約每年2,500美金左右。先前所有試圖降低這個數字的嘗試，包括溫控器製造商、能源公司、政府機關等等，都因為各式各樣不同的理由而大暴死。我們必須來真的，而且對顧客來說還必須要超級容易。

接著我們還必須賣出去。當時幾乎所有溫控器的銷售及安裝都是由專業的技師進行，我們永遠不可能打進這個老男孩俱樂部。我們必須先找個方法進入大家的腦中，然後再進入他們家中。而且我們還必須把溫控器做得非常容易安裝，讓所有人都可以自己搞定。

於是我們投入工作。

成果比我們想要的還肥碩。雖然螢幕不是我想像的那樣，狀況有點像是第一代iPod，但是可以用。可以連結到你的手機，你可以自行安裝。溫控器能學會你喜歡什麼溫度，沒人在家時會自己關閉，也可以節能。

而且大家超愛。

在推出前，我們不確定是否會有人有興趣，我們不希望有一大堆庫存放在倉庫裡積灰塵，而資金卻燒光了。神奇的是，我們第一天就把產品賣光了，然後繼續賣光，持續超過兩年。

我們很快接著推出第二代溫控器，修正所有我們在第一代沒有搞懂的東西，接著我們就專注在下一個產品上。有什麼裝

圖4.0.1：Nest智慧溫控器於2011年10月推出，售價為249美元，擁有獨特的2.75吋圓形螢幕，大小為3.2 × 3.2 × 1.6，搭載專屬的手機應用程式以及內建的AI，可以學習你的行程，並在你離家時自行關閉。

置每個人家裡都有，而且比溫控器還更讓人賭爛呢？

簡單：煙霧警報器。

煩人、亂叫、你煮菜時和半夜兩點都不斷狂響，所以你必須找出是哪個蠢警報快沒電了，結果當然是那個高掛在你碰不到的地方的幹他媽煙霧警報器。

要是我們當時知道在煙霧和一氧化碳警報器領域要創新有多困難，那我們很可能根本不會投入。但我們知道的只有煙霧警報器無所不在，每間房子的每個房間都有。而且很爛，真的是超爆爛，法律規定每間房子都要裝，所以煙霧警報器製造商

圖4.0.2：Nest智慧煙霧及一氧化碳警報器售價119美元，大小為5.28 × 5.28吋，能夠防護一氧化碳及煙霧。警報誤發的時候可以用應用程式關閉，而如果真的發生危險，你可以在手機上接收警報。

根本沒動力把東西做好一點。不管爛不爛，反正所有地方都會裝。

　　但是煙霧警報器真的是爛到人神共憤，大家甚至會冒著生命危險只為讓警報閉嘴，像是把電池拔掉、在太多次亂叫之後直接把煙霧偵測器從牆上拔下來、或大半夜用高爾夫球桿從天花板上幹下來，只為停止煉獄般的蜂鳴聲。

　　所以2013年，Nest智慧煙霧及一氧化碳警報器誕生了。

　　我以前開發過各種成功的產品，也就是iPod跟iPhone，但是Nest是我第一次試著真正打造一個又大又成功的事業，是我第一次白手起家，從一個構想的單細胞開始，並看著這個細胞分裂，長成完整的嬰兒，我們的嬰兒，我們的公司。

　　所以如果你想要在一間大公司內展開新事業、新產品、新專案；或是你已經展開了，並且隨著這個新計畫慢慢開始有了它的生命，你也在一旁有時開心、有時恐懼、震驚地注視著它，那麼在本書第四部的內容，就是我在挑選構想、創立公司、尋找投資人、差點因為壓力山大昏倒之後，所學到的事。

　　本書第四部的內容，是我到目前為止在每個階段的成長過程中弄懂的事，以及當你的嬰兒已經不再是嬰兒時，你可以怎麼辦的參考資料。

4.1　如何找到好想法

所有好想法都具備以下三個元素：

1. 能夠解決「為什麼」。早在你想出產品的功能之前，你必須先理解大家為什麼會想要這個東西。「為什麼」會驅策「是什麼」（可參見3.2　為什麼人這麼喜歡聽故事？怎麼說才是好故事？）。
2. 能夠解決某個很多人在日常生活中遭遇到的問題。
3. 一直縈繞在你腦中，就算是在你研究完、了解完、嘗試完，並理解要做對有多難之後，你還是無法停止去想。

在你下定決心執行某個想法（比如創辦公司或推出新產品）之前，你應該要先徹底研究過並嘗試看看。運用一下「延後的直覺」——這個詞是由聰明絕頂的諾貝爾獎經濟學家暨心理學家丹尼爾·康納曼（Daniel Kahneman）創發，形容的是一個很簡單的概念，亦即若想做出更棒的決定，你必須要先慢下來。

某個想法聽起來有多棒，越是縈繞在你心中，讓你對其他一切視而不見，你就應該要等待越久。先做出原型，盡量蒐集相關資訊，再決定要不要撸下去。

如果這個想法會吞噬你人生好幾年的光景，那在做決定前你至少應該要花幾個月好好研究，擬訂出足夠精細的商業和產品開發計畫，並看看你是否仍對此感到興奮，看看這是否能夠驅策你。

務必記得，並非所有決定都必須這麼久。多數日常的決策都可以迅速進行，也應該要如此，特別是如果你是在改版某個早已存在的東西時。此時你還是要花點時間考慮你的選項，並確保你已經透徹思考過接下來的步驟，但並不是所有想法都需要讓你煩惱整個月。

最棒的想法是止痛藥，不是維他命。

維他命對你來說很棒沒錯，但並不是必須的。你可以一天早上不吃維他命，也可以一個月、一輩子早上都不吃維他命，而永遠不會感覺有什麼不一樣。

但若是你忘了吃止痛藥，你很快就會發現。

止痛藥能夠消滅某個一直讓你困擾的東西，某個你無法擺脫的日常煩躁。而最棒的痛苦，可說就是你切身體會到的那種，多數新創公司都是因此誕生。有人被日常生活中的某件事搞到非常受挫，促使他們開始深入研究，試圖找出解決方法。

並不是所有產品構想都需要來自日常生活，但是「為什麼」永遠都必須簡單俐落，而且很容易表達。你必須要能夠簡單、清楚、充滿說服力地解釋為什麼大家需要你的產品。這是了解產品應該擁有什麼功能、問世時機是否正確、市場是大是小的唯一方法。

一旦你擁有非常強大的「為什麼」，你也就擁有了好想法的

幼苗。但要打造事業，你不能依賴幼苗。首先你必須搞懂這個想法到底夠不夠堅強，能不能支撐一間公司。你必須想出商業計畫和執行計畫，而且你也必須了解這是不是某件你在接下來五到十年的人生中，想要投入的事。

唯一的驗證方式，就是看看這個想法能否驅策你，而驅策的過程永遠都一樣：

- 首先，你會因為這個想法有多棒而詫異：以前怎麼沒有人想到這件事？
- 接著你開始仔細檢視。然後，喔好吧，確實有人想過，他們試過，然後失敗了。或是你有可能真的碰上了某件以前從來沒人做過的事，而沒人做的理由是有個瘋狂又不可能解決的障礙擋在路上，根本沒辦法繞過。你開始理解這件事有多困難，有太多你不了解的事了，所以你把想法放到一旁。
- 但你沒辦法將這個想法趕出你的腦袋，所以你三不五時還是會研究一下。你開始畫草圖、寫程式、寫筆記，打造小型原型，描繪這個想法未來可能的模樣。你的包包裡常常掉出餐巾上的草圖，你的筆記本充滿了功能、銷售、行銷、商業模式構想。你覺得之前嘗試這個主意的人搞不好是弄錯方法了，或是先前阻礙其他人的障礙現在已經有新的科技可以解決，或許這個想法的時機終於來臨了。
- 此時一切對你來說開始變得更為真實，所以你決定全心全意仔細檢視，認真研究以做出慎重的決策。你必須想清楚你到底要不要追求這個想法。

- 某天你發現，竟然有辦法可以解決其中一個不可能的阻礙。你超興奮！直到你看見擋在你路上的下一個巨大路障。媽的，這永遠不會成功的。但你仍不斷研究、嘗試、從專家和朋友處得到建議，然後你發現，事實上搞不好真的有辦法可以解決。

- 大家開始問你計畫的事。你什麼時候要開始？我能加入嗎？你接受天使投資人嗎？每個障礙都變成一個機會，每個問題都驅策你去尋找新的解決方式，而每個解決方式也讓你對這個想法感到越發興奮。

- 即便還有一百萬件不知道的事，也已經不再是未知的未知了。你了解這個領域，你可以看見這個事業未來的模樣，你也開始從你所有研究過、克服過的障礙中得到動力。感覺像是一切都到位了，你打從心裡覺得這是正確的選擇，所以你咬緊牙關，勇往直前。

對我來說，這整個過程花了10年。溫控器就是驅策了我這麼久。

順帶一提，我的例子頗為極端，如果你有個針對某個事業或新產品的想法，通常不需要等上10年才確定這值得去追求。

但你應該要全心投入1個月、2個月、6個月，好好研究、打聽、做出一些陽春的原型、講述你的「為什麼」故事。如果在這1個月、2個月、6個月內，你對這個想法只有越發興奮，滿腦子都是，那你就能更認真看待。接著至少再花幾個月，最好是將近1年，方方面面檢視這個想法，諮詢你信任的人，想出一些商業計畫和介紹，並盡可能準備。

你當然不希望開了一間公司，結果卻發現你當初看似很棒

的想法，只是蛀牙上面閃閃發亮的牙套，碰到一點點壓力就會碎裂。

許多新創公司都抱持矽谷的「快速失敗 fail fast」心態。這個很夯的詞指的是，比起細心規劃你想打造的事物，你不如先快速做出一個東西，之後再弄懂就好。你不斷改版，直到你「找到」成功。這種心態會以兩種方式體現：你要不是快速推出某個產品，然後用更快的速度改版，以得到某個大家想要的東西，不然就是辭掉工作，無視你的各種責任，坐下來思考創新想法，直到你找到行得通的事業。前者通常會有用，而後者則常會失敗。

亂槍打鳥並不能找到好想法，所有值得投入的事都需要花時間去了解、去準備、去弄懂。你可以快轉很多事，草草完成其他事，但時間不能省略。

即便如此，十年還是有點太久。但那十年我漫不經心想著溫控器的大多數時間中，我都沒有想要著手嘗試。我那時在蘋果開發第一代 iPhone，領導一個巨大的團隊，我在學習跟成長，工作非常忙碌，最後我還結婚生小孩，我真的很忙。

不過話說回來，我同時也覺得真的很冷，徹骨的冷。

每次我和老婆周五晚上下班後開車到我們位在太浩湖（Lake Tahoe）的滑雪小屋，我們都必須整晚穿著滑雪外套直到次日早晨。小屋要花一整晚才能變暖，因為我們不在的時候，會把屋內溫度維持在零度左右，以便節能和省錢。

而我則痛苦到不行，走進那間凍死人的房子真的會把我逼瘋。只要一想到世界上竟然沒有辦法可以在我們抵達之前就讓室內變暖，實在是令人無言。我花了好幾十個小時和幾千塊美金試圖駭進和室內類比電話連結的保全和電腦設備，以讓我能

遠端操控溫控器。我假期的半數時間都埋首在配線，電子設備丟得滿地都是。我老婆翻了翻白眼：你在放假欸！但完全沒有用，所以每次假期的第一晚永遠都一樣：我們會蜷縮在冷死人的床上，蓋著凍死人的被子，看著我們呼出的氣變成霧氣，直到房子終於在隔天早晨變暖。

接著禮拜一我又返回蘋果開發第一代iPhone。

最後我終於了解，我要做的是一支完美的溫控器遙控器。如果我能夠直接把整個暖氣、通風、空調系統連到我的iPhone上，那我不管在哪都能操控。但是要讓這件事成真所需的科技，包括可靠又便宜的通訊設備、價格低廉的螢幕及處理器，都還不存在。所以我試著把這個想法拋到一旁，專注在我的工作上，不要去想很冷。

一年後，我們決定在太浩湖蓋一間新的智慧住宅。白天時我在開發iPhone，下班回家後我會仔細研究我們房子的各種規格，挑選油漆、建材、太陽能板，最後開始對付暖氣、通風、空調系統。溫控計又一次縈繞在我心頭，市面上所有高級溫控器都是醜到爆的米白色盒子，使用者介面也頗為古怪，讓人一頭霧水。廠商會炫耀他們的產品有觸控螢幕、時鐘、日曆、可以顯示數位圖片，卻沒半個可以節能，也沒半個可以遠端操控，售價還要將近400美金。而iPhone只賣499美金欸。

這些醜陋又跟垃圾一樣的溫控器，怎麼會賣得幾乎跟蘋果最尖端的科技一樣貴啊？

太浩湖房子的建築師和工程師一直聽我不斷抱怨這件事有多瘋狂，我跟他們說：「總有一天，我一定要改正這件事，記住我的話吧！」然後他們就全都開始翻白眼，東尼又在抱怨了啦！

　　一開始這只是挫折的氣話而已，接著情況出現了變化。iPhone的成功造成了我先前無法獲得的精密零件價格下降。一夕之間高品質的連接器、螢幕、處理器開始大量生產，價格低廉，而且可以配合其他科技重新改造。

　　我的人生也改變了，我從蘋果辭職，開始和家人環遊世界。而在每一間旅館房間、每一間房子、每一個國家、每一塊大陸上，所有的溫控器都爛爆了。我們要不是太熱就是太冷，不然就是搞不懂到底要怎麼使用。全世界都有同樣的問題，這個受到遺忘又沒人愛、每個人家裡卻都必備的產品，不僅會讓大家電費暴增，還會在全球暖化的同時浪費掉無數珍貴的能源。

　　之後這股動力越來越強烈，我無法甩開打造智慧溫控器的想法：一個真正的智慧溫控器，能夠解決我的問題，也可以節能，同時也能讓我依靠之前打造過的一切。

　　所以我回到矽谷開始工作，深入研究這項科技，接著是這個機會、這個領域、競爭對手、人才、財務、歷史。如果我要賭上我的人生和家庭，承擔巨大的風險，在我一無所知的領域中投入5到10年打造一個和我先前打造過截然不同的裝置，那我就必須給自己時間學習。我必須先規劃好功能，並思考銷售及商業模式。

　　在這段時間中，我也和我自己以及我真正敬重的人玩起一個小遊戲。他們有時問我：「你最近在忙什麼？你對什麼有興趣呢？」然後我會告訴他們我有個想法，可能是個好想法，向他們分享一些細節，聽聽他們的反應、想法、問題。我在發展我的推銷敘述，一個像賈伯斯會做的那樣想出產品的故事。接著隨著數周的研究和策略擬訂開始具體成形，我就不再說這是個想法了，我開始說我在開發某個具體的產品（雖然這麼說還不

完全正確啦），但我想要讓這感覺很真實，讓其他人，特別是我自己，真正去鑽研細節。我想要說服他們，想要他們挑戰我。我也想述說這個故事，去弄懂這件事的基礎是否夠穩。

我花了大9到12個月打造原型和互動式模型、開發部分軟體、和使用者及專家討論、找朋友測試，之後麥特和我才決定全心投入，正式開始和投資人推銷。

我們沒有完美的數據能確保我們會成功，再多的研究和延後的直覺都無法保證這點。我們大概辨識出了40％到50％創辦這間公司可能承受的風險，加上如何降低這些風險的想法，但我們面前仍存在廣闊、巨大的未知。最終，即便我們非常努力了，也做了非常周詳的準備，這依舊是個意見驅策型決定（可參見2.2　如何做決策：數據型決策VS意見型決策）。所以我們就跟隨我們的直覺。他媽真是可怕到不行，但感覺也很正確。

有趣的是，延後的直覺通常並不會讓事情變得比較不可怕。真要說的話，你越是了解，就會越焦慮，因為你會發現所有可能出錯的方式，你會得知數百萬件可能會扼殺這個想法、你的事業、你的時間的事。

但知道什麼東西能夠殺死你，會讓你變得更強大。

而了解你已經躲過幾發主要的子彈，也會讓你更堅強。

這就是為什麼，我們在和投資人推銷時，並不只是提出我們的願景而已。我們提出了「為什麼」，講述我們的故事，接著開始列出風險。有太多新創公司都不知道他們將會遇上什麼，更糟的還可能試著隱瞞失敗的風險。但若是投資人在你的計畫中看見漏洞——而那些漏洞是你完全沒注意到、忽略了、或者故意不提的——那他們就不可能會有足夠的信心投資你。所以我們清楚列出我們的風險：開發AI、要和數百個不同的古老暖

氣／通風／空調系統相容、顧客安裝、零售，還有最重要的那個，真的會有任何人在乎嗎？世界會想要智慧溫控器嗎？那些有可能摧毀整間公司的問題，以及處理這些問題的步驟，永無止盡列都列不完，但是最終能說服投資人「我們真的知道自己在幹嘛，而且我們真的可以完成」的關鍵，就是把上述這些問題列出來，一一拆解，坦率談論。

最終，這些風險一個個變成鼓舞團隊的吶喊。比起逃避，我們選擇接受，我們不斷對自己說：「要是這很簡單的話，那其他人早就做了！」我們很創新，而我們和其他人不同之處，就是我們知道風險，我們有能力解決風險。我們會成就其他人認為不可能的事。

這便是最終值得創辦這間公司的原因。

當然，這並不代表，你在進行人生中的所有微小決定前，都要無止盡地等待和研究。如果你不是從零開始，假如你是在改版，那一切就都會加速。

我花了整整10年才決定要打造我的第一個溫控器，而決定要打造第二代很可能只花了一個禮拜。事實上，早在我們甚至都還沒完成第一代之前，我們就已經知道第二代應該要長怎樣了。我們已經證明了市場潛力以及這項科技，我們現在只需要進一步細緻地雕琢就行了。我們當然一定會開發第二代溫控器，因為我們已經完成困難的部分了（可參見3.4 你的第一場和第二場冒險）。

如果你是在優化，你就會有數據、限制、經驗引導你。你已經知道要達到V1需要什麼，所以達到V2不會需要那麼費力，也不會那麼神秘，V2永遠不會跟V1一樣那麼可怕。

V1總是完完全全、徹徹底底的恐怖，永遠都是。偉大的新

想法會嚇爛每一個想出這些想法的人，這便是這類想法之所以偉大的其中一個跡象。

　　如果你在讀這本書，那你很可能充滿好奇心，也相當積極。而這代表你這輩子會遇到非常、非常、非常多好想法，彷彿好想法無所不在一樣。但是了解這類想法是不是真的很棒，是不是真的有意義、有革命性、有重要性、值得你花時間的唯一方法，便是你是否對它已經了解到足以看見潛藏的巨大風險——嚴重、跟鐵達尼號一樣大、就潛伏在水面下方不遠處，又冰冷又湛藍的麻煩狗屎。這時你很可能會先把這個想法丟到一旁，找到其他機會、其他工作、其他旅程，直到你發覺不管你做什麼，你就是無法不去想這個想法。而這便是你停止逃避，開始漸漸克服風險，直到你擁有足夠的信心，認為這些風險值得承擔之時。

　　如果上述情況沒有發生，就代表這不是個好想法，只是個消遣而已。繼續向前，直到你找到一個不會放過你的想法吧＊！

＊　如果你仍在苦苦掙扎，無法決定要不要去追求某個想法，我在《朝下個十億進化》（Evolving for the Next Billion）podcast中談了更多相關話題。

4.2 你準備好創業了嗎？

世界上充滿一堆擁有想法，想要創辦公司的人。他們常常問我：這樣算是已經準備好了嗎？他們擁有創辦成功新創公司所需的一切嗎？還是應該要在大公司內展開專案就好？

答案在你放手一搏、放膽嘗試之前，你永遠都不會知道。不過仍是有一些可以讓你盡量準備的方法：

1. 到某間新創公司工作。
2. 到某間大公司工作。
3. 找個導師，協助你走過這一切。
4. 找個共同創辦人，幫你平衡及分擔。
5. 說服他人加入你，你的創辦團隊應該要仰賴「晶種 seed crystals」，也就是會帶來更多人才的人才。

一般人對於創業家的刻板印象，是個20歲的孩子，在媽媽的地下室幸運想出一個超讚的想法，然後這個想法一夕之間變成一間蓬勃發展的公司。而在電影版中，他們在科技上的天賦會結合某種有瑕疵、卻很有效率的領導風格，接著看著數百萬的資金滾滾而來，然後在學會情誼的真諦之前，還會先買輛超讚的車。

現實並非如此。

當然總是會有例外，某個超屌的神童一步登天。但大多數成功的創業家都是快要40歲或快要50歲。投資人偏好投資二度創業家（即便第一度創業是失敗的），這是有原因的，因為這些創業家的年輕歲月花在搞砸及學習上，多數都走過和我相同的途徑：努力工作、失敗又失敗、承擔風險、前往注定失敗的新創公司、跳到巨型公司、接受錯誤的職位、有幸來到超棒的團隊結果卻太早辭職或太晚辭職。他們像彈珠一樣彈來彈去，不斷拿頭去撞某個東西。他們學到了。他們通過了烈火的試煉。

根據阿里・塔馬瑟（Ali Tamaseb）的著作《獨角獸創業聖經》（Super Founders），市值超過十億美金的新創公司創辦人之中，大約有60％在他們瘋狂的成功之前，曾創辦過另一間公司，而且很多人還虧了一大堆錢。其中只有42％先前創辦的公司市值超過1,000萬美金以上。所以從創投資本的標準來看，絕大多數人都是「失敗」的。

但他們帶著新創公司的基本心智模型成功翻身。他們了解經營細節，以及假設當初的那間迷你新創公司真的成功，看起來會是什麼樣子。就是這個，這就是通往成功的魔鑰。

問題在於，成功需要花很多年，而大家都想走捷徑。

除了去新創公司工作之外，沒有任何事可以協助你準備好創辦一家新創公司。所以去找個工作吧，找間新創公司，或是某間聰明的小型公司，創辦人大致上知道自己在幹嘛。你需要可以模仿的好榜樣，或是可以警惕的壞榜樣。身處辦公室或視訊會議中，看著一切到位，並感受一下構成公司的基本元素：

組織架構圖長怎樣？

業務是什麼？

行銷怎麼操作？

人資、財務、法務呢？

你需要有關各部門的工作知識。你不必是專家，但必須要能知道該聘誰、資格是什麼、該去哪裡聘、什麼時候你會需要他們。比如你一開始很可能不會需要人資，你只需要雇人而已；你也不會需要財務，你需要的是記帳。你可以暫時外包法務，但創意團隊呢？你什麼時候需要管理團隊？你什麼時候需要客服團隊？需要哪一種客服？實體店面的客服和電商的客服看起來就非常不一樣。

把你在新創公司工作的時間，花在了解這個你協助打造的事業上。接著去找另一個工作，這一次是在大公司，這是唯一可以了解大型公司面臨問題及挑戰的方法，特別是那些產品以外的問題——組織、工作流程、管理、政治。你在觀察各類公司如何經營時能學到越多，等你創辦自己的公司時，問題就會越少。

就算你有個可以打造劃時代產品的超讚想法，當你展開事業時，你就必須同時經營一家公司。打造新產品已經夠困難了，所以那些「你不知道自己不知道的事」，那些讓你徹夜難眠的事，應該是你正試圖解決的產品問題才對。而不是「要不要找行銷公司」或者「要找哪類專長的律師」。你沒有時間去搞砸這些很基本的事，也沒時間可以浪費在學習最基本的知識上。

燒錢的速度將會出乎意料的飛快。如果你沒有可以快速邁進的信心，那你就必須一直慢下，拿一千個決策來諮詢一百個人，你會陷入各種選項和意見之中。「哪個是最棒的？哪個是最新的？」會無止盡地在你腦中迴盪。面對著可能通往你目的地的許多不同路徑，你將會看不見自己到底要往哪裡去。

當然這不表示你不應該諮詢任何人。孤軍奮戰是絕對不可能的。

你會需要一名導師或教練。

你會需要一個超棒的創辦團隊。

而你也很可能會需要一個共同創辦人。

創辦公司是件壓力山大的事，需要付出的工作量和犧牲真的會非常可怕。你需要一個可以幫你分擔的合作夥伴，一個你可以在半夜兩點打給他的人，因為你知道他們還醒著，也還在為你的新創公司奮鬥。而他們也可以在沮喪及需要協助時打給你。這段過程將會孤單、痛苦，會令人振奮，也令人精疲力盡。而避免被擊垮的唯一方式，便是彼此分擔。

但務必注意：就算你有個共同創辦人，執行長還是只能有一個。而且如果你找了一堆共同創辦人，那你是在自找麻煩。兩個創辦人剛剛好，三個或許會成功，更多人的話我就從沒看過成功案例。

我記得我們合作過的某間新創公司有四個共同創辦人，所有決策都是共識決，這表示所有決策都會花上永遠之久。他們以前從來沒開過公司，所以就連最基本的問題都要討論到天荒地老——雇人、產品調整、要跟誰拿錢、如何達成共識。如果他們沒辦法達成共識，那他們就會猶豫不決、試著當好人、試著講理、吞下自己的意見。最後，競爭對手迎頭趕上，資金燒光，接著董事會插手介入，弄走幾個創辦人，把整個團隊翻過來。

分擔是一回事，把整個重擔卸下又是另一回事。如果你要領導一個團隊，那你就必須準備好領導。

當你閉上眼睛想像時，你應該早就知道你的第一批員工究

竟是誰。你應該要能夠立即列出五個人的名字。如果你在創業之前,還沒準備好這份名單的話,那你最好還是不要創辦公司。

然而光有這份名單也不夠,你還必須真的去雇用他們,至少要雇到其中幾個,並讓他們全心投入,真正投入。這和只聽見他們說客套話「讚哦!這很酷,我會想跟你一起共事」截然不同。如果你沒辦法說服他們簽下合約,那你可能需要重新思考一下整件事。

因為一開始你不會有人資去協助你尋找及聘請世界級的團隊,你甚至都不會有負責招募的人。公司的前二十五名員工,大概都需要由你和你的共同創辦人負責說服——你們的願景、你們的人脈、你們說服別人相信你們知道自己在做什麼的能力。你可以依靠你的導師、董事會,順利的話還有初期投資人,叫他們幫你宣傳一下。但要成功,你最後推銷的還是你自己跟你的願景。

你需要一個大家會買單的故事(參見3.2:為什麼人這麼喜歡聽故事?怎麼說才是好故事?)。那些你尊重的人、能夠協助你創造某種超讚事物的人會買單的故事。你的團隊就是你的公司,而你一開始聘的人非常重要,他們會協助你建立你的事業和公司文化的雛形。

你創辦團隊的每一位成員,都應具備已獲證明的能力,並且相當擅長他們的工作(如果曾參與過失敗的新創公司,那算是加分,因為這表示他們這一次知道要避免什麼了)。但他們同時也需要擁有正確的心態。從無到有是個巨大的轉變,需要所有人付出很多心力,特別是考量到一切有可能化為烏有,所以你需要的人是有熱情、可以和你一起跨出這一步的個別貢獻者——不管是因為他們對這個想法和你一樣興奮,或是因為他

們就只是年輕又充滿野心，還是因為他們已經賺到一點錢了暫時不擔心房租付不出來。

職銜、薪水、福利永遠不該是你主要的誘因，但這也不表示你要很小氣。可以因為不同的員工，試行還算合理的彈性及嚴謹的薪資架構。有些人可能比較喜歡現金勝過股票，而現金永遠都應該要是個選項。不過你團隊中的大多數成員，都應該要獲得慷慨的配股，畢竟他們也是這個構想的主人，所以他們也應該要是公司的主人才對。配股會讓公司的成就變成團隊成員的利益，如此一來日後若有事情出錯時——肯定會出錯的——這些人才不會落跑。

在很初期的日子中，你會希望員工是為了最重要的使命而來，你在尋找的是熱情和心態，你在尋找晶種。

晶種指的是那些超級棒又超受喜愛的人才，他們幾乎可以隻手建立起你大部分的事業。一般來說，他們是經驗豐富的領導者，要不是大型團隊的主管，就是大家都會聽他們意見的超級個別貢獻者。他們加入之後，另外一大群超棒的人才通常也會隨之而來。

我們就是這樣在Nest建立我們的核心團隊的。我們尋找的是菁英中的菁英，而他們會創造自身的吸引力，吸引越來越多人才加入。

我還記得在最初那段日子中和我的導師，堅毅、精力旺盛、睿智的比爾・坎貝爾（Bill Campbell）環顧辦公室，我們就只是站在那傻笑。

我是在比爾任職蘋果董事會時認識他的，我出來創辦Nest，需要協助時又再次和他聯絡上。我記得他用死亡之瞪直直瞪著我的眼睛，觀察我臉上細微的表情，然後問：「你受教

嗎？」意思是：「你聽得進別人的話嗎？你準備好學習了嗎？」要比爾指導你，這是唯一需要的資格，也就是承認你並非無所不知，你一定會搞砸，而你已經準備好從這些失敗中學習、傾聽建議、依此改進。

比爾其實不怎麼懂技術，他從來沒當過工程師，但他了解人，他知道怎麼和其他人一起共事，並激發出他們最棒的潛力。他可以告訴我怎麼經營董事會，也可以告訴我如果我的團隊卡住了該怎麼做，而他也總是能在問題出現前就事先看見。當他看見我即將轉錯彎時，他會把手指塞進嘴裡拔出來，發出「啵」的一聲，然後問：「你知道這是什麼聲音嗎？是你把頭從屁眼拔出來的聲音。」

你要創辦公司或展開大型新專案時，所需要的人才就是這樣。一名教練，一名導師，智慧和協助的來源。一個可以看見正在醞釀中的問題，並事先警告你的人；也是某個會默默通知你，四周一片黑暗，是因為你把你的頭塞到屁眼裡了；而且還會教你幾招，讓你趕快把頭拔出來的人。

你沒有共同創辦人也能湊合著過去，沒有團隊也可以存活一段時間，但沒有導師，你就不可能撐過去。

至少找一個你極度信任，對方也相信你的人。不要找顧問公司，不要找人生教練或是領導力顧問，不要找某個讀了一堆個案研究、準備好按小時跟你收費的人。也不要找你的爸媽，他們太愛你了，一定會有偏見。找一個專業、睿智、有用、擁有相關經驗的導師，會喜歡你，也想幫忙。

你創辦公司時會需要依靠他們，甚至連你在大公司裡展開專案時，也會需要他們。

不要以為在大公司裡會更簡單。不要想說你是在別人的公

司裡展開這一切，所以能夠避開新創公司會面臨的難關。大公司不是捷徑，他們寬敞又吸引人的辦公室，堆滿了已死的小型新創專案屍體，因為這些專案一開始就注定失敗。

只有在大公司能夠提供你某種獨特資源——比如某項科技，某種你在其他地方無法獲得的資源時——你才該在大公司內創立「新創公司」。而且你必須確保你擁有正確的動機、組織架構、適當的管理支援，這樣你才能有放手一搏、追求成功的機會。

你必須記住：你正在大公司裡和其他更巨大的收入來源競爭，你試圖掙得一席之地，此時你將成為所謂寄生在大象屁股上的蟲子。就算你是在一間價值十億美元，擁有幾乎無窮資源的公司，你也不能期待這些資源會白白送給你。而且你也不能期望公司裡現有的人會在沒有真正好處的情況下，就冒著風險加入你的團隊及專案——畢竟他們可能得丟下他們原先更有保障、更受到受到公司重視的領域。如果你要從公司外面招募人才，也是一樣的道理。當你試圖說服別人加入你在大公司內的小型新專案，而不是新創公司時，你會需要非常棒的理由，去解釋這為什麼會成功，並且值得他們投入。風險和獎勵的平衡必須要合理才行。

我們當初能夠成功建立頂尖團隊，並開發出 iPod 的其中一個原因，便是因為我們的團隊可以分到相對大量的股票和獎勵計畫，而在蘋果的其他團隊都拿不到。另一個重要原因則是我們有史帝夫‧賈伯斯在背後撐腰。這兩件事讓我們能夠招募到超棒的人才（即便在他們答應簽約加入前，我們都不能告訴他們到底要開發什麼），並在內部的反對勢力下存活。賈伯斯為我們的迷你團隊帶來一個不公平的優勢：提供我們空中火力掩

護，如果有人敢搞我們，他就會炸裂他們。有幾次蘋果內部的反對勢力試著把我們趕出組織，我們不斷聽到「我們有自己的事要做，我們有空的話就會幫你們」或是「我們為什麼要做這個專案，這又不是我們的核心工作」。但只要我們團隊提出的是合理的要求，或就算不合理卻非常重要，在卡我們的團隊就會接到賈伯斯的電話：「如果他們要求某個東西，他媽的交給他們就對了！這對公司來說非常重要！」

沒人想接到這種電話，他們學會不要擋在一輛疾駛的火車前。

所以如果你沒有能幫你撐腰的執行長，如果你沒有配股可以吸引優質的團隊，如果你沒有巨型公司的資源，只有一大堆支出，那就不要試著在別人的公司裡展開你的專案。你最棒的選項很可能是自己來。要不是眼睜睜讓你的想法死去，就是去開一間真正的新創公司。

許多新創公司都是由剛離開大公司的創業家創立，他們看見了需求，向他們的老闆推銷，卻遭到拒絕，於是決定自己出來單幹。我在 General Magic 時就看見皮耶・歐米迪亞（Pierre Omidyar）這麼做，他在空閒時間會寫一些程式讓人拍賣收藏品，開始有點人氣之後，他問 General Magic 有沒有興趣。答案是不，謝謝你，這真是個荒唐的想法。所以他從 General Magic 那邊拿到一紙放棄權利聲明，上面寫說他們並不擁有他的成果，然後辭職，並創辦了一間小型新創公司，叫作 eBay。

皮耶的成功背後有許多理由：完美的時機、超棒的想法、追隨想法的意願、實踐技巧、領導能力。但他還擁有一個許多人不會想到的巨大優勢：他來自一間新創公司。他知道這一切是怎麼運作的，他有豐富的經驗，知道該做什麼，以及不該做

什麼。

　　我看過太多人離開企業界，決定創辦公司，卻完全沒準備好承受需要付出的代價。如果他們從沒待過從無到有的小團隊，他們通常都會像是離開水的魚，太快花光太多錢、雇太多人、沒有投入時間、缺乏新創心態、無法進行困難的決策、被共識思維掩埋。最後他們只會做出平庸的產品，或是根本什麼都沒做出來。

　　不要讓你的故事變成那樣。如果你想要創辦公司，如果你想要展開任何事，創造新事物，那你就必須準備好追求偉大。而偉大並不是憑空而來。你必須做好準備，你必須知道你要往哪裡去，並記住你來自何處。你必須進行困難的決策，並成為一個使命驅策型「渾球」（可參見2.3　如何處理辦公室賤人，「使命驅策型『渾球』」段落）。

　　所以去做事吧，要知道你在做什麼，並相信你的直覺。

　　而等到時機來臨時，你就會準備好。

4.3 為了錢結婚

　　每次你籌措資金時，都應該把這件事想成結婚：是兩個人彼此信任、彼此尊重，依據共同目標而達成的長期承諾。就算你是從大型創投公司拿錢，一切最終也都會回到你和那間公司某個合作夥伴之間形成的關係，以及你們的期望是否相符。

　　正如同結婚，不能只要看到對你有點興趣的人你就投懷送抱。你必須花時間去尋找適合你的人—— 不會玩遊戲，不會給你太多壓力，而且確保現在是你安頓下來的正確時機。你當然不想要在你的公司還太年輕、還不知道自己到底是誰，又想成為誰時，就決定結婚。也不能只因為身邊所有朋友都結婚了，或你害怕要是你現在不結婚以後就沒人想和你結婚了，然後就輕率結婚。

　　你也必須要了解你的合作夥伴和他們的優先順序。比如創投公司便是對有限合作夥伴負責（指的是創立這間公司的大型投資人或實體，例如銀行、教師公會、非常有錢的家族），因此創投公司很可能會在你還沒有準備好的時候，就強逼你把公司賣掉或上市，以便他們向有限合作夥伴展現你的價值。而擁有創投部門的公司，比如 Intel 或三星，也有可能會利用他們

對你公司的投資，為自己謀求更好的條件，而這可能
會對你造成損害。就算你的投資人最關心的是你的利
益，比如你媽是你的天使投資人好了，這也不一定代
表她的資金完全沒有風險，或是沒有附帶條件。

創投公司存在的原因是要促進資金流動。你需要錢，他們
就給你錢。但要成功還是要靠你們的關係—— 你向創投公司提
案過程中的來回角力、提案通過後創投公司如何協助你招募主
管或運作董事會、他們為你下一輪資金籌措提供的連結。創投
公司不是受錢驅動。他們是受人驅動。

而所有成功人際關係要成功的原則都一樣：在你一頭栽進
去會對你人生帶來重大改變的承諾之前，你們必須先認識彼
此、信任彼此、了解彼此。

這代表你必須準備好受到顯微鏡的檢驗和審視，而且檢
視的結果很可能是對方覺得你條件不好。在你找到「對的人」
之前，可能會聽見「不要」好多次。這就像是某種殘酷的約
會—— 但你並不是在叫約會對象請你喝一杯，你是在求他們給
錢。而這並不好玩。

另一件事：你永遠不會聽到「不是你的問題，是我的問
題」。永遠都是你的問題。你的公司、你的構想、你的人格都會
受到評斷。

要承受這種檢視很不容易，要敞開心胸也很不容易。就算
什麼都沒談成，就算其他連銷售簡報都做不好的人卻獲得資金
了，你的情況依然很不容易。

這種情形，在 1999 年就是這樣。在 2024 年也是這樣。

投資的世界是循環的，投資環境總是在「對創辦人友善」

和「對投資人友善」之間來回擺盪。就像房地產市場，有時對賣家有利，有時對買家有利。在對創辦人友善的環境中，有充沛的資金流入市場，投資人什麼都會投資，因為他們不想錯過任何機會。而在對投資人友善的環境中，資金大量減少，投資人更挑剔，創辦人則拿到更差的條件。

有時候市場會瘋狂大爆發，現金如大雨從天上不斷灑落，沒有任何規則，而且彷彿永遠不會結束。

但終究都會結束的，就像2000年時那樣。總是會回歸常態。而且即便市場瘋狂大爆發，仍然不會那麼簡單，你依然需要努力爭取，細節仍舊重要。就算看起來很簡單，卻從來都不簡單，只是困難程度的差別而已：從幹他媽超難，變成幾乎不可能。

所以在你展開這個過程之前，你必須先了解自己，並確定你要什麼。因為你永遠沒有第二次機會去進行第一輪提案，所以你必須認真以待，必須準備好，而且你必須知道自己將面臨什麼事。

你應該問自己的第一個問題，也是最基礎的問題：你的事業現在真的需要外部資金嗎？對許多剛創辦、尚未抵達種子階段的新創公司來說，答案出乎意料地時常都是「不需要」。如果你還在研究，還在測試，確保你的主意夠穩固，那你就不需要馬上跳到籌措資金的階段。慢慢來，要習慣延後的直覺。

如果你真的覺得你準備好拿錢了，那麼你究竟計畫要用這筆錢去做什麼？你要開發原型？還是招募團隊？研究想法？取得專利？向地方政府遊說？促進合作？進行行銷活動？要達成你目前的需求最少需要多少錢，而之後這些需求改變時，你又需要多少？

　　了解這些事之後，你就可以好好思考你的事業是不是投資人會想投資的。你的公司對創投公司來說未必適合，多數大型創投公司都令人驚訝地想要避免風險，他們不會投資「無法證明自己已經位於明顯成長軌跡上」的新創公司。網路時代已將創投公司訓練成在投資之前就期待看到數字：成長率、註冊率、點閱率、退訂率、成長速度等等各種數據。而且創投公司也得向上層老闆回報——也就是他們的有限合作夥伴，給他們錢的那些人士和組織。他們必須展現他們是適合的管理團隊，會進行聰明又高報酬的投資。

　　如果他們真的決定投資，多數大型創投公司都會假設你立刻需要大量資金挹注，這樣你就能迅速帶來巨大的回報。但這些期望和時程對許多新創公司來說都不合理。

　　所以不要以為你必須馬上開始追求品牌知名度。其實你有很多選項：投資數百間公司、提供上千萬到上億元資金的巨型創投公司；會投資一些事業的小型或地區型創投公司；可以提供少量資金讓你展開事業，並為之後的大型創投公司準備好的天使投資人；擁有創投部門、期待可以使用你的產品或爭取到合約的大公司。這些選項不只是在矽谷而已，而是遍及全美和世界各地。現在到處都有錢了。

　　但無論你選擇什麼資金來源，一切最後都會回到和你合作的那些人。就算你和矽谷最大的創投公司敲定好會議，你也不會和整間公司開會，你必須要讓會議室裡的某個人留下深刻印象，並建立關係：他們就是你的合作夥伴。他們會決定你的合約條款以及董事會成員。這就是你要結婚的人。

　　我曾和某個創業家共事，他當時正向某間著名大型創投公司提案。開完一場很棒的會之後，創投公司說他們決定加

入——請稍待，馬上就會寄出合約草案。接著過了一個禮拜，之後又一個禮拜，然後合作夥伴開始玩遊戲，試圖降低估值。於是他會無視那個創業家一個禮拜，然後帶著更多問題回來大吵大鬧。就一直這樣，持續了四、五、六個禮拜。

同時間，那名創業家也開始跟其他創投公司談，然後其中一家隔天就把合約寄來了。

現在他必須進行一個艱難的抉擇：是要等最大的玩家考慮你，還是選擇比較不有名，但更有熱忱的投資人？誰會是更棒的合作夥伴？長期來說誰會帶來更多幫助？

於是他打給那間知名創投公司，宣布這個消息：他們和另一間公司簽約了。合作夥伴相當生氣，開始大吼那些電影裡惡人角色會說的那些話：「這三小？！你不能這樣搞我！幹！」創業家把電話甩上，從此再也沒聽過對方的消息，而且我意思是真的沒有——那個合作夥伴到現在還是不跟這位創業家講話，假裝他不存在，在派對上躲他。

但是比起拿那個合作夥伴的錢，然後讓那個渾蛋控制他們的新創公司，登上他的黑名單實在是好太多了。創業家躲過了一顆子彈。對方這一切的拖延都是策略，目的是動搖創業家的信心，消磨他，以讓他接受更差的條件。而當這愚蠢的遊戲玩不下去了，矽谷最大名鼎鼎的其中一號人物，竟然變成一個氣噗噗的小孩。這種人，你絕對不會想跟他上床，更不要說結婚了。

務必記得，你一旦從投資人手上拿錢，就擺脫不了他們了，權力的平衡也轉移了。創投公司可以炒掉創辦人，但創辦人不能炒掉他們的創投公司，你不能因為彼此無法磨合就跟他們離婚。

　　而要是事情出錯，你們可能會變成一對怨偶，法律上仍然綁在一起，但已經彼此不講話了。當創投公司把你的公司從名單上劃掉，他們基本上就是無視你了，不會協助你，不會替你介紹其他創投公司，也不會幫你跟其他合作夥伴說話。他們會站在邊線上，眼睜睜看著你的公司破產。

　　所以你要在創投公司「該拿出他們最佳表現」的時刻，就密切觀察他們是怎麼對待你的。這種時刻，就是你們一開始相處愉快，而且似乎即將達成共識的時刻。如果這時他們開始搞你，那你腦中永遠都應該警鈴大作。以下還有其他幾個警告跡象：

- 為了求你簽約，願意承諾給你全天下、卻不履行承諾的創投公司。他們常不斷跳針告訴你說，你會得到專為你客製化的照顧、會得到多少協助、多少這個那個等等。務必問問跟他們合作過的新創公司，看看這種創投公司在簽約蜜月期過後，實際上究竟會提供什麼東西。
- 強迫你當場決定的創投公司。他們當場拿合約叫你簽──給你心理壓力。某間創投公司便曾在我們開會完畢之際拿出合約逼我當場簽。我問對方這是什麼二手車商的伎倆嗎，並告訴他我只有讀完合約之後才會簽。
- 只願意在控制你公司極大比例股份時才願意投資的貪婪創投公司。一般來說，創投公司需要18％到22％的持股來讓他們的創投模式運作。如果他們索討更多，你就務必要小心。你也不要覺得非要找他們不可，如果你的直覺告訴你繼續找，那就繼續找。
- 有些創投公司會想辦法入主非常沒有經驗的新創公司，

目的是要控制他們，告訴他們要做什麼，而不是讓公司創辦人和執行長去經營公司。導師和建議是一回事，必須遵守的命令又是另一回事了。

- 有時候潛在的投資人會在你的公司裡發現他們有興趣的事——也許你還沒從適合的創投公司獲得資金，也許你手頭很緊，也許你擁有非常棒的突破和成功，於是他們就提出非常甜的條件。但他們的條款會害到你公司其他投資人。我們看過太多創投公司試著透過出陰招來獲得優勢，他們可能會過度稀釋先前投資人的影響力，或是在合約中加入會嚇跑新投資人的條款。而幾年後如果情況發展不順，他們也會搞你，完全不會有一絲一毫內疚。所以如果合約條款不太正常，或是好到不像真的，那請務必小心——有時候看起來會好像你只是做了個小讓步，但要是你覺得不對勁，就有可能是他們想要入主公司，準備開始和所有人作對。他們遲早都會想控制你的公司。

另一件許多創辦人都會擔心，但其實不是警告預兆的事，則是創投公司會不會開除創辦人或執行長。你不妨去做點研究，看看他們過往的記錄。有些知名創投公司非常注重他們投資的公司之績效，只要一看到問題就不肯給創辦人第二次機會，立刻就炒了他們。但大多數創投公司對於要炒掉創辦人通常都頗為猶豫，有時候還太過猶豫了。而少數那些真的這麼做的創投公司，肯定也都有非常好的理由。

不管怎麼說，都很難把整間創投公司視為一個整體。通常都還是會回到個人身上，就像其他一切一樣。

　　所以當你去接觸投資人做提案時，務必確保你接觸的是正確的人。去跟曾和那間創投公司合作過的其他新創公司創辦人聊聊，尤其是創投公司和新創公司一起渡過艱困時光的前例。找出哪些合作夥伴懂經營、能帶來幫助、又聰明，哪些又是只在乎錢而已。

　　試著找人幫你適當的介紹——透過另一個創辦人、你的導師、朋友的朋友都可以。就算是最細微的關係，也比什麼都沒有好。最難敲開創投公司大門的方法，就是直接打電話過去。在你打電話之前，試著營造一些媒體聲量，做點公關，這樣當創投公司去查你底細時，就會找到東西。

　　務必記得，投資人推銷話術都聽多了，特別是大型創投公司。其實小型創投公司也是。你需要一些方法脫穎而出，獲得他們的關注。

　　最棒的方法就是一個引人入勝的故事，以及了解你的聽眾是誰。就算是在矽谷，大多數創投公司也不太懂科技，所以不要專注在技術本身。要專注在「為什麼」上（可參見3.2　為什麼人這麼喜歡聽故事？怎麼說才是好故事？）。

　　把你想講的所有事，全部塞進十五張簡報裡，這可不容易。還要讓這組簡報在流暢的敘述中流動，在情感和理智上都引人入勝；內容也要夠齊全，這樣大家才能輕易抓到要點；但又不能太濃縮，否則你聽起來好像沒有照顧到細節。這是門藝術。

　　而如同所有藝術，這需要練習。你一開始很可能會很爛，推銷很困難。你必須不斷調整、改變、修修改改。

　　所以你別想在人生第一次提案就找上產業中最頂級的創投公司。創投公司會彼此互通訊息，如果有一間拒絕了你，同一

個層級的其他公司也很有可能會拒絕你。可能的話，先找間「友善」的創投公司提案，一間會給你回饋、協助你改進、接著如果順利的話也會歡迎你回來第二度提案的公司。

記住，第一次開會的時候，你並不需要一切都準備到完美。你可以說：「我想讓你們先瞧瞧這個，你們可能會有興趣，我想聽聽你們的意見。」傾聽他們的回饋，從中學習。你不必接受所有建議或批評，但你應該要了解背後的原因，並依此調整。

等你把局勢搞清楚之後，你就可以計劃更棒的戰術。你可以根據你的開會對象量身訂做你的故事，你會開始覺得自己準備好了。

不過別忘記另一個可能偷偷踹爆你屁股的因素：時間。

獲得資金需要的時間會比你想像的更長，請預期這會是個3到5個月的過程——結果可能會更快，特別是在對創辦人友善的環境中——但我不想去賭這個。有太多公司等到自己錢都快燒完時撞上瓶頸，瀕臨破產，才開始想要死命抓住任何攢得到手的資金。永遠都應該在你還沒有真的需要錢的時候，開始推動整個提案過程。你應該要讓自己處在優勢地位，而不是受壓力所迫而做出糟糕的決定。你也應該要記得留意假期——暑假、華人的春節、感恩節到新年等。別忘了，創投公司也會放假。

以下是另外幾個你在推銷過程中，可以留意的小技巧：

- 不要玩遊戲，正如同你也不希望投資人跟你玩遊戲一樣。如果你沒有坦率討論，他們就會對你沒興趣了。
- 傾聽大家對你的提案和計畫的回饋。合理時就調整，但要堅守你的願景和你的「為什麼」。不要因為投資人一時

興起的想法就被牽著鼻子走。

- 清楚讓投資人理解你需要多少錢，以及你具體要怎麼使用這些錢。你的工作是為投資人創造價值，並確保你能達到重要的里程碑，以提升你公司的價值。這樣一來，你下次籌措資金時，就不會稀釋掉你自己的、你員工的、以及現有投資人的影響力。

- 創業家的思維是，我創立的公司價值應該永遠不斷增加（就算他沒有達到他為自己設立的里程碑也是如此）。但投資人是在做生意。如果你沒辦法做出成果，你就沒價值，你的持股也會降低，而你的股權也可能會進一步稀釋，因為你會需要分給員工更多股票，以在艱困的時刻留住他們。

- 不要以為你會得到其他同類型新創公司相同的估值。每一筆投資都是獨立的。

- 投資人不喜歡看到創辦人或主管「通吃」，他們會想確保你也承擔一些風險。所以你可能會需要「重新分配」某些手上持有的股份，以展現你對新投資人的承諾。

- 記住，投資人也會想要做些查證——他們會想要和你的顧客聊聊，這是他們「盡職查證」流程中必須的環節。所以如果你有間蒐集這類資料的檔案室，就會讓他們更輕鬆。

- 在後續的會議中，誠實以告你的風險、降低這些風險的方法、你必須聘誰、之後的重要挑戰為何。

- 試著找到兩個影響力相當的投資人，讓他們互相制衡。所有創投公司都彼此認識，也都會交流，而沒人想要惹毛他們的潛在合作夥伴。所以假如你的其中一個投資人

開始玩遊戲，另一個投資人就可以告訴他們省省這些爛招吧。從長遠的角度來看，你的事業對他們來說可能沒那麼重要，但基本上創投公司不可能會想毀掉他們在同業中的名聲，特別是在有限合作夥伴的社群中。

最後務必記得，就算你開了一場超讚的會，大家都愛你的報告，你也愛投資人，會議室迴盪著滿滿的正能量。就算是這樣，和你開會的人仍然需要回去說服投資委員會把錢給你。

每間創投公司的流程都不太一樣，所以你必須一直問自己：下一步該怎樣才能讓他們點頭同意？下一步該怎樣？下一步該怎樣？

這就像在下棋，你永遠必須提前思考下兩步，也就是兩輪募資。

就算你現在還對創投公司沒有興趣，就算你只是在找天使投資人也是。

天使投資人最棒的一點，就是他們不用對有限合作夥伴負責。他們只是相信你，他們想幫你，而且沒人在他們頭上監控著要求馬上開始賺錢。

天使投資人通常更願意冒險，所以他們會比創投公司還早資助你，並給你更多餘裕和時間去弄好你的公司，不會有太多壓力。

這可以很棒。但缺乏限制可能會對你造成元氣大傷（可參見3.5 死線：心跳節奏和手銬）。而內疚則可能讓你一命嗚呼。

我20歲時向叔叔借錢創辦了 ASIC Enterprises，也就是我幫蘋果打造處理器的新創公司。接著蘋果停產蘋果電腦，ASIC關門大吉，我叔叔的錢也付諸流水。我有好幾年心情都超糟

糕，真的很差。但我叔叔對我非常坦白，他告訴我他知道自己是在賭博，賭我會成功，而他很有可能會輸。

有50%的婚姻失敗收場，但新創公司掛掉的比例高達80%。

如果你創辦了一間公司，成功機率絕對是微乎其微。所以你需要撐過心理上的痛苦—— 失敗，賠光他人的錢。當你真的必須面對現實的時候，你必須坦誠以對，實話實說，你必須要承認是哪邊出錯了，以及你從中學到什麼教訓。

但是不管你說什麼，都不會讓你比較好過。拿創投公司的錢是一回事，你老媽的錢又是另一回事。如果你是從親朋好友那邊拿錢，那你就必須和從創投公司那邊拿錢一樣的努力投入，甚至要更加倍努力才行。而且你也必須要了解，你有可能會兩手空空，無顏面見江東父老。

就連我創辦Nest時，我也不想承擔這種重擔。我不肯從我的好友，創辦法國網路服務供應商Free的超讚創業家澤維耶·尼爾（Xavier Niel）那裡拿錢。雖然我已經不再是個20歲的孩子了，而且澤維耶在經濟上也和我叔叔處在截然不同的位置，但我不想讓他覺得我是看上了他的錢。我也記得那種失敗的感覺，那種「必須告訴我在乎的人說，我敗光了他們的錢」的感覺。所以澤維耶一直問，而我一直拒絕。

最後，在Nest智慧溫控器推出之後，有次我和他終於在一萬人面前同台。而他告訴台下的觀眾：「他不讓我投資！」那時Nest已經表現不錯，風險也沒那麼大，所以我最終同意接受他的錢。結果最後很棒，但我不希望一開始有任何事讓我們的友情關係變質，Nest壓力已經夠大了。

不管你選擇哪條路，不管是創投公司、天使投資人、策略投資，還是自力更生，創辦公司都很難。籌措資金也很難。沒

有捷徑，沒有簡單的路，沒有依靠狗屎運的空間。

　　但如果你做得對，如果你挑選到合適的人，那麼你就會真心喜歡上你的投資人，他們也會協助你渡過新創公司永遠都會遇上的艱難時刻。他們或遇健康或有疾病，都願與你長相廝守。而你會進入一段開心的婚姻，搞不好甚至有好幾段呢。

　　之後，你需要做的就只剩下打造你的事業。

4.4 你只能伺候一個主人—— 唯獨客戶

　　不論你的公司是 B2B、B2C、B2B2C（企業對企業對消費者）、C2B2C（消費者對企業對消費者）……還是某種尚未發明的模式，你都只能伺候一個主人。你只能有一個客戶。你最大的關注焦點，以及你整體的品牌，要不是對顧客，就是對企業。不能兩者同時兼得。

　　你公司存活的基礎，就是了解你的客戶——年齡分布、心理變數、他們要什麼、他們的需求、痛點等。你的產品，你的團隊，你公司的文化、業務、行銷、客服、定價……一切都是來自於你對客戶的理解。

　　而對絕大多數的事業來說，失去對主要客群的理解，便是衰敗的開始。

在 Linux 伺服器的時代來臨之前，Windows 伺服器宰制整個市場時。蘋果決定試試看 B2B，打造自己的伺服器，這個專案在我加入蘋果前正好剛展開。蘋果急了，很想破解如何提高電腦銷售量的密碼，並聘僱了更多開發人員。由於企業使用者需要從伺服器上執行各式各樣的企業軟體，所以蘋果這個以一般消費者為重點的品牌，就為企業打造了伺服器。

結果是個大慘敗。並不是因為技術太困難——技術其實是

最簡單的部分。問題是蘋果的DNA裡面就是沒有B2B這一塊，他們沒有相關的行銷、業務、客服團隊，也沒有開發人員，而且各企業的資訊長也已經習慣微軟和Windows提供的無數企業層服務了。這些資訊長要進行採購決定時，蘋果的硬體只不過是其中一小塊拼圖碎片而已。蘋果的伺服器團隊絞盡腦汁，想要強迫不自然的配對發生，讓蘋果樹結出橘子。幸好後來iPod起飛，救了整間公司，於是伺服器專案便消失了。

史帝夫·賈伯斯很明白他學到的教訓，並確保我們也都學會了：那就是所有試著同時做B2B和B2C的公司，都會失敗。

你的顧客是千禧世代的吉姆嗎？他在Instagram上看到你的廣告，然後買了你的產品當成聖誕禮物送給他姐姐。還是財星500強公司的資訊長珍？她回覆了你銷售團隊直接寄出的電郵，花了好幾個月跟你們討論價格跟不同的產品功能，現在則需要一個團隊來訓練她底下的五千個人？你不可能同時在腦中想著這兩種人，你也不能為兩個完全相反的客群、兩趟截然不同的使用者旅程，打造出同一樣產品。

你在打造科技時不能這樣。開發服務和開店時也不能。甚至連你在做晚餐時都不能。

這是鐵律。

但是所有規則都有例外。若你從B2C起家，並不代表之後你永遠無法用任何方式跟企業合作。而少數非常特定的公司，也可以把自己一分為二，而且還活得好好的：飯店、航空等旅遊業，以及Costco和Home Depot這樣的零售商（他們最大的創新便是找一樣B2B產品，然後開拓出B2C的市場）。金融產品和銀行業也可以同時兼顧B2B及B2C，因為某些家庭運作的方式儼然是個小型公司。

　　就算是這類公司，也會擁有一個完全屬於B2C的品牌。這便是另一條規則：就算你同時為企業和消費者提供服務，你的行銷仍然必須是B2C。你絕對不可能說服普羅大眾去使用一項很明顯不是為他們打造的B2B產品，但假如你吸引到公司內部的員工，那你就可以說服一間公司去使用你的產品。

　　這就是為什麼，即便蘋果無法自行打入企業，最後仍在企業中站穩腳步的原因。

　　iPhone推出後，各公司的資訊長很慢才為商務使用開綠燈。通常來講執行長會將一切跟資訊科技相關的事務統統交給資訊長負責，但這一次卻是執行長們自己跳出來要求改變。因為執行長愛死iPhone了。他們的員工也是，而他們想要在工作場合也能用iPhone。

　　蘋果的成功之處則在於，他們為顧客打造了某個東西，而這個東西同時也促使他們成功打入企業。大家都愛死他們的手機了，並接著開始懷疑為什麼生活其他時候沒這麼方便。再也沒有人想使用需要花好幾天或好幾個禮拜受訓，才能學會怎麼操作的垃圾企業工具了。他們想要的是一個易於理解的使用者介面、飛快的速度、時髦的硬體。

　　開發應用程式商店的其中一個主要原因，其實也是來自企業。隨著公司行號開始改用iPhone，他們也來跟蘋果接觸，請蘋果為他們的員工和銷售人員開發應用程式。如果蘋果想要大家繼續使用他們的手機來工作，他們就必須給予企業開發自身應用程式的能力，應用程式商店於是誕生。

　　雖然目前蘋果有獨立的團隊負責處理所有B2B業務，但產品開發時卻從來不是為了滿足B2B客群。蘋果努力保持自身純粹B2C公司的地位，這樣便能額外補上B2B的部分，而不需大

幅調整優先順序或行銷策略，也不需要亂搞自己的核心事業。

賈伯斯訂下規則之後，蘋果便追隨，他們知道遊戲該怎麼玩。

但要是整個遊戲環境改變了會發生什麼事？如果已經不再只是B2B和B2C了呢？假如出現新的市場、新的服務、新的商業模式、新的專有名詞簡稱呢？

有間和我合作的公司叫作DICE，這是個次世代的音樂探索和售票平台，屬於B2B2C。而DICE在創業初期，為了因應三個不同的客群而分裂為三個不同的方向：音樂粉絲（消費者）、表演場所（企業）、藝術家及經紀人（企業）。一方面來說，DICE是從表演場所獲得大多數收入，所以他們的工具或許應該要服務表演場所；另一方面，他們又想要為粉絲創造美好體驗。但是最後，要是沒有藝術家們，這一切都不會發生，所以或許重點應該放在藝術家身上才對。

DICE需要吸引這三個客群，需要讓三方都心滿意足，才能成功。但是DICE只有一個團隊和一項產品，如果這個產品功能偏向表演場所，粉絲和藝術家的體驗就會受到破壞；但要是想取悅藝術家，表演場所就會抱怨。

我的建議很簡單：維持現狀不改變。規則依舊適用：你只能伺候一個主人，必須選擇一個客群。而你起初創辦這間公司的理由就是要擺脫黃牛，為粉絲創造超棒的體驗。你是B2B2C沒錯，但遊走於這些簡稱的時候，不要失去你最初的使命。企業客戶很重要沒錯，但要是沒有消費者客戶，就什麼都沒有了。

這現在成了他們的「黃金守則」：我們唯一的客戶就是樂迷粉絲。

而DICE也確保表演場所和藝術家相信這點，不斷提醒藝術

家和表演場所：如果DICE替粉絲著想，其他一切都會水到渠成。藝術家、表演場所、DICE，最終都擁有同一個主人：購買門票，想要享受一場好表演的人。

　　這就是在B2B2C中，你必須記得的事。有多少企業牽涉其中並不重要：最終都是由末端的顧客扛起整個商業模式。

　　但公司常會忘記這點，這在公司從B2C演變到B2B2C時最常發生。他們一開始通常沒有商業模式，沒有辦法賺錢，只有一堆免費使用他們產品的顧客。但免費從來不是真正免費，公司最終都會找到一些最有利可圖的選項，就是把使用者的數據賣給大企業。這代表公司有了額外的B2B銷售，如此他們就能重複銷售使用者數據數百次，甚至數千次。這便是臉書、推特、Google、Instagram以及許多許多其他公司的故事。

　　但這個故事可能會有悲慘的結局。當關注和焦點從（免費的）消費者身上轉移開了，改放到帶來真正收入的企業時，公司就會走上一條黑暗的不歸路。

　　而最終總是消費者會受害。

　　所以不要搞錯你的焦點。不要以為你可以服侍兩個主人。不管你在打造什麼，你都永遠不能忘記你是為誰打造，你只能有一個客群，務必謹慎選擇。

4.5 為工作而死

工作和生活平衡分為兩種：

1. **真正的工作／生活平衡**：一種魔幻、近乎神話般的狀態。你有時間做所有事：工作、家庭、興趣、交友、運動、渡假……工作只是你人生中的一部分，不會干擾到其他部分。但當你創辦公司、領導一個試著在有競爭力的時程內打造出創新產品或服務的團隊，而且工作正陷入危機時，這種平衡根本不可能達成。

2. **在工作，但達成個人平衡**：你大多數時間都是在工作或想工作的事，但意識到要創造空間，好讓腦袋和身體休息一下。想要達到某種程度的個人平衡，你就必須安排好你的行程，這樣你才有時間好好吃飯（最好是跟親朋好友）、運動或冥想、睡覺，並暫時思考一下除了辦公室之外的事。

你要有清楚的組織策略，才能面對缺乏真正的工作／生活平衡的情況。你必須決定好優先順序。重要的是，要把所有你必須考慮的事情都寫下來，並想出一個計畫，在適當的時機用適當的方法向你的團隊提

起。不然的話這些事就會永無止盡在你腦中打轉，殺
死所有你可以稍微放下重擔、休息一下的微小機會。

我的建議是：不要學史帝夫・賈伯斯那樣休假。

賈伯斯通常會休假兩個禮拜，一年兩次。在蘋果的我們總
是非常害怕這類假期：他一開始休假的兩天，通常會一片死
寂。通常會杳無音信；之後就會是一連串奪命連環叩。

他在休假，不再困在會議裡擔心日常公司事務。所以他自
由了，可以一天24小時自由夢想蘋果的未來，可以自由狂叩我
們，聽聽我們對他突發奇想出的瘋狂構想有什麼想法：可以在
影片版iPod上看電影的影片眼鏡怎麼樣？可以嗎？還是不行？
他要我們當場講出我們的看法，或是快速找到答案，這樣他就
能雕琢他的構想。

賈伯斯休假時，比在辦公室工作得更努力。

這實在有點瘋，停不下來的專注聽起來就像另一則蘋果傳
奇，只有瘋狂的天才會做的那種事。但不是的，真的不是。

賈伯斯是很極端沒錯，但有很多人也是永遠在想工作，像
我。我也敢打賭大多數人也是這樣，特別是你有很多工作要做
的時候。不只是執行長和主管，每個人都會遭遇危機時刻，出
現太多要做的事，而且你也知道接下來還會有更多事，所以就
算你沒在工作，你也還是在想著工作。

而有時候這樣其實可以的，真的。有時候這是你唯一的選
擇。但是絞盡腦汁徹夜思考工作上的某個危機，和放鬆自己用
一種無所謂而為的創意方式思考工作之間，這兩者可說是天壤
之別。後者會為你的腦袋帶來自由，不需要再用同一個、已經
磨損的工具去敲打同樣的問題，而是讓你的腦袋可以東翻西

找，尋找新的工具。

我有時候覺得，這就是賈伯斯去渡假的原因，不是為了要放鬆，不是為了要遠離蘋果，而是要給自己一段美妙又夠長的時光，在陪伴家人的同時能夠東翻西找。比起試著找到真正的平衡，或是允許其他人去尋找他們的平衡，賈伯斯的平衡徹底傾斜：他以一種把他人生中所有一切都推到邊緣（除了家人以外）的方式，全心全意投入在蘋果上。

多數人都曾在壓力真正來襲的重要時刻，體會過這種工作和生活平衡完全崩潰的狀況，但這就是賈伯斯的生活方式。如果你不是賈伯斯，如果你必須無時無刻都在想工作，但你其實不想無時無刻都在想工作，那你就必須要有個系統。

你必須找到一個維持理智的方式，管理那一大團不可避免、由工作和會議和計畫和問題和麻煩和進度和恐懼所組成的漩渦。你的行程表也得好好組織一下，免得你的身心燃燒殆盡或是膨脹到面目全非。我是以過來人的身分說這些的，我在General Magic時就身心崩潰。人類不可能只依賴壓力和健怡可樂生存的。

但是General Magic是一回事——我那時才剛展開職涯，結果被捲入不是我造成的爆炸中。蘋果則截然不同。很難形容我在蘋果頭幾年面臨的壓力：特別是在一開始，我邊經營我的新創公司Fuse，邊做蘋果的兼職工作，並試著將蘋果的工作轉化成拯救我Fuse團隊的方法。而在我開始全職開發iPod之後，壓力也不減反增。

一開始iPod只是個蘋果的次要專案而已，但在之後的幾個月和幾年間，iPod變得跟Mac一樣重要，有時候甚至還更重要。全公司都屏息以待，等著看我們是否能成功。我們不僅需

要打造出這個全新的東西，還必須用超快的速度完成，達到賈伯斯明確要求的規格，更要又美又令人喜愛，能夠提醒所有人蘋果可能成為的模樣。接著還要使這個東西在商業上大獲成功。

2001年4月間，賈伯斯開綠燈之後，我走進公司，心知我們必須在7個月後的下個假期來臨之前，設計並打造出iPod。而且不是因為賈伯斯設下這個瘋狂的死線，是我設的，賈伯斯覺得這會花上12到16個月，大家都這麼覺得。

沒人相信我們可以及時趕上，在聖誕節前讓產品問世。但我才剛離開待了四年的飛利浦，那裡超過90％的專案都遭到取消和扼殺。如果你不夠快做出成績，或是你的專案遇到問題、進度緩慢，那飛利浦公司就會降臨在你身上，要從你的錯誤中「拯救全公司」，或是把你的東西直接偷走（可參見2.3　如何處理辦公室賤人）。我不知道在蘋果會不會也是這樣，但我可不能冒這個險。

就像我不能冒著讓Sony在那年聖誕節推出音樂播放器搶走我們鋒頭的風險，也不能冒險讓我們捲入蘋果內部的政治鬥爭。我們是個從蘋果核心事業中吸走資源的小團隊，而核心事業正面臨巨大的財務壓力，非成功不可。其他團隊不喜歡我們，我能感覺到他們正盯著我們，拔刀相向。

所以我們必須證明自己。我們不眠不休地工作，我的工作是打造產品和領導團隊，以從零開始開發出iPod。而這也包含建立團隊。我必須緊盯日常的設計和工程工作，同時也要管理主管的期望，還要跟銷售及行銷團隊合作，以確保不會重蹈飛利浦的覆轍。我得飛到台灣去檢查製造細節，得確保我的團隊頂得住壓力，還要天天和賈伯斯跟其他主管爭辯，偶爾還要試著睡點覺。

在腦中記住一切根本是不可能的任務，總是會彈出新的危機跟新的擔憂，取代我前一秒在擔心的任何事。真的是有太多迷你零件了，太多必須啟動其他零件啟動其他零件的零件，有個半成品時鐘不斷在我耳邊滴答作響。

我必須冷靜。我必須找到空間，我必須決定先後順序。

所有人都覺得我瘋了——許多人現在也還這麼覺得。但我當時是這麼做的：我不管到哪隨身都帶著幾張紙，紙上寫著我們每個團隊（包括工程、人資、財務、法務、行銷、設備等）眼前面臨的、最重要的里程碑，以及所有我們必須完成、以達成這些里程碑的事。

我遭遇的每個關鍵問題都寫在那些紙上，這樣我在開會或跟某個人講話時，就可以快速瀏覽：我最優先的問題是哪些？我們的顧客又會有哪些問題？這個人所在的團隊現在面臨什麼障礙？下個主要的里程碑是什麼？我們團隊承諾的死線是什麼時候？

接著還有最棒的部分：各種想法。只要某個人一想到什麼我們必須討論的、可以改進產品或組織的超讚想法，我就會寫下來。這樣在當週的代辦事項和任務之外，還有我們迫不及待想要開始的一切。我會定期念給自己聽，看看這些想法是不是還適用，這讓我受到鼓舞、讓我興奮、讓我能夠專注在未來；而且對團隊來說也很棒，他們會看見我認真對待他們的主意，並確保我們會一直去思考。

而讓我能夠把這一切——這些優質想法、待辦事項、遭遇的障礙、大家承諾要交東西的期限、前方重要的內部及外部心跳節奏——全都不遺漏的唯一方法，就是在每場會議中都做筆記，而且是一個字一個字用手寫，不是打在電腦上（可參見3.5

的圖3.5.1）。

手寫對我來說很重要。我不會盯著螢幕，讓電子郵件使我分心。你的筆電或智慧型手機是個巨大的障礙，阻擋在你和團隊之間，使你無法專心，還會向會議中的所有人傳遞一個明顯的訊息：不管我在螢幕上看的是什麼，都比你們更重要。

我連單純在電腦上做筆記也完全無法。有時候我在打字的時候，我就只是在……打字，不管我打了什麼，都沒辦法一路進到我腦裡，因為我有太多事情可以分心了，可能會害我沒聽清楚我團隊成員說的話。

拿筆寫字，稍後再重新打字並編輯的這個行為，能夠強迫我以不同方式消化資訊。

每個周日傍晚，我都會重新看過我的筆記，重新評估及排序我所有任務，快速思考過優質的想法，接著把那些紙張的內容更新到電腦上，並印出下周的新版本。不斷重新排序讓我能夠稍微跳脫，看見哪些東西可以合併，哪些可以刪掉，也讓我能察覺我們現在是否試圖想做太多事。

我正是在這些傍晚，發覺我們為什麼會這麼忙：我們對太多事說「好」了。我們必須開始說「不」。接著便是困難的部份了：找出哪些事必須指派下去、哪些必須延後、哪些必須從清單上刪掉。這強迫我按照「最重要的」，而不是「我最擔心的」，來安排先後順序。這讓我能夠緊盯我們前方更大的目標及里程碑，而不只是延燒到我們腳邊的火勢，或是那天任何讓我們覺得最興奮的功能。

接著在周日晚上，我會把整份清單寄給我的管理團隊，所有事項後面都寫著某個人的名字，每個人只要看看清單最上方，就能知道我那週的重點是什麼、他們負責什麼、下個重要

的里程碑又是什麼。

然後每周一，我們會針對這份清單開會。

大家都討厭死了。每當我拿出紙張開始看上面有哪些我已經追了好幾個禮拜的事情時，我真的看見有人會怕到整個人抖了一下。這件事還沒有從清單上刪掉，所以我還沒忘記。6月3號的時候你說月底會做好，現在已經七月了，這個專案進度在哪裡？

這不是微觀管理，而是要大家負責。是我得同時在腦中記住所有事。這是在千千萬萬件我必須記得的事情當中，我的求生法則。

清單一開始只有一頁，最後變成了八頁，十頁。要花很多力氣，內容繁複，永無止盡，但是有用。而且最後我的團隊也開始喜歡這個方法了，這能讓我保持相對冷靜，協助我專注。大家再也不必懷疑我在想什麼了，大家永遠都知道對我來說什麼東西最重要，他們有我寫下來的優先順序，每週更新。

後來很多人自己也學會了這個習慣，幫他們工作的人也如法炮製。人人都很害怕清單、電郵、會議，直到他們自己腦子裡也堆滿太多事，直到他們需要一個管理的方法。

我不是在說這個方法會適用於所有人。才不是。每個人都必須找到自己適合的系統，但你確實需要安排你的任務優先順序、管理及組織你的想法、為你的團隊創造一個可以預測的行程表，以接觸這些想法。

接著你需要去休息一下。

真正的休息。去散步、看書、跟你的小孩玩、舉重、聽音樂、或只是躺在地上盯著天花板，反正想辦法讓你的腦袋停止在工作迴圈中瘋狂旋轉就對了。你只要找到了安排任務優先順

序的方法，就必須把你的身心健康放在首位。而我發現這說來容易做來難。你的新創公司或你領導的團隊是你的寶寶，而寶寶總會滾下樓梯，亂咬延長線，他們需要不斷的關注。

工作就有可能像是這樣。就算你去渡假好了（話說如果你正在展開一項重要專案，你會有很長一段時間沒辦法去渡假），也會像是第一次把你的小孩留給保母帶——你很確定孩子們會沒事，但你也知道，你還是會關心一下狀況以防萬一。然後一個小時內又再關心一次，搞不好回程時也關心一下。你有告訴保母寶寶想睡覺時會打噴嚏嗎？最好還是再打通電話問問。

到頭來，你必須要信任保母才行。你必須知道你的團隊就算沒有你，也可以把事情處理好。開發完幾代iPod之後，我就真的有好好去渡假一下了。

我很想說我跟史帝夫‧賈伯斯不一樣，我想說我會專注在家人跟我自己的興趣上，會找時間放鬆，但事實上我並沒有。我也一樣把我所有的時間花在思考公司的未來上，不過是以一種和我每天在辦公室時相比，截然不同，而且也沒那麼專注的方式。我東翻西找。

我不會打給誰或寫電子郵件給任何人，我們只有在真的出現緊急狀況時才會通話。

每次我離開一陣子，我都會把控制權交給不同的人，由他們負責向我回報，現在是你的問題啦，兄弟！是時候讓團隊更進一步，學習做我在做的事了。渡假是個非常棒的方式，可以建立團隊的未來能力，並了解來年有誰能夠接替你的職位。每個人都覺得他們來做你的工作會做得更棒——直到真的換他們做，並需要交出成果時。所以即便你的職位壓力山大，你還是需要去休假，這對你的團隊來說非常重要。

　　而這也是段非常棒的時間，讓你可以試著睡點覺。對我來說，曾有很長很長的一段時間，幾乎不可能連續好幾天睡飽覺。

　　在1992年以前，我睡得很好，真的非常好那種。那時跨國電子郵件根本還沒發明，更不要說網際網路和推特了。但自從那之後，總是一直會有某個位在不同鬼時區的人想要在凌晨4點跟我通話。

　　除非你強迫自己去休息一段時間，不然永遠都不會有休息時間的。所以最好去做大家告訴你睡前該做的所有事：不要咖啡因、不要糖分、保持涼爽、保持昏暗，而且天殺的絕對他媽不要把手機放在床邊。你手機成癮了，我們全都是。所以不要滿足你的癮癖，請把你的手機拿去另一個房間充電。不要像酒鬼似的，在床頭櫃上放瓶威士忌（真希望我可以說我每天都把手機放在別的房間，不過呢，嗯，我也是人嘛）。

　　接著在你的行程中安排一些喘息空間。我們很容易一不小心就整天不斷開會開會開會，根本沒有機會去吃東西或上廁所，更不要說休息一下，但你必須要休息。我是講真的，你真的一定要休息，不然你就會崩潰。我們全都見識過，或是親身體驗過。身為新生兒的家長在徹底崩潰的邊緣是什麼滋味，感覺就有可能像是這樣。你的工作有一部分也包括不要在工作時徹底發瘋，然後朝你的團隊出氣。

　　史帝夫・賈伯斯為什麼老是在會議之間，或是會議之中，站著走來走去，這是有原因的。因為這能幫助他思考、保持創意、東翻西找。但這也能強迫他花點時間就只是……走路，從一直坐著開會中喘口氣，就算只有幾分鐘也好。

　　所以看著你的行程表，安排一下，設計一下。

　　在紙上勾勒出接下來3到6個月。

寫下日常的一天看起來會是怎麼樣。

以及日常的一週或兩週看起來會是怎麼樣。

繼續寫到下個月。

然後完成接下來六個月。

現在開始重新安排你每一天、每一週、每個月的行程。撥出一些能夠好好當個人的時間，可以是在吃完午餐後的10分鐘，讀一篇有趣的Medium文章；或是從現在起6個月後，你可以去棕櫚樹下度假一個禮拜。但你必須安排好你的行程，將這些休息時間納入，並在其他人試圖影響你的行程時堅守陣線。

所以你每隔幾天，或每隔一兩個禮拜，到底要去做什麼？

每隔8到12週呢？

每隔6到12個月呢？

長遠來看，你必須安排一些假期，短期來看，以下是我推薦的事：

- 一週2到3次：空出工作日的部分行程，這樣你才有時間可以思考和反省。你可以冥想。你可以讀點某些你不熟主題的新聞，怎樣都好，甚至可以稍微和你的工作有點關係，但不應該是真正的工作。給你的大腦一秒時間跟上，學習並保持好奇。不要只是針對腳邊永遠撲滅不完的火勢反應，或是一直去開會。
- 一週4到6次：運動。起床，去騎腳踏車、跑步、舉重、交叉訓練，只是去散步也行。我在飛利浦時開始迷上瑜珈，已經維持超過25年了，真的超有幫助。你必須要讓四周的一切安靜下來，好好專心做出瑜珈姿勢，你會對自己的身體相當敏感，所以只要姿勢一不對，你馬上就

會知道。找件像這樣的事，讓你能夠注意到身心是否來到臨界點，並讓你有機會在情況變得太糟之前加以改正。

- 好好吃飯：你現在是個極限運動員，只是你的運動是工作，所以要幫自己補充能量。不要吃太多，不要太晚吃，減少攝取砂糖，少抽菸，少喝酒，反正試著不要讓你自己的身體感覺像個廢物就對了。

而假如這一切看起來都很棒，實際上卻完全做不到，因為你根本連你的電子郵件都看不完，更不要說撥出時間去健身房或空出人生中整整一個月，那麼你可能需要在你的代辦清單上加進另一件事：找個助理。

如果你職位頗高，來到董事或以上，並在一間頗大的公司管理一個頗大的團隊，那你就應該考慮請個助理。而如果你是擔任公司執行長，那你絕對必須要請個助理。

很多年輕的領導者對於請助理都感到不是很自在。我以前也是這樣，感覺就像是承認自己很弱，是個不接地氣的傲慢主管；況且你也不想要利用別人，強迫助理去做那些你真的應該自己做的「忙事」。還有，你應該優先聘請工程主管或填補上業務團隊的空缺，而不是先替自己請助理。你有其他的優先順序。

但身為領導者，你也有工作要做，而要是你把這份工作大部分的時間花在安排會議和分類電子郵件上——或是更糟，連這種事都沒辦法處理好的話，那就有問題了。所有人都曾經遇過，或自己就曾經是這類領導者。這就是那個進度落後、兩個禮拜沒回電子郵件、讓三場會議時間撞檔結果一場都沒出現的人。安排自己的工作把他們壓得如此喘不過氣，導致他們甚至沒辦法完成任何工作。這些人會讓他們自己和他們的團隊丟

臉，也讓他們的公司丟臉，就是這些人。

不要成為這種人。

如果你擔心的是觀感，那就把助理變成共享的資源。一個能幹的助理可以支援三、四、甚至五個人；助理也可以成為整個團隊的資源，協助團隊安排出差、處理開銷報告、進行特定專案。助理可以協助所有人。

不過務必記得，世界上不存在完美的助理，可以立刻就知道你心裡在想什麼。你要尋找的，應該是某個不會講你或公司的八卦、並對團隊所有人都很友善的人；他反而該把值得你擔心的謠言傳回來給你知道。你想要的是某個學得很快、只需要教一次，而且久了還能夠預測你的需求，並在問題甚至都還沒來到你的桌上之前，就搞定的人。他們可能需要花上 3 到 6 個月，才能掌握怎樣才可以幫上最多忙，但接著感覺起來就真的會像是你擁有了全新的超能力一樣，就好像你的四肢多了一根，或是一天多了 6 小時。

這名助理不只是員工，他們是合作夥伴，所以不要落入那種白癡的電影橋段，把他們當僕人使喚。我多才多藝、聰明又友善的超讚助理維琪，曾幫某人工作過，那個人有一天突然覺得自己馬上、現在、絕對需要來顆有機哈密瓜，而且他人正在一個鳥不生蛋的地方，還是派維琪出去花了好幾個小時幫他找哈密瓜。這絕對不該是你對待助理的方式。助理是珍貴的時光機器，可以幫你省下好幾天，甚至是好幾個禮拜的珍貴時光。

但有時候，就算有個超棒的助理也還是不夠。有時候排山倒海而來的壓力、永無止盡的清單、開不完的會議就是會變得無法承受，在這種時候，他媽的離開辦公室，出去走走吧。

有時候我會知道事情的發展非常不順利，這時我就會離開

辦公室，重新安排我的會議，然後跟自己說：「今天就只是個不順的日子而已，不要再讓情況變得比現在更糟了。」

總是有些時候，你就是沒辦法表現得像個人，更不要說當個領導者了。而在這種時刻發生時，你必須要有所覺察，而且要離開現場，不要因為你受挫又過勞就做出糟糕的決定。保持正常，明天再打起精神重來吧。

我講的這些都不是什麼革命性的想法，你很可能小學就會了：列一張清單，上面寫著你必須做的事；心情沮喪的話就深呼吸、靜一靜；多吃蔬菜、多運動、好好睡覺。但你總會忘記，我們都會忘記。所以拿起你的行程表，做個計畫吧。你會有段時間無時無刻都在工作，但沒事的，不會永遠都這樣。但你很可能已經用同一把槌子去敲打你的問題太久了，是時候讓你的大腦去東翻西找，找把鐵撬了，或是去找台推土機，讓你的腦子休息一下吧。

還有，睡前就把手機拿開。搞不好也可以試著做點瑜珈？

4.6 危機處理的方法

　　你最終總會遇上危機，每個人都會。如果沒有，那你就不是在做重要的事，也沒有在追求極限。你在創造某件顛覆又新穎的事物時，某個時刻一定會被徹底的災難殺個措手不及。

　　可能是你無力控制的外部危機，可能是內部搞砸，或是每間公司都會遭遇的成長陣痛（可參見5.2　團隊擴張的臨界點）。不管怎樣，危機來臨時，基本的戰術如下：

1. 專注在怎麼解決問題上，而不是應該要怪誰。這點之後再說。問題剛發生時分心煩惱這個還太早了。
2. 身為領導者，你必須要深入細節，不要害怕微觀管理。隨著危機出現，你的工作是要告訴大家該怎麼辦，以及如何處理。然而，在大家都冷靜下來，開始工作之後，你必須很快放手讓他們去做自己的工作，不要再掐著他們的脖子。
3. 取得建議。去找導師、投資人、你的董事會、任何你認識曾經歷過類似情形的人，不要想試著自己解決問題。
4. 在大家度過最初的震驚後，你的工作將會是持續

溝通。你必須一直講一直講一直講，對象是你的團隊、公司其他人、董事會、投資人、潛在的媒體和顧客；也必須一直聽一直聽一直聽，傾聽你的團隊在擔心什麼以及逐漸開始浮現的問題，並安撫恐慌的員工和壓力山大的公關人員，不用擔心過度溝通。

5. 不管危機是因為你的錯誤、你團隊的錯誤、還是偶然的意外造成，都不重要：承擔其對客戶造成影響的責任，並誠懇道歉。

Nest智慧煙霧及一氧化碳警報器的一個重要功能叫作「揮手關閉」，背後的概念是如果你不小心早餐烤焦土司，你不需要狂亂地對著煙霧警報器揮舞毛巾或掃帚使其閉嘴，你只要站在下方，冷靜地揮幾次手就可以了。

揮手關閉超級優雅，顧客都超愛。更重要的是，Nest智慧煙霧及一氧化碳警報器真的在幫助他人，不只是解決了煩人的警報誤發問題而已。我們聽過各種家庭逃離火場並免於一氧化碳中毒的超棒故事，我們對這項產品以及其拯救的人命和家園感到非常驕傲。

產品推出幾個月後，在我們實驗室的例行測試中，一把小火燒成我們從未見過的大火。火勢升高，火焰舞動……然後火焰舞動著揮手了，操他媽的那個火焰揮手了！結果把警報器關掉了！

我忘了我有沒有說「沒事沒事，大家別慌」，但我心裡肯定有想過。我心一沉，感覺就像肚子被打了一拳。我們必須翻出危機應變手冊：首先了解這個問題屬於哪個層級。是會重覆出現的嗎？還是只是搞砸測試導致的意外？這是真的嗎？如果是

真的,發生機率又有多高?是千分之一還是十億分之一?因為要是這個問題是真的,而且還很危險,那麼接下來的步驟就會非常殘酷:召回產品、警告顧客、通知有關當局。或者慘到爆的還有可能是,這種瘋狂揮舞的火焰真正出現在居家火警中,就在某個人最需要警報的時候,可能會把我們的警報器關掉。

我們必須瘋狂工作,比較所有可能的解決方案:

1. 我們必須召回每一個 Nest 智慧煙霧及一氧化碳警報器。這可能會害死我們的產品、我們的品牌名聲、我們的所有銷售。
2. 我們可以用軟體更新搞定這個問題。
3. 這只是個測試錯誤。

這種時刻你不應該退後,不能讓團隊自行想出該怎麼辦。我必須確保大家知道他們究竟在幹嘛,並擁有合適的工具可以盡快找出解決方法。我必須下令和控制。

危機發生時,所有人都應該各司其職:

- 如果你是個別貢獻者,你接受到指令之後必須開始執行。做好你的核心工作,同時持續尋找並建議其他選項,以解決問題。試著不要臆測或八卦。如果你有疑慮或懷疑,就往上呈報,然後回去繼續工作。
- 如果你是主管,你必須轉達來自領導階層的資訊,卻不能讓你的團隊無法承受或分心。每天關心團隊幾次,不要過度騷擾他們。每個小時傳訊息只會嚇死大家,你必須待在他們身旁,不只是為了確保工作完成,也是要確

保他們沒事。你是遏止崩潰的第一道防線：各種壓力、充滿血絲的眼睛、半夜的爛食物會找上團隊成員，你可能會需要讓大家休息一下，即便危機尚未結束，也是如此。

記得要設下期望和限制。你們周末很可能也必須加班，這是OK的，有時候就是會這樣，但要把計畫告訴你的團隊：我們週六會努力工作，但大家下午5點前必須離開辦公室，然後我們周日晚上再來回報。

• 如果你是大型團隊或公司的領導者，那你很可能已經花了多年去學習不要變成微觀管理者。不過，如果你正身處危機之中，那麼是時候再變回微觀管理者啦。

在危機中，你需要深入細節，所有細節。但你不可能自己一個人進行所有決策，或是隻手修補好一切。你有一群專家，所以你需要把工作指派給他們，針對需要進行的小步驟達成共識，但是允許他們在沒有你的情況下執行。每天早上和一天結束時，安排回報時間，捨棄平常的單周或雙周團隊會議，改成開始參與他們的每日會議。你必須要在現場，傾聽、問問題、獲得必要又及時的資訊，因為你可能必須成為公司其他人、投資人、記者、所有對這個狀況虎視眈眈的人的資訊管道。你必須要能夠回答那些人的問題，你必須維持他們的信心，讓他們相信你會搞定。

整理行程，把非必要的會議排開，完全專注在解決問題上。而且也不要讓自己失去平衡——你畢竟還是人。不要失去理智，也不要忽視那些讓你保持正常的事，比如運動、休息、和家人吃晚餐、躺在辦公桌下的地板上

靜靜唱歌十分鐘。不然只會讓情況更糟。也要記住，你的團隊也是人，大家需要回家，需要睡覺，需要吃東西，而且他們也需要感覺情況正在好轉。

所以讓他們專注在解決方法上，而不是去怪罪一開始是誰讓你陷入這團爛攤子中。大家都會思考各種假設：要是這是整個團隊的錯呢？他們之前是不是在抄捷徑？八卦會四處亂飛，指控也是。但是追溯搞砸的原因並不是你團隊的工作，甚至也不是你的工作，至少一開始不是。

你最終會回到原因，但你必須先把自己挖出這個坑洞才行。你必須解決出錯的事，以及究竟該如何處置，然後再回到原因。

不要忘記，就算每個人在危機發生之初的震驚消逝後，都冷靜下來，回去工作，他們內心很可能還是嚇壞了，就跟你一樣。特別是當他們還肩負著如何解決這場危機的責任之時。務必要讓那些正在掙扎的人和你或他們主管之間，有著暢通的溝通管道。指揮和控制並不代表命令和忽視。

你現在很像是要指揮好幾架噴射機同時降落在航空母艦上──同一時刻你還得要跟媒體簡報情況，偶爾也要心理諮商。你會超級擔心，但你不能焦慮到狂拔自己頭髮，我強烈建議你最好已經禿頭了。你能做的唯一一件事，就是冷靜告訴大家：「沒錯，我很擔心，就跟你們一樣，這很可怕，但我們會撐過去的，我們先前曾一同面對其他挑戰，而我們都成功挺過去了。以下是我們的計畫。」

這就是我在Nest時一直不斷跟大家說的，變得像是頌經似的：我們會撐過去的、我們先前成功過、計畫是這樣的、我們會撐過去的、我們先前成功過、計畫是這樣的。

萬幸的是，我們從來沒有在實際情況中看見那道高到詭異的狹長火勢，只有在測試時發生而已。最後這變成一個我們根本不可能預測、也無須依此調整設計的意外。不是誰的錯，而且這在現實世界極不可能發生。不過這也不重要了。

解決方法是在調查期間暫時將Nest智慧煙霧及一氧化碳警報器下架，並用軟體更新將揮手關閉功能關閉。消費者仍然可以用手機把警報關閉，但現在不能揮手了。而我們老實告訴顧客究竟發生了什麼事，沒有試圖掩蓋。是我們的錯，如果你想退貨的話，錢還給你。

這個方法奏效了，Nest智慧煙霧及一氧化碳警報器跟我們的品牌活了下來。

總是會有種誘惑，試探你採用法律術語把一切變得模糊，含混交代過去，說「錯誤已經造成」，但死不承認是你的錯。這招不會有用的，消費者會發現，然後他們會氣炸。

如果某件事是你的錯，那就告訴他們你做了什麼，告訴他們你從中學到了什麼，並告訴他們你要如何避免錯誤再度發生。不要迴避、怪罪、找藉口。承擔責任，別當巨嬰。

每次失敗都是一次學習，而徹底崩潰則是在讀博士。

你會撐過去的，不過記得你不需要一個人撐過去。在危機時刻，和能夠給你有用建議的人聊聊非常重要。不管你懂多少，能力又有多強，總是會有某個人可以協助你找到潛在的解決方案——某個曾經成功，可以告訴你怎麼離開隧道的人。

有時候你面臨的危機看似糟糕，無法解決又無法預測，但

其實是多數成長中的公司都會遭遇到的事，因而有個明顯的解決方法，只是你看不見而已。你可能只是擴張非常快速，必須整理一下你的文化、加入管理層、並用不同的方式寄送開會通知而已（可參見5.2 團隊擴張的臨界點）。

所以你只要覺得自己快淹死了，就去和你的導師聊聊吧，或是去找你的董事會和投資人。

你身為領導者的責任，便是不要獨自處理災難。不要把自己一個人關在房間裡，狂亂地想要解決問題。不要逃避，不要消失，不要以為不眠不休連續工作一個禮拜，你就可以自行解決問題，永遠都不需要有人知道。去尋求建議、深呼吸幾次、制定計畫。

接著穿上你的雨鞋，走進驚濤駭浪吧。

幸好，等到危機結束後——當然假設你成功撐過危機啦——你就會得到一個曾經前往鬼門關前走過一回的團隊，團隊因此會更為強大。你也會有時間去找出原因：為什麼這件事一開始會發生？我們又可以做什麼，以防止再次發生？這可能代表會有人被炒、團隊要重組、你們大幅改變彼此溝通的方式。過程可能會冗長又不愉快。

但是危機結束之後，你應該要慶祝，你應該要開個派對，而你也應該跟大家分享這個故事。

你能夠從所有危機中獲得最寶貴的事，便是一個故事：那個你差點被摧毀，但團隊同心協力一起撐過去、力挽狂瀾拯救一切的故事。這個故事必須進入你公司的DNA，這樣你就能不斷回顧。

未來你一定還會遇上更多災難。未來會有更多天崩地裂的時刻。但要是你可以不斷重覆述說這個故事，那麼未來的任何

危機，感覺起來就絕對不會像你征服的第一個危機一樣那麼無望了。因為你永遠都可以轉向團隊，並告訴他們：「看吧，看看我們一起撐過了什麼，如果我們連這都能撐過，那我們還有什麼不能撐過的？」

這是個有用的集體工具，可以提醒大家可能會發生什麼狀況、你們學到了什麼、如何避免未來發生類似的災難。這個故事在管理上非常好用，也可以當成公司文化的基礎。但是，最重要的是，這個故事是真實的：你的團隊撐過去了，而他們現在還有什麼不能撐過的呢？

第五部
關於團隊：如何有效建立團隊

　　到我2016年離開Nest時，公司已經擴張到佔據帕羅奧圖的三棟建築，歐洲還有另外兩棟。我們擁有將近一千名員工、多條產品線、持續擴張的多國銷售合作夥伴、數百萬名顧客、貼在牆上，宣傳我們公司價值的巨型海報、正式的假期派對。但即便在收購和快速成長引發的槍林彈雨下，Nest感覺上依然像是Nest。

　　而這完全只因為一件事：人。

　　我們成功的關鍵，這家公司所有文化根基的來源，便是我們聘請的人、他們創造的文化、他們思考、組織、共事的方式，團隊就是一切。

　　建立團隊並帶領團隊經歷許多轉變，永遠都是打造任何東西時最艱難，卻也最有成就感的部分。而在Nest，事情從第一刻起就是如此。早在我們擁有顧客之前，甚至早在我們擁有產品之前。

　　當時我們有的就只是松鼠。

　　我們開會時松鼠常常跑進來。下雨當然也是個問題，我們常在地上擺滿水桶。只要一颳風，車庫門就會發出可怕的嘎吱聲。整個團隊也就只有一間超可怕的粉紅色大理石廁所。而且那些破爛的1980年代椅子也真的很鳥，特別是主管坐的那種大型人造皮椅，我不覺得全公司有任何一把椅子是四支腳都還健

在的。

但這正是我們想要的。

那時是2010夏天的帕羅奧圖，而我們租的那座車庫周遭到處是廣闊又美麗的科技巨頭園區，以及無數閃亮亮的新創公司，用豪華辦公空間、免費啤酒、彈性工時的承諾誘惑著員工。

但這些對我們來說都不重要。麥特和我非常認真又專注，而我們雇用的人也擁有同樣的使命感，不會受到閃閃發亮的浮誇事物或是辦公室裡的撞球桌迷惑（可參見6.4　關於員工福利：馬殺雞去死吧）。我們非常愉快，但沒有人是在瞎混。

那時團隊大約有十到十五人，這是Nest的濫觴。

我們很多早期員工都是來自蘋果，有幾個我在General Magic時就認識，有一個則是從大學時就認識了。我們的行銷副總來自飛利浦，是朋友的朋友。團隊的多數成員在職涯上都已頗有成就了。

但我們全都搖搖晃晃地坐在那批垃圾椅子上，家具、零食、辦公室裝潢都需要錢，而我們更需要的是時間。凡是對事業不重要的事，我們就不會在它上面浪費一毛錢或一分鐘。我們要讓我們的投資人看到，這是個世界級的團隊，用極低成本就能施行奇蹟。每一次發生松鼠入侵事件及天花板漏水，都等於是我們的團隊在宣示，我們和矽谷所有的新創公司恰恰相反。他們砸錢在辦公室上，卻什麼屁都沒推出，而我們每個人專心致志，投入在一件事上：我們的使命。

那座車庫裡的人，以及證明我們願景的迫切需求，形塑了Nest公司苦幹實幹、使命導向的文化基礎，而這定義了Nest。

以正確的方式讓團隊成長——逐項列出我們需要哪種人才、如何聘雇他們、如何建立團隊流程、如何建立團隊思考模

式。這些就跟打造出正確的產品一樣重要。

　　我們從我們喜歡的公司和文化借用了某些架構和規範，剩下的部分則是從零開始。我們從做中學，不斷調整，直到我們創造出可以一同打造超棒事物的團隊和文化。

　　所以如果你正試著建立團隊，找出該雇誰，又該如何雇，以下就是我學到的、大多數新創公司可以適用的，關鍵團隊與關鍵能力：

　　設計
　　行銷
　　產品管理
　　業務
　　法務

　　還有，當這些團隊持續成長、成長、成長時，我所學到的東西。

5.1 你需要哪些人才？如何聘雇他們？

　　一個接近完美的團隊，是由聰明、熱情、雖不完美但能彼此互補的人組成。隨著這個團隊成長到超過10人、20人、50人、你會需要：

- 熱切的新鮮人和實習生，來向你經驗豐富的老練團隊學習。每個你花時間訓練的年輕人，都是你對公司長遠健全的投資。
- 一個明確的聘雇流程，確保應徵者能和公司不同人員面試，這些人便是他們將來會直接合作的對象。
- 一個經過深思熟慮的擴張方式，以防公司文化遭到稀釋。
- 確保新進員工從第一天起就能融入，並跟隨你公司文化成長。
- 一個能讓你的領導團隊及下層的管理團隊，優先考慮人力資源和雇人的方式。這在每次團隊會議中，都應該要是率先討論的主題。

　　你也會需要把人炒掉。不要害怕，但也不要太殘酷，要給他們各種警告和修正的機會。一切依法執行，接著鼓起勇氣面對，並幫他們找到更棒的機會。

　　伊莎貝爾・瑰娜特（Isabel Guenette）是繼我和麥特之後，前幾個加入Nest的人。她當時22歲，剛從大學畢業，才華洋溢、富有同理心、非常友善、準備好改變世界。我們雇她是因為我們需要有人幫忙研究各種沒完沒了、我們不知道的事：全美使用的數百種暖氣系統是哪些？多數人家裡牆內裝的是哪種電線？

　　她不知道怎麼開發溫控器並不重要。我們沒半個人知道怎麼開發溫控器，而這就是重點，我們都需要學習，所以伊莎貝爾一頭栽入。

　　她用超快的速度學會超多東西，並成為溫控器的產品經理，在5年內成功推出了三個版本（可參見5.5 產品經理該做什麼）。

　　伊莎貝爾之所以會成功，是因為她聰明、好奇、有能力。但她某部分的成功也來自於她很年輕，她可能並未發覺在她加入之前任務有多困難，她就是去做而已，而且是開開心心去做。

　　最棒的團隊都是跨世代的——Nest會聘20幾歲的人跟70幾歲的人。經驗豐富的人擁有大量的智慧，可以傳承給下一代；年輕人則可以對抗長久以來的假設，他們常常可以看見成就困難事物的機會，但經驗豐富的人卻只能看見困難。

　　而年輕人也可以跟著你的公司一同成長。一開始加入你事業的可靠員工最後都會離開。所有人最後都會離開的。但是在他們離開之前，你會希望他們能夠指導及訓練一大群年輕生力軍，這就是你讓公司繼續下去的方法，這就是你創造出遺產的方法。

　　你最不希望的就是，產品推出10年之後，環顧四下，發覺你的員工沒半個低於35歲。

　　Nest的政策一直都是雇一群多元的新鮮人，同時舉辦實習計畫。這並不是個受歡迎的政策—— 一開始不是。人資部門老是在那耍婊，老是在抱怨，他們想要雇的是經驗豐富的人，然後把一堆工作扔到他們頭上，讓他們自生自滅。

　　這種想法是有道理的。團隊中永遠都要有某個人，或好幾個人，過去做過類似的事，而且可以再做一次。

　　但要是你看著前途璀璨的年輕孩子，或是充滿熱情、剛轉換跑道的應徵者，看見的卻只有他們必須花多少時間受訓，或是行不通的機率，那你就是忘記了一個充滿野心，正處在找出自己將成為誰的交叉路口的人才，所擁有的力量和動力。

　　某個人曾經冒險雇用你。某個人曾經引領你走過你的錯誤，花時間協助你成長。現在，為下一代創造這樣的時刻不但是你的責任，對你公司的長遠成功來說，也是很棒的投資。

　　我們每年招收的實習生中，大約有一到三成的人可以得到機會，下個夏天再回來，或是直接成為正職員工。

　　就算是那些我們沒有請他們回來的，也都是在真實的工作環境裡工作，真正發揮他們的能力，並且逐漸清楚自己之後想要做什麼。有些人甚至在發現自己最初的職涯選擇對未來有什麼意義之後，改變了在校主修的領域。而他們就是這樣跟朋友說的。突然之間，過了幾個夏天，我們就有一大群來自世界頂尖大學、如同明日之星冉冉升起的超棒人才。

　　人資經理也是在這時候停止耍婊。

　　找到超棒的人才是場戰鬥。當你正在擴張你的團隊，你可承擔不起忽略任何群體的後果。世界上有一大堆傑出的年輕人、老人、女性、男性、跨性別、非二元性別、非裔、拉丁裔、亞裔、東南亞裔、中東裔、歐洲裔、原住民……都可能

對你的公司帶來深遠影響。不同的人會用不同的方式思考，而你帶進公司的每一個新觀點、新背景、新經驗，都能讓公司進步，可以深化你對顧客的理解，點亮你先前視而不見的世界，創造各種機會。

如果你想成功，那麼雇用一個多元又有才華的團隊，可說超級重要。重要到你會想親自面試每個想加入你公司的人。但是你沒辦法，你一天只有24小時，晶種的效果也只能維持這麼久而已（可參見4.2　你準備好創業了嗎？「晶種指的是那些超級棒⋯⋯」段落）。最終你必須信任團隊，讓他們自行選擇。

但這並不表示雇人是不受控制的。你需要一個流程，而我見識過的流程都不夠好。

公司通常會遵循以下兩種雇人方法：

1. 老派：人資經理找到應徵者，和團隊裡的幾個人安排面試，接著決定雇用應徵者。簡單、直接、愚蠢。
2. 新穎：要不要聘雇某個人的決策，會分散到一堆員工身上（通常是隨機分配的），而且還會有個酷炫的招募工具。所以應徵者會和一堆人面試，這些人再把他們的回饋輸入評估表格，招募工具吐出摘要。如果應徵者達到所有標準，人資經理就可以決定要雇用他們。理想化、新穎、愚蠢。

老派的方法忽略了公司內太多員工；新穎的方法則動用到那些沒有足夠脈絡去想清楚的員工，還會讓人精疲力盡。因為隨著你的公司規模逐漸成長，不再能依賴現有員工的推薦，你可能光是一個職缺就需要找十五個求職者前來面試。如果讓太

多人承擔面試這些應徵者的重擔，那他們就會開始賭爛、討厭、敷衍一下亂填評估表格，然後就回去做自己的工作。

關鍵在於讓應徵者和正確的人談。

沒人是在真空狀況下工作，每個人都有內部顧客，就是他們必須交付成果的人。比如說應用程式設計師，就是要做出工程師可以使用的設計，在這個情況下，工程師就是他們的顧客。所以如果你要請的是應用程式設計師，你最好確保他們會跟工程師面試。

這便是我們在Nest擁有的系統，我們將其稱為「過三關」，運作方式如下：

第一關是人資經理，他們批准職缺，接著去尋找應徵者。

第二關和第三關是來自應徵者內部顧客團隊的主管，他們會從團隊裡挑一或兩個人，負責去面試應徵者。

回饋經過蒐集、分享、討論，接著三方交流，討論究竟要雇誰。

麥特或我會監督整個過程。如果在三方無法得到共識的情況下（不過很罕見），那就會由我們來進行最後判斷。通常需要動用到我和麥特的時候，結果都會是：不雇用，謝謝再聯絡囉。

即便我們接受了某個應徵者，大家也都會有個共識，那就是沒有人是完美的，永遠都會有批評跟挑戰。所以這便是人資經理的工作，從一開始就要去了解潛在的問題，跟領導階層及應徵者談過，並承諾會帶領他們新的團隊成員渡過這些挑戰。

沒有什麼神秘流程，也沒有黑箱作業。一切都經過記錄，大家都知道該期待什麼。

接著我們便會許下承諾，我們會雇用應徵者。不管我們對這位應徵者有任何疑慮，不管他有任何可以改進的潛在部份，每個應徵者一開始就都會獲得百分之百的信任。一旦你徹底評估過某個人，和推薦人確認過，並決定要聘他們後，你也必須決定去信任他們。你不能從零信任開始，並期待某個人向你證明自己。

無論你展開什麼樣的旅程，是雇新員工、開始新工作、新的合作夥伴，你都必須相信這會行得通，相信你身邊的人會做對。當然總是會有失望的時候，有些人會讓你的信任降到90％、50％、0，但要是你因為這樣就不再信任別人，你就永遠都不會知道你錯過的那些關係和機會了。

你承受不起這種風險。雇人太重要了，你會需要你能得到的所有幫助。

這就是為什麼，擁有優質的招募人員也很重要，一個對公司及產品跟你一樣興奮的人。

荷塞・康（Jose Cong）是Nest的第一個招募人員。我們知道我們必須挖來荷塞，他以前在iPod和iPhone團隊為我們帶來了招募超能力，Nest怎麼能夠沒有他呢？而荷塞的與眾不同之處有雙倍加成——他很會看人才，又有不可動搖的超級巨大熱忱。這種熱忱具有感染力，也很真誠。他百分之百確定Nest將會改變世界，而且他會用這種熱情和快樂，講述「為什麼」，也就是公司的故事。而這能夠真正激勵到應徵者，並讓他們覺得同樣興奮（可參見3.2　為什麼人這麼喜歡聽故事？怎麼說才是好故事？）。

荷塞會帶來一個又一個超讚的應徵者，接下來就取決於我們了。我們必須弄清楚他們是不是適合團隊，我們必須面試他

們。

所以我們設下一些基本規則，讓團隊裡的每個人都知道我們面試要看的是什麼，以及我們在乎什麼，這樣他們或多或少就能評估相同的東西。我們期待應徵者會受到使命驅策，反應也夠快，適合我們的文化，並對顧客充滿熱忱。我們也有個「禁止渾球」政策，就是字面上的意思，也非常有用。如果某個經驗豐富的人走進來，履歷上看來完全就是我們在找的人，結果表現卻是令人無法忍受的傲慢、輕蔑、控制狂、愛搞政治，那履歷就會被扔進垃圾桶。

當然，要搞清楚你面試的某個人是不是渾球，你就必須知道該怎麼面試他們。

我並不是全球最友善的面試官，這點大家都不意外。我會深入細節，試著理解某個應徵者的心理，或許甚至給他們一點壓力，以看看他們如何應對。每個人的面試風格都不一樣，但你不能這麼平淡，從不深入表面之下，從不逼他們，這樣就無法理解這個人真實的樣貌。面試可不是什麼無憂無慮的閒聊，你擔任面試官，是有任務的。

我面試時總是對三件基本事項最有興趣：應徵者是誰、做過什麼、為什麼做。我通常會從最重要的問題開始：「你對什麼感到好奇？你想學習什麼？」

我也會問：「你為什麼離開上一份工作？」這個問題沒啥原創性，但答案很重要。我在找的是個俐落又清楚的故事。如果他們抱怨爛主管或是覺得自己是職場政治的受害者，我就會問他們對此做了什麼，他們為什麼沒有對抗得更用力一點呢？他們離開之後留下了爛攤子嗎？他們做了什麼，以確保自己是以正確的方式離開（可參見2.4　何時該考慮辭職）？

　　還有他們為什麼想加入這間公司？這個理由最好是和他們為什麼離開上一份工作大相逕庭。他們應該要有個引人入勝的新故事，關於他們對什麼東西感到興奮、他們想和誰共事、他們要如何成長和發展。

　　另一個很棒的面試技巧則是模擬工作。比起詢問他們的工作方式，不如直接和他們共事看看，挑個問題，然後試著和他們一起解決。選一個你們兩人都還算熟悉、但都不是專家的主題，因為如果你選的問題是他們的領域，那他們聽起來總會非常聰明。而如果挑的是你的領域，那你就總是會懂得比較多。挑出來的這個主題不重要，重要的是觀察他們思考的過程。去白板那邊畫出來，他們會問哪類問題？他們建議哪些方法？他們有問消費者的事嗎？他們看起來是充滿同理心還是神經大條？

　　你面試時要看的不只是那個人能不能勝任目前的工作，也是要試圖理解他們是否擁有與生俱來的天賦，可以透徹思考你還沒預見的問題和工作──那些他們未來可以成長，進而勝任的工作。

　　新創公司總是在演化，裡面的員工也是。了解這點、信任團隊、建立真正的聘雇流程，讓 Nest 可以成長到 100 人、200人、700 人。

　　但我們很謹慎，別擴張太快。我們想要保持創辦團隊的DNA，也就是那個在車庫的破椅子上搖搖晃晃的小團隊，所擁有的迫切和專注。而唯一能達成的方法，便是以合理的速度讓新人融入文化之中，這樣他們就能從實作、觀察、和團隊共事中學習，並以有機的方式吸收文化。分享及嵌入文化DNA的最佳方式，就是人對人。當你快速擴張時，你剛雇的新人很有可

能也需要負擔一些雇人的責任,所以一個禮拜的入職訓練絕對不夠。

如果你有50個了解你文化的人,然後又加上100個不了解的人,那你就會失去這個文化。這只是簡單的數學。

所以當你雇用新員工,特別是主管時,你不應該直接把他們丟到走道最遠端,給他們一本貼著公司商標的筆記本,然後就覺得搞定了。前1到2個月非常重要,是採用正面微觀管理的時間。不要擔心太過深入細節,或是沒有給他們足夠的自由,一開始不需要。新人會需要所有他們能得到的幫助,以便好好融入文化。詳細解釋你們是怎麼做事的,這樣他們才不會犯錯而馬上遭團隊其他人排擠。跟他們聊聊什麼行得通、什麼行不通、你在他們的位置會怎麼做、什麼受到鼓勵、什麼受到禁止、該找誰求助、誰又該小心對待。

這便是讓某個人融入文化、融入風格、融入團隊流程的最佳方式。給予他們所需的推力,讓他們開始和大家一起往前跑。而不是留他們孤伶伶站在起跑線上,讀一些文件,希望自己會跟上。

永遠都要記得:加入新團隊非常恐怖。不認識任何人、不知道自己適不適合、不確定自己能不能成功。

這就是為什麼我和執行長會開始進行午餐聚會,麥特也會。每兩到四週,我們會找15到25個新人及舊人,吃頓輕鬆的午餐。我們試著讓來自不同團隊的大家彼此交流,讓公司的大家認識一下。沒有經理、沒有主管、沒有主題報告,只是個讓他們認識最頂層的可怕老大,以及也讓我能認識他們的機會。他們會問我關於我們的產品、我們的政策、我的事、麥特的事、我們在蘋果的經歷、我們為什麼不允許公司內有馬殺雞、

我們為什麼有這麼多代號（可參見6.4 關於員工福利：馬殺雞去死吧）。我則會問他們對什麼感到興奮、他們在做些什麼、他們為什麼想加入公司。

在這個午餐聚會裡，我才有機會強調他們的角色為何如此重要，和他們聊聊他們團隊的目標如何支持公司的目標、聊聊我們的文化、我們的產品、新的專案、什麼正朝正確的方向發展、什麼又不是。新進員工也可藉此機會，帶著他們的問題直接問我，同時能夠認識已經融入我們文化的原有員工。老員工可以幫助新人，並以身作則。

每位員工每年都可以參加五次午餐。而每次午餐都是一劑文化疫苗，可以防止冷漠和漠不關心，防止你覺得自己在做的事沒有意義，覺得反正高層也沒人知道你是誰。

就是這樣，我們才得以成長，團隊開枝散葉、各具特色。個別貢獻者變成主管，主管也變成董事。

許多人勇敢接受挑戰，許多人表現超出所有預期，有些人則沒有。有時候你會發現你初期雇用的人，在擴張過程中變得不適合團隊；有時候你則是打從一開始就雇了錯的人，或是雇到平庸的人。也有可能你雇的人各方面表現都很棒，卻不適合你的文化。

而有時候，你雇到的就只是無法在你公司成功的人。

接著你就需要炒了他們。

雖然衝突的時刻永遠會是非常醜陋，但這個時刻其實相當短暫。而且你的工作便是向前看，不要陷在裡面太久。記住這點非常重要。你必須迅速從「這行不通」轉換到「現在我要盡我所能協助你找到你喜歡，而且更適合你的工作」。這種想法並不符合我們的直覺，但是把某個人從他們失敗並且完全不適合

的工作中炒掉，可以是個出乎意料的正向經驗。我炒掉過的所有人，最後都證明這對他們和公司來說都更好。

有時候人生就是個淘汰的過程。有時候被炒也是件好事，但絕對不能是個驚喜（除非是你員工犯罪，讓你很驚訝啦。我在職涯中就遇過不少次）。

在正常情況下，沒有人應該要為自己被炒感到震驚，或是必須詢問為什麼會這樣。當然他們有可能不同意，但是所有表現不佳的人，每周或每隔兩周都應該要有一對一會議，談談他們的掙扎。問題會在這裡誠實討論、嘗試解決，後續也會談談什麼行得通、什麼行不通、接下來會發生什麼事。

如同大家加入你公司時會許下承諾，你也是在給他們承諾。如果你在領導公司或大型組織，那你的責任就是要協助他人找出他們面臨的挑戰，並提供他們空間及指導以便改進，或是協助他們在公司中找到可以成功的位置。

但是即便帶著全世界的好意與善意，有時候對你和那個快要被炒的人來說，事情會變得很明顯：他們的問題完全無法解決，團隊已經對他們失去信心，而且世界上充滿其他更美好的機會，以及其他不會這麼悲慘的工作，你也會開開心心協助他們尋找。這時便是他們會離開的時候，通常還是按照他們自己的意願。

這個過程可能會花上1個月，或2個月，或3個月，但通常都會和平結束，而且對大家來說都會更好。

然而，有時候你會發覺你雇的是個渾球。

小型新創公司裡假如出現一個渾球，就可能是公司的末日。不過渾球其實可以在大大小小的公司裡摧毀位在任何成長階段的團隊和產品。團隊規模越大，渾球就越容易混進來，開

始朝井裡下毒。

如果你管的是一個卑鄙又不值得信賴的暴君，那麼反射動作就會是盡快切除這顆癌細胞。可是你仍然必須慢慢來，告訴他們狀況，給他們機會改進。資遣相關的法規在每個地方都不一樣，所以了解並遵循這些法規相當重要。如果他們覺得自己被炒的方式不正當，他們會很想去告死你。很多你以為是好人的人，最後可能會拖你的整個組織一起陪葬。

這是公司成長過程中最痛苦的其中一件事。一開始你有個超讚的核心團隊，你知道可以和他們一起爬山。但這個階段不會永遠持續，最終你必須加入更多更多更多團隊成員。有時候你會搞砸，雇到渾球，或是雇到沒辦法拿出表現或適應文化的人。但公司成長過程中真正令你震驚之處在於，久了之後你會發現自己竟然雇到「還好而已」的人。和你初期雇用的超讚人才相比，他們看似一點也不令人驚艷，他們大部份只是良好的團隊成員，可以完成工作。

但這並不是世界末日，因為隨著公司擴張，你在各個層級會需要各式各樣的人。

你不能等到每個職缺都出現完美的A+應徵者。你必須持續雇人。菁英中的菁英不一定總是想加入大型團隊，要不然就是他們已經有工作了，要不然就是你請不起他們，沒辦法提供他們想要的職銜或職務。

有時候當你沒有太多期待，你以為是B和B+的人，最後會完全顛覆你的世界。他們可能可靠、有彈性、是很棒的導師和隊友，能讓團隊凝聚一心。他們也可能謙虛、友善、默默交出優質的工作成果。他們是不同類型的「搖滾巨星」。

到目前為止，公司成長最困難的部分是找到各式各樣最棒

的人才，並信任你的團隊雇用他們，接著確保他們快快樂樂成長茁壯。

所以不要逃避，把這當成公司的第一要務，使其成為所有人的優先事項。

我在很多公司都看過他們把人力資源議題留在團隊會議的最後，或是切開來變成單獨的人力資源及招募會議。但你的優先事項其實是你的團隊，以及團隊的健康和成長。而展示這點最棒的方法，便是每個禮拜開會都把這當成最先討論的議程。

在Nest的每個禮拜一早上，我的管理會議都是這樣開始的：我們想雇的優秀人才是誰？我們有達成聘雇目標或人才留用準則嗎？如果沒有，那問題在哪？障礙是什麼？團隊還好嗎？大家遭遇什麼問題？表現評估還好嗎？誰需要獎金？我們要怎麼慶祝這些成果，讓團隊覺得自己有價值？還有，最重要的，有人離職嗎？為什麼？我們要怎麼把這個工作變得比外面其他工作更有意義、更有成就感、更令人興奮？我們要怎麼幫助大家成長？

只有在我們討論完這個重要主題後，我們才會繼續討論其他事項，比如我們他媽到底在打造什麼鬼啊？

各團隊的主管看得出這對我來說很重要，所以這也變成他們每週團隊會議的架構，這成了Nest的方法，人才優先，永遠都是。

你在打造的東西，永遠不會比你和誰一起打造更重要。

5.2 團隊擴張的臨界點

　　成長會破壞你的公司。隨著越來越多人加入，你的組織設計和溝通風格也必須跟上，不然就會面臨團隊失和、破壞公司文化的風險。

　　臨界點幾乎總是在你必須加入新的管理階層時出現，這將無可避免導致溝通問題、資訊混淆、速度減緩。在公司創辦初期，多數人都自己管理自己，此時領導者可以有效管理的人數上限是8到15名全職員工。隨著公司逐漸成長，這個數字將縮水到7至8人。當團隊到達這個臨界點時，你就必須預先建立一個管理階層。理想上是從內部拔擢人才，接著讓管理系統就位，以便確保溝通的效率。

　　為了不要讓臨界點真的摧毀你的公司，而且導致員工集體出走，應該盡早讓管理調整就位、盡早告訴團隊新計畫，並在他們轉換到不同角色時指導他們。

如果你有個6人團隊，那麼一年中就會有6天是某人的生日。

所以你會買個蛋糕，找個下午慶生，一切都很棒。

但如果你有個300人的團隊，基本上就每天都會有人生日。我們還是要慶祝每次生日嗎？整個團隊不能每次都下午放假。

還有你還要買蛋糕嗎？蛋糕對你的文化重要嗎？你想盡量對團隊好，但現實不容許你這樣搞：有死線、有預算，而且員工會花掉一堆他媽的蛋糕錢。

蛋糕是個縮影，預示了公司成長時會遭遇的更大問題。但我也真的是在談蛋糕：原來大家守護蛋糕的意志竟然如此堅強。每當你想要停辦生日派對時，總會帶來一場小型危機。

公司的成長總有可能會像這樣給你驚嚇。正當你覺得沒有事情可以阻止你時，一切總是會崩潰，臨界點通常會在情勢大好的時候出現：此時公司業務大幅成長，產品開發相當順利，感覺就像你終於搞懂了，終於踏上正途。

這有點像是帶小孩。正當你覺得你上手了，他們會自己吃飯了！他們會睡覺了！他們會走路了（還會撞上所有東西）！你的孩子成長了，然後這個階段就結束了。會走路已經不是新聞，而所有到現在都還行得通的一切，突然間就無用武之地。

永遠都會這樣。永遠。而你能做的唯一一件事，就是張開雙臂接受。

我曾和許多創業家聊過，他們告訴我，他們超討厭公司成長到超過120人，所以他們自己開新創公司時絕不會讓這發生。但我從沒看過這招奏效，在任何成功的事業中都不可能。

不是成長就是死，停下來就真的不會動了。改變是唯一的選項。

但這不會讓事情變得比較容易。

團隊規模改變時，便會出現臨界點。無論我們在談的是獨立的事業，或是大型公司內部的團隊，這些群體的規模改變總是非常困難：

組織架構：每個人多多少少都會參與一切，且幾乎所有決策，無論大小，都是共同決定，不需要管理階層。因為團隊領導者會協助驅策願景和決策，同時領導團隊表現得也像是一般同事。

溝通方式：自然而然發生。所有人都在同一個空間或同一個聊天室中，聽到的很有可能全是相同的對話，所以不會出現資訊瓶頸或是定期開會的需求。

組織架構：當公司人數超過15到16人，最多由7到10人組成的小型團隊就會開始出現。原始核心團隊中的某些人必須要縮小職責，開始負責管理。但整個團隊依然非常小，一切依舊保持頗為彈性和非正式。

溝通方式：公司首度出現了不是全體參加的會議，所以某

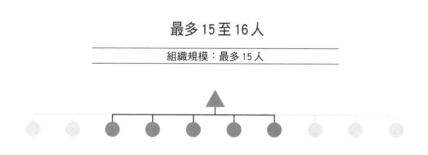

最多 15 至 16 人

組織規模：最多 15 人

● 或多或少正常運作的典型組織

○ 你即將接近臨界點時的團隊規模

圖5.2.1：直到人數到達約15人之前，一個團隊能輕易合作：非正式的溝通自然順暢，只有在絕對必要時才會進行團隊會議，沒人真正在乎組織架構，而這也對資訊在公司中流通的方式沒有影響。在這段早期的日子中，你應該盡量試著讓組織架構保持扁平，越久越好。但等到領導者必須管理超過8到12人時，你就必須要加入一層管理階層了。

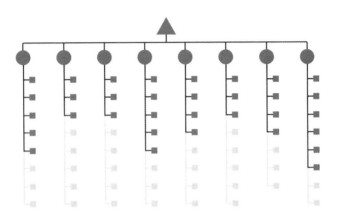

最多40至50人

組織規模：從15人到40至50人

● 或多或少正常運作的典型組織

◐ 你即將接近臨界點時的團隊規模

圖5.2.2：隨著你的公司成長到超過15人，就必須在執行長或領導者及團隊之間，加入管理階層。也是在這個時候，可能會開始出現自行其事的單位，溝通也有可能受到破壞，因為資訊已經不再是平均分配。某些人會決定繼續擔任個別貢獻者，有些人則會成為主管。務必確保你讓所有潛在的主管都準備好接掌管理責任，不要讓他們自生自滅。確保組織扁平。如果你擴張快速，你也會需要聘雇資深的領導者，他們必須親自下場參與工作——隨著你的公司成長，這些人也會演化出他們在公司內的角色。

些人會得到其他人不知道的資訊。此時你需要把互動風格變得正式一點，寫筆記、寄出更新、確保所有人保持同步。

　　組織架構：當你成長到超過50人，有些人就會成為主管的主管，而這和「單純管理個別貢獻者」的情況天差地遠。人資部門也會在此時第一次出現。你需要適當的流程去處理升遷、決定職責歸屬及科層架構、負責員工福利保障，你也真的會需

最多 120 至 140 人

組織規模：從 40 至 50 人到 120 至 140 人

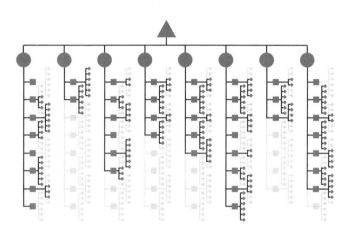

● 或多或少正常運作的典型組織

● 你即將接近臨界點時的團隊規模

圖5.2.3：現在執行長或領導者，以及多數負責公司日常運作事項的團隊之間，已經隔了兩層，所以必須重新思考溝通方式。主管開始管理更下層的主管，所以你會需要引進管理教練，以協助你找出誰做得很好、誰能成為未來的主管、誰又需要一點協助。你必須要找出方法，以便和團隊有效溝通，確保主管確實傳達同樣的資訊給他們的團隊，並確保整個組織的資訊都會流到最上層。如果從下到上以及從上到下缺乏透明，可能會滋生不信任。而缺乏數據之處，便將由這些不信任填補。

要弄好職銜的部分。

　　功能性團隊會成長，大型團隊裡的小型團隊也會開始出現。每個團隊都會開始根據他們的工作屬性，發展出自己的工作風格。專業化越發必要，許多團隊成員都會開始找到跑道，並專注在專業領域上，而不再是凡事都得自己來（雖說凡事都得自己來，既有優點也有缺點）。

溝通方式：必須建立正式的跨團隊溝通流程，與領導階層的會議也必須正式化。走廊上的對話已經不再有用，你必須要擁有定期的全體會議，團隊在會議上能夠互通有無。主管則必須負責團結大家、傳遞資訊、給予鼓勵。

公司主管此時真的必須確立他們的溝通風格：你要怎麼和管理階層團隊連結，並設立優先順序？你要怎麼主持會議？你要怎麼向全公司報告？領導階層也會開始每周和人資團隊開會，以管理爆炸的人事議題。

最多250至400人

組織架構：到了這個階段，你可能會有多個專案在競爭相同的資源，領導階層距離實際的產品更加遙遠，並將大多數時間花在管理組織架構以及團隊之間互相衝突的優先順序上。

溝通方式：各種會議很可能已經失控，資訊遭遇瓶頸。你需要重新調整會議架構，並重新思考你的溝通風格。全體會議將更罕見，而且全體會議將是用來強化公司的願景，而非傳遞策略資訊。這代表必須要有其他方式，讓員工能夠輕易接觸及傳播相關資訊。

在現今的遠距工作時代，上述一切依然正確，甚至還更為重要。隨著遠距工作出現，非正式的閒聊及自然溝通就消失了，你的溝通策略必須要變得更仔細、更有紀律、更具目的性。你必須給大家一張藍圖，以便和彼此連結。

而且永遠要記得，成長並非階梯函數，不是說你在119人的時候一切都還很好，然後到了120人就瞬間崩潰。早在臨界點到來之前，你就必須開始擬定策略，以順利過渡到下個階段——

至少要在臨界點到來的2到3個月前就開始，之後也必須要花好幾個月調整。仔細思考你的組織設計和溝通風格，搞懂你是否需要訓練個別貢獻者成為主管，或是引進新血、調整會議、看看大家害不害怕。而且也必須和大家聊聊。你必須講很多話。

重點在於前後一貫。如果你在大公司中帶領專案，或是在經營自己的新創公司，那你就必須指導整個團隊渡過這些轉變。公司正在經歷青春期，所以早在長出第一撮腋毛之前，就必須進行幾場尷尬卻重要的對話。你甚至可以照搬我的比喻：這在所有成長茁壯中的公司都會發生，這很自然，不用擔心。

但你也會需要坦承談論為什麼對你的員工、你自己、公司來說，這會令人膽顫心驚。承認你會失去某些東西，而這些失去將相當難熬。在過程中讓主管及員工參與，這樣才不會晴天霹靂，變成某件發生在他們身上、他們卻無能為力的事。要搞定這一切，你需要他們的協助，這樣他們也才能定義、擁有、接受這些改變。

如果你能夠看見即將發生的事，你就能設計你的未來。

但首先你必須渡過恐懼，以下便是那些最令員工害怕的事，以及你該如何協助他們渡過。

專業化

所有生物都是從一顆單細胞開始的，這顆細胞分裂成2顆、4顆、16顆。一開始每顆細胞都一樣，但很快便迅速掙脫，各自成長，這一顆會變成神經，那一顆會變成肌肉。生物越長越大，每顆細胞也必須更加分門別類。整個系統越發複雜，但也同時變得更具韌性，可以生存好幾年、好幾10年。

同樣的情況也會發生在公司上，但大家並不是幹細胞。有些同事是某個領域的專家，他們可能很喜歡專注在自己工作上的某一個小元素上面。但對大多數人而言，縮小他們的職責會讓他們害怕，而這個過程在一開始更是特別嚇人——也就是大家都已經習慣於參與全公司的一切，基本上沒有管理階層，你們只要全體共識某個方向就能開始衝刺的時候。但專業化總會發生，就算是在大公司，甚至巨型公司，也都會發生。

員工擔心的是以前大家全都能參與一切又酷又不一樣的東西，而現在會有人出現搶走一切。

所以要把大家的注意力聚焦在機會上：協助他們，讓他們對自己的工作將會變得如何感到好奇，而不是害怕那些他們可能會失去的事物。他們想當主管嗎？他們想領導團隊嗎？他們想要學習更多同領域其他方面的事物，還是想深入鑽研某件他們已經很享受的事呢？他們想要學什麼？

一開始的步驟是協助他們理解：自己究竟真正喜歡工作、公司、文化的哪個部分。接著他們便能和主管合作，保留這些東西，並卸下他們不怎麼喜歡的那些事。或是他們也可以運用這個機會，去開創完全嶄新的事物。

只要不斷提醒所有人：這是他們選擇自己方向的機會，他們掌握自己的職涯。告訴他們：把自己投射到未來中，弄懂你想成為什麼樣的人，以及你究竟想做什麼。

組織設計

如同員工在公司成長時必須專業化，團隊也是。當你只有一個產品時，你就可以按照功能進行組織：一個硬體工程團

隊、一個軟體工程團隊等等。但是隨著你加入更多產品線，這樣的組織架構將拖慢你的速度，可能兩個產品時就會崩潰，或是到了五個產品才會崩潰，但最終都一定會崩潰的。

問題通常在於頂層的人——領導者每次就只能思考有限的個專案。他們可以專注在三、四、五個專案，但等到變成六或七個時，他們的腦就要燒焦了。一天的時間有限，所以某些專案會先遭到擱置，之後再來處理，但是這個「之後」永遠不會到來。

你會需要把整個組織拆解成負責不同產品的團隊，這樣每個產品才能獲得應有的關注。這個團隊負責溫控器，那個團隊負責煙霧警報器，接著你有可能需要再度拆解。在Nest時我們最後成立了一個配件團隊，不然東西根本永遠都做不出來。主要團隊總是會說他們之後會處理，但是配件專案從來都不是他們的第一優先，所以他們無可避免會先處理其他事。

亞馬遜、Square、Stripe、Twilio，幾乎所有擁有多條產品線的團隊都必須按照這樣的方式重新組織。

每一類產品都會有專門的工程團隊、專門的行銷人員、專門的產品設計師和寫手。而這讓他們變成公司內的小型新創公司：規模更小、速度更快、更加自治。決策速度會加快，所有人共享一個清楚的目標，而不是變成次要專案去競爭公司內部的資源。

這麼做會比較好，但也不是說大家會因此開心。一個團隊就跟個別貢獻者一樣，不會喜歡自己的工作範圍受到限縮。

但是你和個別貢獻者針對個人成長軌跡所進行的對話，也可以在團隊的成長軌跡縮小時再度派上用場。使用這種拆解方式，可以讓組織更為扁平、消滅大量管理、創造更多成長機

會，讓員工有更多機會深入鑽研，找到某件他們擅長，並且可以受到賞識的事。

　　無論如何，大家總是可以跳到別的團隊。發布舊產品的新版本，接著轉到閃閃發亮的新產品。先試試溫控器，再試試煙霧警報器。如果某個人積極又興奮，總是會有轉圜空間的。

從個別貢獻者到主管

　　表現優良的人時常會受到詢問，是否願意負責帶領成長中的新團隊（可參見2.1　如何才是有效的管理）。某些人會願意，其他人則會恐懼地退縮，可能是因為害怕改變，也可能是因為不安全感，或是因為他們就只是真的很喜歡自己的工作以及公司現在的樣子。在這些時候，你必須協助他們了解管理階層的必要：團隊規模變得太大了，我們必須專業化，必須為未來成長準備，然後提供他們選項：

1. **繼續擔任個別貢獻者，但是受某人管理**。這不一定是件壞事。他們的新主管可能是在這間公司長期共事過的朋友，或是你也可以從外部引進超棒的領導者，讓他們可以從中學習。但如果他們選擇這個選項，那他們就必須接受之後會有不同的管理方式，而且他們對團隊成長的方式也不會這麼有影響力了。

2. **進行管理測試**。讓他們試試看擔任管理的角色，並看看他們感覺如何。你去渡個假，把控制權交出去，告訴大家現在暫時換這個人當家。或是開始帶他們一起參加管理會議，要求他們出席。要求他們領導更大型的專案，

指派一些任務給他們，讓他們看看這份工作究竟是在做什麼。讓他們協助人資細節，帶他們參與計畫會議。

接著詢問主管候選人，想不想要來個真正的測試，派他們去參加主管訓練。如果你的公司規模太小，沒有合適的訓練，那麼就指派一名資深主管擔任他們的教練（這個流程應該要相當正式，並當成該教練該季的目標關鍵成果 Objectives and Key Results，OKR。這應該要是個關鍵目標，而非揮手把人家叫來說：「幫忙帶一下這個人，好嗎？」）。

接著在一對一會議中，也向團隊其他人提及，你在考慮拔擢這個人，但想要先確保所有人都沒意見。跟他們說：「我們來試試看，如果你有任何問題，直接來找我。」開始讓大家習慣這個主意，並給主管候選人時間大放異彩。

再來，在他們對自己的能力獲得一點自信，團隊也對他們扮演的新角色沒有問題後，便提供他們真正擔任主管的機會。

總之，提早開始進行主管訓練，並確保主管候選人可以和其他資深主管聊聊，讓他們對成為優質主管的技能和學問產生興趣。告訴主管候選人，管理有個很重要的部分，便是協助團隊找出困難問題的創新解決方法。你不可能靠自己完成所有工作，但你在交出優質的成果上，將扮演重要角色。

我曾見過許多領導才能剛萌芽的人躍上舞台，但也有些人就是無法順利升級，有些人會崩潰，有些人會離職，有些人會討厭這份工作，有些人就只是很平庸。在這些時候，你的責任就是協助他們找到其他機會，包括在公司內及公司外。他們嘗試過卻失敗了，而這代表他們學到了。這也沒關係，人生就是個淘汰的過程，而他們現在可以自由嘗試新事物了。

從個別貢獻者的主管，到主管的主管

當公司規模到達120人左右，你就必須要有總監：也就是管理其他主管的主管。總監的思考方式必須更像執行長，而非個別貢獻者。

他們必須對底下的團隊擁有更多信任，指派更多責任，並擔任教練的角色。他們離團隊更近，卻離產品更遠；負責重要的策略調整，卻也不是完全獨立。而且最後，他們仍然需要交出成績。

所以這些新總監不應直接空降，沒有任何支援。他們從一開始就應該受訓，並擁有教練，那個教練可能是你，也可能是別人。但這段關係必須非常正式，協助新總監理解：沒人期待他們馬上就懂一切。

會議

多數人在公司快速成長時會抱怨的第一件事，就是突然之間各種爆量的會議，還有電子郵件跟訊息啦等等。但大部分是會議：團隊會議、管理會議、全體會議、人資會議……到了某個程度就都無法避免。大家必須彼此溝通，而群聊的規模有限，太多人一起群聊，就會影響到生產力了。你需要會議，包括當面及其他方式。

但你也需要偶爾停下來，重新評估你的會議及溝通流程，並在不再有效率、開始浪費時間時做出調整。你可以把某些會議改成狀態更新報告，並減少參與人數。但這時你又得開始擔心會有太多報告，你不希望團隊花一堆時間撰寫沒人會閱讀的

資訊。這是場拉鋸戰，主管總是應該留心團隊在會議上花了多少時間 —— 包括跨團隊和團隊內部，並努力控制這些數字。

全體會議就是個很好的例子，這指的是公司全體參與的會議。一開始，當你只有不到40至50人時，很可能每個禮拜或每兩個禮拜舉行一次，此時的會議形式無須正式，討論的是策略，大家都坐在地板上，邊分享檸檬蛋糕邊討論大家這個禮拜要完成工作進度的須知、下一個里程碑是什麼、我們在做什麼有趣的事、競爭對手的動向是什麼等等。有時候，如果必要的話，你也會宣布可怕的消息。但通常你都會向前看，談論使命以及你邁向使命的進展。會議最後則是以一些團隊凝聚活動結束。

隨著更多人加入團隊，已無法把會議變得跟參與的每個人都切身相關，也無法涵蓋你想涵蓋的所有主題。此時你會開始降低全體會議的頻率，內容也起了改變 —— 漸漸與目前的情況無關，而變得跟公司遠大願景以及計畫中的重大改變更加有關。

那些內容有趣、不斷彼此插嘴討論、坐在地板上、蛋糕碎屑掉滿地的每周全體會議，無法協助公司擴張。

而要是你沒發現這點，你就會困住。就像（直到最近才改掉的）Google全體14萬名員工每個禮拜都要參加一場2到3小時的全體會議 —— 著名的（或臭名昭彰的）TGIF「感謝老天今天禮拜五了」會議，不過其實是在美國的禮拜四舉行，好讓亞洲的員工也參加。這又是另一個規模無法擴張的實例。

TGIF會議大多數時候都是讓公司各團隊展示他們的工作成果，內容有時候真的非常有趣，但很多時候都超無聊，除了一點來自主管的玩笑之外。不過這個會議的真正目的 —— 用有效率的方式傳遞相關資訊 —— 早在多年前就已經失效了。多數員

工會把那整整 3 小時都花在用內部應用程式 Memegen，製作會議相關的迷因上。雖然這對公司文化來說很棒，也是個凝聚團隊的好方法，世界上卻根本沒半個人敢宣稱這樣很有效率，或是能幫助任何人工作得更好。

而且還很貴。就算你不把公司有一大堆人每個禮拜都花好幾個小時做迷因的成本算進去，準備工作也很麻煩。Google 甚至有一個專門舉辦 TGIF 會議的團隊，幾十個人花好幾百個小時在這些每周成果上。

所以把全體會議保留給真正需要的時候吧。讓全體會議變得很獨特，定期舉行，頻率卻很低。同時鼓勵小型的跨團隊會議，以分享相關資訊——這些小型會議依舊可以坐在地板上吃檸檬蛋糕，但是會議的目標應該要清晰又乾脆，而且大家花在工作上的時間應該要有意義才對。

人力資源和人才

一開始，你並不真的需要人資。當你只有 5 個人、10 個人、甚至到了 50 個人時，你都可以直接透過外部的招募人員來讓團隊成長，並在問題出現時彼此溝通，然後把基本的工作（比如健保跟退休金制度等）外包。

當你的員工數量來到 60 至 80 人，你就必須要引進全職人資，因為你並不只是在處理那 60 至 80 人而已，實際上會是 240 人，或是 320 人。大多數員工都有家庭，配偶、親屬、依賴他們的人，而這每一個人都會有某些需求落在你的肩膀上。他們會生病、懷孕、需要支持、想要請假、或只是對員工福利有疑問。

外包人資工作會變得越來越昂貴，而且會吸乾太多太多你

的時間了。

所以引進全職人資吧,並提醒員工,人資在此是為了要保護他們和公司文化的,會在他們有小孩時幫助他們,會確保他們準時領到薪水,並確保他們感到安全。公司增添正式的人資職位,並不會剝奪任何事,而是會提供員工和員工的家人更棒的資源。

教練及導師

在臨界點到來之前,教練及指導可說非常重要,特別是在過渡到30至40人、出現主管時,以及大約80至120人,當你將員工升為董事時。

不過務必記得,教練及導師之間是有差異的:

教練的目的是為了要協助公司,完全公事公辦:就是為了這間公司、這個工作、此時此刻。

導師則更為私人。他們不只是會協助對方的工作,也會協助對方的人生、對方的家人。

教練會幫忙,是因為他們了解公司;導師會幫忙,則是因為他們了解你。

而最棒的便是結合兩者,找某個了解兩個世界的人。一名導師兼教練,可以協助對方擁有更寬廣的視野,看見公司需要什麼,以及他們自己需要什麼。

在公司創辦初期,如果你是領導人,那你就也是導師,你會協助其他人準備好面對重大改變,並指導他們渡過。但是隨著團隊成長,你將會需要引進正式的導師或教練,以協助你分擔工作。公司來到120人時,你應該要找來管理教練,可以指引

你的領導團隊渡過他們的新職責、溝通方式、組織策略。

文化

文化是最難描述的東西，也是最難保存的。就算是在小公司中，每個團隊一般來說也都會演變出自身獨特的文化，而當這個文化之中的某個珍貴部分消失時，有可能也會一併帶走許多你的員工。

所以為了要保存你所愛，請讓團隊寫下他們最珍視的事物，並制訂一個能讓這些事物持續下去的計畫。而且務必記住，凝聚你公司的，不一定會是明顯的事物，有可能是某些小事或蠢事。Nest 的規模還很小的時候，團隊有幾個成員開始在停車場辦烤肉。烤肉很棒，大家都能放鬆、聊天、吃東西。而隨著我們成長，這類烤肉本來可能很容易就會消失，畢竟準備牛排給 15 個人吃，和給 50 個人或 500 個人吃，可說是天差地遠。所以我們改由公司來辦烤肉，規模變得更大、更精緻、更昂貴。但我們從不放棄烤肉，這對我們的文化很重要，因為大家都有機會可以混在一起，主管和員工、設計師和工程師、品質保證、IT、客服團隊。這只是個烤肉，但卻非常重要，而且擴張的過程還比全體會議更棒。

文化是以有機的方式出現。但接下來就需要經過整理，以便維護。

所以請寫下你的公司價值，貼在實際和虛擬的牆上，向新進員工分享，納入所有新應徵者的面試。大家都應該知道，對你的公司來說什麼是重要的——是什麼東西定義了你們的文化。如果你無法明確了解你的文化，你就無法傳承、維護、演

化、依此雇人。

也請所有團隊寫下他們的做事方式：行銷流程是什麼？工程流程是什麼？我們開發產品時會分成什麼階段？我們如何合作？這些知識不能只留在大家的腦子裡。員工會離職，新人會加入，如果你是以等比級數的形式爆炸性成長—— 而且同時朝著不同方向成長—— 那你就需要一個堅固又穩定的核心。你的資深員工必須要能夠帶領新員工理解，在這裡是怎麼做事的。不然所有人就會一起迷失。

我親眼見到這種臨界點如何摧毀數百間我們投資過的公司，而且我自己也體驗過，包括我在飛利浦時，試著在將近30萬名員工的大海中，組建一個團隊；以及當蘋果從3,000人成長到8萬人時。此外，臨界點似乎總是讓人措手不及，因為沒有人想要把目光從他們蓬勃發展的事業、成長茁壯的願景、新穎劃時代的產品上移開，停下來思考與重整。

要為臨界點制訂計畫，可說是一件苦差事，尤其是公司有這麼多事同時在進行中。而且臨界點的計畫還是最糟的那種：千頭萬緒、困難重重、讓人超級賭爛的事。明天再處理總是個充滿誘惑的選項。

但是「東西沒壞就不要修」的法則在此並不適用。當你沒有為臨界點準備、沒有警告團隊、沒有深思熟慮地圍繞著職位優先、個人次之的觀念重新調整組織、沒有加入新的主管、沒有重新評估你的會議和溝通工具、沒有為員工提供訓練或教練、也沒有積極保存你公司的文化時，後果可說非常明顯：

- 我見過領導者為了要讓員工快快樂樂，因此在打造組織的時候，是圍繞著現有的員工為中心，而非先搞懂最佳

的結構為何，然後把團隊成員安排在適合的角色上。

- 接著角色和職責就會重疊，上級有各種冗員，他們必須為員工發明稀奇古怪的新職稱，而且沒人知道他們到底該做什麼。
- 進度陷入泥沼。
- 員工抱怨文化已死。
- 大家開始離職。
- 恐慌蔓延，感覺就像是全面危機。

　　一旦發生，通常需要6到9個月才能恢復。一般來說，公司必須取消臨界點之後的所有新成長，然後重新開始，這次把事情做對。你絕對必須要把事情做對。那些忽視臨界點的公司，要不是撐不下去，不然就是會困在他們現有的規模，卡在原地。

　　你也應該知道，就算你真的完美管理好一切，你很可能還是會失去某些員工。好人會離職，有些人就只是比較喜歡小公司。有些人即便尊重改變，卻仍不喜歡改變。而且雖然已經有大量警告和訓練，有些人也還是會討厭出現管理階層。但是就算看著信任的隊友和朋友離開很令人受傷，損失仍然是可以控制的，這不會變成一場災難，你的文化和公司會存活下來。

　　而最後，等到你讓員工放心、訓練完主管、進行過一百萬次一對一會議安撫大家的焦慮、整理好公司的價值和流程、在你定期舉行卻不那麼頻繁的全體會議中演講，以協助建立和鞏固文化……等等之後，你會需要花幾分鐘為自己想想。

　　你很可能也一樣害怕，而且你也應該要害怕。如果沒有的話，你就是不夠認真看待。

　　臨界點不只會發生在公司上，也會發生在你身上。身為執

行長、創辦人、大型公司的團隊領導人，你的組織成長得越大，你就會變得越孤立，產品也會離你越來越遠。剛開始時，你協助雇用了所有人、認識所有人、參與了許多會議（如果不是每一場會議都參與）、和團隊肩並肩一起奮鬥……但隨著團隊成長到超過120至150人，一切都變了。你開始看到你不認識的臉孔。這些人是我們的員工嗎？還是員工的親屬？來吃午餐的朋友？你再也不知道眼前情況的所有基本細節了。你再也無法隨意走進一場會議而不把與會者嚇死：老闆幹嘛出現？出了什麼問題嗎？

所以當臨界點降臨在你身上時，請務必記得你當初是怎麼讓團隊放心、要他們遵照你的建議的：要知道臨界點一定會發生，而且我已預作準備了。和你的導師聊聊。提早在轉變來臨之前，就先了解你的工作看起來應該像怎樣，並依此制訂計畫。同時也永遠都要記住：改變就是成長，而成長就是機會。你的公司是個生物，細胞需要分裂才能繁殖；需要分門別類，才能成為某種新東西。所以不要擔心你將會失去什麼，想想你會成為什麼樣子吧。

5.3 給所有人的設計心法

　　所有受到創造的東西，也都需要經過設計。不只是產品本身和行銷，也包括過程、體驗、組織、形式、材質。設計的核心意義，在於透徹思考過某個問題，而且找出優雅的解決方式。任何人都做得到，大家也都應該這麼做。

　　成為一名優質設計師，比較像是一種思考方式，而不是很會畫畫。這不只是把東西做漂亮而已—— 更在於讓東西變得更好。雖說沒有專業設計師的協助，你可能無法做出精工雕琢的原型產品，但只要你遵循兩個核心原則，那你自己其實他媽的也可以走蠻遠的：

1. **運用設計思考**（design thinking）：這是個非常著名的策略，由 IDEO 團隊的大衛‧凱利（David Kelley）發明，鼓勵你去找出你的顧客和他們的痛點、深入了解你試圖解決的問題、系統性地尋找解決方法（可參見書末推薦書單之《創意自信帶來力量》（Creative Confidence: Unleashing the Creative Potential Within Us All）一書）。

   比如說，有人在抱怨他們電視遙控器太多了。與其馬上一頭栽入，把所有遙控器合併成一支複雜到爆

的超巨遙控器，你應該先花時間了解你的顧客：他們坐在沙發上時會做些什麼？在看什麼節目？什麼時候看？和誰一起看？每支遙控器的功用為何？又有多常使用？他們把遙控器擺在哪？拿錯遙控器時又會發生什麼事？

從這些問題中，你就可以了解顧客真正的問題：他們回家已經很晚了，不想開一堆燈吵醒家人，所以想在黑暗中打開電視，卻永遠找不到正確的遙控器。好，這樣我們就可以來找個解決方法了。

2. **避免形成習慣**：大家都會習慣事情。生活中其實充滿各種微小的不便，但你卻不再留意到，因為你的大腦就只是接受了，將這些微小的不便視為無法改變的事實，於是把它們過濾掉不去理睬。

比如說，你可以想想超市賣場在農產品上面貼的小貼紙。買完蘋果之後你不能直接開吃，你必須要找到貼紙、把貼紙撕掉、用指甲把黏黏的殘膠摳掉。你剛開始發現蘋果被貼了貼紙時，很可能蠻賭爛的，但你現在幾乎不會在意了。

若你從設計師的角度思考，你就會對工作和生活中各種可以改進的事物保持清醒。你會找到機會，去改進大家長久以來都假設「反正一定一直都會這麼糟糕」的體驗*

---

* 我針對習慣這個主題進行了一整場TED演講，如果你有興趣詳細了解，歡迎上網收看。

詞彙，有時會造成麻煩。

設計並不只是個職業。

消費者不只是某個會買東西的人。

產品也不只是某個你賣的實體物品或軟體。

你可以在你所做的一切上應用設計思考。

想像一下你正在檢視你的衣櫃，為工作面試準備：你的客戶就是你的面試官，你的產品是你自己，而你正在設計你那天的穿著。該穿牛仔褲嗎？要穿正式的襯衫嗎？公司文化是正式還是非正式？你想要表現出自己的什麼特質？做這些決定，就是一個設計過程，要得到最佳結果，就需要設計思考。即便是在不自覺的情況下也是如此。

現在你錄取了，恭喜你。牛仔褲是個好選擇，但是辦公室距離你家16公里，而你沒有車。歡迎來到今天的設計流程——只不過現在你成了顧客。

你應該不太可能會直接出門隨便買輛車，你會仔細思考你的選項。你真的需要車嗎？你可以搭公車、騎機車、騎腳踏車嗎？如果真的買了車，你會用來做什麼？你預算多少？應該要買油電混合車還是純電動車？你會常遇到塞車嗎？你的車是要停在路邊還是停在車庫？你會載家人、朋友、同事、寵物嗎？你周末會開車旅行嗎？

設計思考會強迫你真正理解你正試圖解決的問題。在這個例子中，問題並不是「我需要買輛車去上班」，其實是更為廣泛的「我的交通方式是什麼」。你在設計的產品，便是你生活的移動策略。

說真的，打造真正優質產品的唯一方法就是深入鑽研，分析你顧客的需求，探索所有可能，包括那些出奇不意的選項：

或許我可以遠距上班，或許我可以搬到離公司近一點的地方。世界上不存在完美的設計，永遠都會有限制。但你要選擇的是所有選擇中最佳的解方，包括美學上最佳、功能上最佳、價格也要合理。

這便是所謂的設計過程。也是我如何設計出 iPod，如何設計出所有東西的。

而這也是某些人覺得「非設計師」不可能達到的事（可參見2.3 如何處理辦公室賤人）。

我這些年間曾和許多設計師合作過，其中有些出類拔萃、才華洋溢。我也曾和自視甚高的設計師主管起過衝突，他們堅定認為只有設計師才會設計；他們覺得，面臨艱難的挑戰時，你永遠都需要專家的介入。某些人—— 最好是找他們啦—— 必須介入，他們有優雅的美感和超屌的學位。我目睹過這些設計師打槍來自工程或製程團隊的構想，只因為設計師認為，非設計師無法信任，非設計師不了解顧客的需求，也找不到周延的解決方法；如果不是設計師本人想到的，那就根本就稱不上是解決方法。

這他媽簡直是把我逼瘋了。

特別是這種想法還很有感染力。我遇過超多新創公司，他們遭遇非常困難的設計挑戰，然後直覺反應就是他們必須找個外面的人來解決：我們懂得不夠多、我們沒有這種專業、我們需要其他人來幫我們做這件事。

但在你試圖自行解決之前，永遠不應該把問題外包，特別是當解決這個問題是你事業未來的核心時。如果這是個重要的功能，你的團隊就必須發展出可以匹配的實力，以了解整個過程，自己動手搞定。

在 Nest 創立初期，行銷就很明顯將會是我們的與眾不同之處。所以當我一聘雇安東‧歐伊寧（Anton Oenning）帶領行銷團隊時，就請他著手開發包裝。安東是個超有直覺和同理心的行銷、說故事大師、使用者體驗王者，但他並不是個設計師，也不是個文案寫手，以下便是他的記憶：

「就在……嗯，大概我到 Nest 兩個禮拜後吧，老闆就要我設計包裝和撰寫文案。『蛤？噢，好，那我來打給一些之前合作過的接案設計師和文案寫手。』『不行不行，這不能外包，要保密才行。』『啊，哈哈，好哦，那我馬上來弄。』結果這變成了，我覺得啦，在我整個職涯中，最讚的要求。」

安東從做中學，不斷失敗又嘗試，我們重寫了整個包裝超過十遍，同時開發出完整的訊息傳遞流程和架構（可參見 5.4 的圖 5.4.1）。接著，他對於這個產品的包裝外型以及包裝的固有限制有了一個基本理解之後，而且他也對於想要對外傳達的訊息都已經瞭然於心之後，他才和設計師及文案寫手合作，將包裝及文案雕琢至完美。要是他沒有先自行嘗試，那這一切都不可能發生，他只是需要有人推他一把而已。通常任何聰明又有能力的人，就只需要這樣，便能大放異彩。

你甚至不一定需要有人負責畫畫或進行美學決策。拿產品命名當例子，這是所有事業都會面臨的問題，但是比起找間命名或品牌顧問公司幫你挑個名字，你可以坐下來用設計師的角度思考這個問題：

‧ 你的顧客是誰，他們會在哪裡和這個名字相遇？

‧ 你想讓你的顧客對你的產品有什麼想法或感受？

‧ 這個名字要強調的是哪些最重要的品牌屬性或產品

> 特色？
> ・這個產品是屬於系列產品還是獨立產品？
> ・下個版本會叫什麼？
> ・這個名字是要喚起某種感受或想法，還是要是直截了當的描述？
> ・你列出一份清單後，就可以把名字放到脈絡中思考：
> 　　在句子裡聽起來如何？
> 　　印成字體怎麼樣？
> 　　做成圖案呢？

你可能想不出你喜歡的產品名字，但請試著自己想想看，最少能夠讓你體會及理解整個命名流程。這會提供你所需的工具，可以和顧問公司合作，並從他們使用的技能中學習，以獲得最後的建議名稱。

有時候你確實真的需要雇個專家。有時候一個超讚的設計師可以替你搭建一座梯子，幫助你的團隊從他們自己挖的坑裡爬出來。但在這整段時間中，你的團隊也應該要觀察、學習、問問題，這樣他們未來才能搭建自己的梯子。

這就是公司上上下下，所有團隊成員可以開始在日常工作中運用設計思考的方式。可以用於包裝、裝置、使用者介面、網站、行銷、訂購、聽覺、視覺、觸覺、嗅覺。這樣團隊全體成員的設計就會全面而周延，從你公司用來支付帳單的方式，到顧客如何退貨等。

而所有團隊成員從此也都會開始注意到他們掉進了坑洞，會擺脫他們對現狀的習慣，並開始讓情況變得更好。比起觀察其他公司的處理方法然後加以模仿，你的團隊會開始從顧客的

角度思考：「我會想要這樣子退貨。」接著他們會用本來就該這麼做的方式，從零開始設計整個流程：

- 每個步驟都問為什麼。為什麼會像現在這樣子？如何才能改進？
- 要像個從沒用過這個產品的使用者一樣思考。深入研究他們的心態、他們的痛苦和挑戰、他們的希望和渴望。
- 將其拆解成各個步驟，並坦承面對所有限制（可參見 3.5 死線：心跳節奏和手銬）。
- 理解並講述產品的故事（可參見 3.2 為什麼人這麼喜歡聽故事？怎麼說才是好故事？）。
- 在過程中打造出原型（可參見 3.1 化無形為有形）。

　　並不是每個人都能成為優秀的設計師，但所有人都能這樣思考。設計並不是與生俱來的 DNA，而是你後天學會的東西。你也可以引進教練、老師、課程、書籍，來協助大家擁有正確的心態。你們可以一起做到的。

　　最厲害的設計師也沒辦法孤軍奮戰。多數人會看著蘋果的設計然後說：這是出自史帝夫・賈伯斯的手筆、這是出自強尼・艾夫（Jony Ive）的手筆。但這離事實差得遠呢。從來都不是只有一兩個人把他們的天才傾倒在素描本上，然後交給幾個低階員工去執行。有成千上萬人為蘋果設計，其實是由這些團隊攜手合作，創造出某種真正獨特又美好的事物。

　　要成為優秀的設計師，你不能把自己關在房間裡。你必須和你的團隊、你的顧客及他們的環境、其他也可能擁有創新想法，能夠激發更多討論的團隊，建立起連結。你必須理解顧客

的需求，以及所有能夠處理這些需求的不同方式。你必須從方方面面檢視問題。你必須要有點創意，而且你也必須在一開始就注意到問題。

最後一點聽起來好像沒什麼，事實上卻很重大。這就是新創公司員工和創辦人之間的差別。

大多數人都已習慣生活和工作上的各種問題，早已不再將其視為問題。大多數人就只是過完一天、上床、閉上眼睛、想到廚房的燈沒關、邊抱怨邊走下樓梯。卻從沒來想過：我的房間怎麼沒有電燈開關可以一次關掉房子裡的所有燈呢？

如果你一開始根本就沒發現耐人尋味的問題，那就更不用談怎麼解決了。

以下就是我覺得iPod真的有可能成功的理由：因為CD很重。我很愛音樂，我那些年的CD收藏有好幾百張，每張都仔細包裝在塑膠殼裡，放在我的某個手提包中五十張最親近的其他CD旁邊。我周末會去當DJ，只是在派對上玩玩啦，結果CD都比我的音響還重。

幾乎所有人在1990年代都會拖著他們的CD趴趴走，幾乎所有人都有個破爛的皮件包，基本上就放在車上，因為這個爛皮件包太笨重了，根本塞不下平常攜帶的包包，但也幾乎沒有人把這當成可以解決的問題。大家就只是假設這是生活的一部分，如果你想要聽音樂，你就必須帶著你的CD。

會注意到身旁的問題，接著開始設想解決方法的人，大多數都是發明家、新創公司創辦人、小孩。年輕人會看著世界然後開始質疑，他們沒有因為重覆做同一件蠢事上千次而感到氣餒。他們不會假設「一切就應該要是這樣」。他們會問：「為什麼要這樣？」

　　關鍵在於讓你的腦袋保持年輕。看見其他人掩蓋的問題非常有用，而運用設計師的用詞和思考過程，找出這些問題的解決方式，更是極其珍貴。

　　史帝夫・賈伯斯將這種心態稱為「當個新手」，他總是不斷告訴我們要用嶄新的眼光去檢視我們打造的東西。我們不是為了自己設計iPod，我們是替從未體驗過數位音樂的人打造，那些帶著手提音響和Walkman隨身聽，車上放著破爛皮革CD包的人。我們是在試著向他們介紹一種截然不同的思考音樂方式，而對這些人來說，每個小細節都很重要。他們在面對這麼新穎的事物時，很容易就會卡住、受挫，所以必須要很順暢，必須要感覺起來很魔幻才行。

　　賈伯斯想要大家從包裝盒裡把這個漂亮的小東西拿出來，然後馬上就愛上它，理解它。

　　不過這當然是不可能的，沒有什麼事是馬上見效的。當時所有搭載硬碟的消費性電子產品都需要先充電才能使用。你買了個新玩意，從包裝盒裡拿出來，然後必須先充一個小時電才能打開來用，這很令人不爽沒錯，但人生就是這樣。

　　接著賈伯斯說：「我們不會讓我們的產品發生這種事。」

　　當時常常會讓電子產品在工廠先開機跑個三十分鐘，以確保不是瑕疵品。而我們讓iPod跑了超過2小時，導致工廠效率大減，生產速度慢到不行，製程團隊跑來抱怨，成本飆漲。但是這段額外的時間，不僅能讓我們徹底測試iPod，也可以讓電池完全充飽。

　　現在這變成必備的了，所有電子產品出貨時電都會充飽。賈伯斯發現這個問題後，其他人也發現了。

　　這看來似乎是件小事，卻意義十足，非常重要。你打開包

裝盒，你的iPod就靜靜躺在那裡等你，準備好改變你的生活。

這是魔法。

任何人都可以變的魔法。

你只是需要發現問題而已，而且不要空等著別人來幫你解決。

5.4 行銷這樣做就對了

行銷其實不一定是鬆散又沒有核心焦點的。雖然優質的行銷必須是以「與人連結」和「同理心」為基礎，但制訂、執行你的行銷計畫，可以是，也應該要是，一個嚴謹又精確的流程。

1. **行銷不能等到最後才想到**。開發產品時，產品管理和行銷團隊應該要從一開始便攜手合作。在你的開發過程中，也應該要持續運用行銷來調整你的產品故事，並確保行銷能夠對產品擁有影響力。

2. **運用行銷來打造你的產品敘述原型**。創意團隊可以協助你將產品敘述化為有形，這應該和產品開發齊頭並進，彼此哺育。

3. **產品就是品牌**。在讓你的品牌留下深刻印象上，顧客擁有的實際產品體驗，比起你能投放的任何廣告，都更為有效。不管你有沒有察覺到，行銷都包含在所有顧客接觸點中。

4. **沒有事情是存在於真空狀況中的**。你不能只是做個廣告，然後就覺得你搞定了。廣告會通往網站，網站則通往商店，而你在商店購買到的包裝盒裡面，會有協助你安裝的說明，之後還會有封歡迎電郵迎

接你。這整個體驗都必須一起設計，在不同的接觸
點解釋你想傳遞的不同訊息，以創造出連貫又完整
的使用者體驗。
5. **最棒的行銷就只是說實話**。行銷最終的工作，便是
找出最棒的方式，去講述你真正的產品故事。

　　許多人都以為行銷只不過是打造某件事物最後的小步驟而
已，是一群與產品開發無關的人，所畫出的一幅可愛小廣告。
就像可口可樂給你看可愛的北極熊，以說服你來喝點糖水一樣。

　　有這種想法的人，會把行銷斥為不必要的膨風或必要之
惡。他們覺得行銷就是在唬爛其他人，不擇手段搶別人的錢就
對了。反觀打造產品，又棒又正當。問題在於，為了要賣出產
品，你就必須稍微把手弄髒。

　　優質的行銷並不是唬爛，不是憑空虛構、無中生有，也不
是誇大你產品的優點及掩蓋缺點。

　　史帝夫・賈伯斯常常說：「最棒的行銷就只是說實話。」

　　如果傳遞的訊息是真實的，那行銷就會變得更棒。你不需
要敲鑼打鼓、花招百出，也不用跳舞的北極熊，你就盡量用最
棒的方式去解釋你打造的到底是什麼，以及你為什麼要打造。

　　然後你會說個故事：你要和大家的情感面連結，這樣他們
才會受你的敘述吸引，但你也要吸引他們的理智面，這樣他們
才能說服自己，買你在賣的東西是聰明之舉。你要在他們想聽
到的事，以及他們需要知道的事之間取得平衡（可參見3.2　為
什麼人這麼喜歡聽故事？怎麼說才是好故事？）。

　　為了要讓故事變得真實，讓故事化為有形，你就必須將其
視覺化，你會需要一個訊息傳遞架構：

在上面的表格中，首先你歸納出你顧客的痛點或他們已經習以為常的問題。

每個痛點都是一個「為什麼」，為你的產品提供了存在的理由。

止痛藥則是「如何解決」，也就是能夠解決客戶問題的功能。

「我為什麼會想要」欄位解釋了你的顧客感受到的情緒。

「我為什麼會需要」欄位則涵蓋了購買這項產品的理性裡由。

整個產品敘述都應該要在這張表中。所有痛點、所有止痛藥、所有理性和感性的衝動、所有你對顧客的洞見。這張表需要涵蓋所有事，因為：

1. **這對產品開發來說很重要**：產品管理和行銷團隊應該從第一天起就開始思考訊息傳遞架構。為了要打造出優質的產品，對每個痛點都應該要擁有透徹的了解，並以產品功能形式的止痛藥回應。訊息傳遞架構應該是單純產品功能列表的姐妹文件，這兩者中列舉的功能便組成了你基本的產品訊息，必須並存：也就是「是什麼」和「為什麼」。

2. **這是會演化的文件**：隨著產品本身和你團隊對顧客的理解逐漸改變，訊息傳遞架構也要隨之調整。

3. **這是共享資源**：所有負責顧客接觸點（不管是哪個部分）的人，都應該要仔細檢視這份文件。這不只是給行銷團隊看而已，也應該要指引工程、銷售、客服等團隊。每一個團隊都應該要思考「是什麼」、「為什麼」、以及你

我為什麼會想要		我為什麼會需要		
		我的痛點	止痛藥	
我卡在原地，迫切渴望一些靈感。	停滯	我還在念書或是剛出社會當上班族，或許我正辭職，或是開創自己的事業，但我不知道下一步該怎麼做。	本書讓我一次又一次找到火花，每個人都必須找到自己的火花，而本書告訴我要到哪裡去尋找。	火花
我不知道該怎麼開始，以及羅盤應該要指向何方，我需要一些方向。	盲目競爭	我總是跟其他人做他們在做的事，我已經太習慣為了越發稀缺的資源競爭。	本書協助我建立了有關未來，以及如何繪製通往未來最短路徑的心智架構。	突飛猛進
我無法認同祖克柏或馬斯克這類創辦人，我需要擁有類似經驗的人提供的實際建議。	無法想像	我想要跟某個我可以認同的人一起學習，不是什麼哈佛或丹丹佛的中輟生。	東尼的矽谷之路頻頻讓人認同，他分享了治遭遇的痛苦錯誤，這樣我就能一次避免這些錯誤。	可行
不要再給我另一本勵志商管書了！我只需要經過認證的有說服力的話直直說，坦蕩蕩就對了。	疲憊	不要象牙塔。我不期待可以一夕扭轉局面，我需要隨著時間累積的有成就，可以帶來重大長遠影響的各種小碎片。	這個人白手起家開創職涯；每一步都是積極往前，並以熱情和常識支撐。	新鮮

圖5.4.1：這是我們在 Nest 想出的範本，我已經跟數不清的新創公司分享過，能夠應用在所有產品上，從醫療診斷儀器到蝦農的感測器都可以。我現在舉的例子則是將本書當成產品。

在述說的故事。

不過訊息傳遞架構只是第一步而已。

針對故事的每個版本，我們都會寫下最常見的反對意見，以及我們要如何克服——該運用哪些數據、該將顧客導向網站的哪個頁面、該提到什麼合作夥伴、該指出什麼證明書。我們想出了廣告上要放哪個故事，一路直到我們該對長期顧客講述什麼故事。

說服某個人去購買並使用你產品的過程，必須要尊重顧客，必須要了解他們在不同的使用者體驗階段，會擁有哪些不同的需求。你不能就只是在廣告、網站、包裝上直接大肆宣傳你的十大功能，正如你不能在面試中間、午餐吃到一半、約會時直接把履歷遞給對方一樣。你是在提供他們重要資訊沒錯，但是在使用者旅程的不同時刻，會需要不同方式。

你的訊息必須要符合顧客的脈絡，你不能到哪都用同一套。

所以當我們在思考溫控器要怎樣觸及消費者時，我們列出了所有大家可以發現我們品牌的途徑：廣告、口碑、社群媒體、評論、訪問、實體店面展售、產品上市活動。

接著我們列出過程的下一個步驟：顧客要怎麼樣了解我們的產品。透過小冊子、我們的網站、包裝等等。

接著我們做了一張訊息促進表。

當我們在決定要怎麼安排上述事項時，了解顧客在使用者旅程的不同階段，會接觸到哪個部分的故事，可說非常重要：

- 第一線的廣告只會介紹新款溫控器的概念。
- 包裝則會強調六大功能，以及產品是如何連結到你手機

的。

- 網站會強調節能，並展示Nest如何融入你的日常生活中。
- 包裝盒中的使用說明書會提供更多細節，包括如何訓練智慧學習演算法以及節能小秘訣等等。
- 客服網站則會更為深入，包括確切的指示以及所有功能的詳細介紹。

在客服網站，便是「訊息」轉變為「行銷」的時刻，也就是我們想要消費者了解的「事實」變成廣告、影片、推特貼文的時刻。而這時律師也會開始介入。

創意團隊的整個重點就是要有創意，想出最優雅也最具說服力版本的事實，漂亮地講述你的故事。但是沒有加以調控的創意可能會害你被告死。你絕對不會想在沒有律師在場的情況下，隨便亂發揮創意的。

有很多小型新創公司都會跳過這個步驟，他們以為可以稍微扭曲一下事實，而且沒人會注意到。但要是你產品紅了，大家一定會發現你的廣告不實──特別是集體訴訟律師。而即便是個行銷時無傷大雅的善意謊言，被發現時也可能會把你所做的一切都搞爛，你可能轉瞬之間就失去顧客的信任。

這就是為什麼，Nest一開始有很長一段時間，都不能在行銷作為當中宣稱它擁有任何節能功用。我們頂多只能撰寫白皮書，解釋我們模擬模型的結果，並在網頁上加個連結而已。要等到最後我們得到越來越多真實的使用者數據，才能證明我們的模擬正確無誤，溫控器確實可以節能。

但是即便某件事是正確的，也不一定代表你可以直接這麼說。

訊息促進表

	網站	新聞稿	銷售簡報	產品規格表	包裝	社群貼文	線上橫幅廣告
使命及願景	✔	✔					
功能及優勢一	✔	✔	✔	✔	✔	✔	✔
功能及優勢二	✔	✔	✔	✔	✔		
功能及優勢三	✔	✔	✔	✔	✔		
功能及優勢四	✔		✔	✔			
功能及優勢五	✔		✔	✔			
科技	✔		✔				
應用程式	✔		✔			✔	
產品規格	✔		✔	✔	✔		
案例	✔	✔	✔				
證明書	✔	✔	✔		✔		
關於我們	✔	✔	✔				

圖5.4.2：訊息促進表應該引導你了解該在哪裡及何時提供特定資訊，這樣你才不會在顧客來到使用者旅程的各個接觸點時，提供過多或過少的資訊。

　　當創意團隊寫下「Nest智慧溫控器會節能」的時候，法務團隊就把它改成「可能有節能功效」；創意團隊寫下「顧客的電費帳單能夠省下25％到50％」，法務團隊便拿出紅筆改成「一般使用者可省下多達20％的能源」，於是創意團隊便翻翻白眼，再拿其他文案回來。雙方展開拉鋸戰，不斷協調，直到大家一起找出我們需要的字眼（可參見5.7　告起來，「所以為了要盡量運用你的律師」段落）。

　　接著他們把這些文案交來給我。

　　我核准所有我們發布到世界上的東西，特別是在一開始。

　　這並不是我的專業領域，雖然我曾觀察史帝夫‧賈伯斯如何銷售iPod和iPhone，雖然我曾和行銷團隊密切合作，但我自己從來沒做過行銷。所以我唯一能夠精通行銷的方式，就是把自己浸在裡面，親自走過整趟使用者旅程，接觸每個接觸點。因此所有交到我面前來的東西，都是有脈絡的，我總是期望能看到之前發生什麼事，之後又發生什麼事。我必須要知道我們在述說的是什麼故事，又是在對誰述說，還有對方是位在使用者旅程的哪個階段。你如果不知道會出現在哪裡，以及之後會導向何處，是無法了解一則廣告的。在你知道誰會造訪某個網頁、他們必須了解什麼、這個行為又會將他們帶到何處以前，絕對不要核准任何東西。一切都環環相扣，所以必須一併理解。

　　這並不是微觀管理，而是在乎。我在使用者旅程開始時投注的精力及時間，和我在這趟旅程結束時投注的相同。對那些不習慣的人來說，這樣有點太激進又沒必要，但這就是我的工作（可參見6.1　成為執行長，「所以你的工作就是去在乎」段落）。我希望我們用來描述產品的文字和圖片，和產品本身一樣棒。我想要整個使用者體驗閃閃發亮。我想要行銷團隊跟工程

團隊和製程團隊一樣興奮，並從這樣的嚴謹之中學習，這樣他們才會開始努力驅策自己，甚至比我驅策他們還更努力。

我知道「行銷」一定必須成為我們公司的獨特亮點——是我們能讓其他溫控器製造商望塵莫及的事，讓他們做夢也想不到。所以投注時間和精力便相當重要，當然也要投入資金就是了。

資金非常重要。我們當時是間小公司，資源有限，但我們投資做行銷，我們投資去打造美麗的事物，因為我們知道我們之後他媽的一定可以分期償還完成本。我們在上千個不同的地方使用一堆又貴又漂亮的照片，並盡可能播放高品質影片。團隊選出最具影響力的廣告元素——我們可以重覆使用多年的元素。然後我們砸錢下去把事給做好。

於今，十年過去了，Google Nest 都還在使用某些我們在公司甚至還沒成立之前，就在使用的圖片和資源了。

背後的理由便是，行銷從第一天起就屬於產品開發過程的一部分。沒有人忽略，也沒有人遺忘，我們知道行銷很有用，所以我們也運用了。

這樣的觀點和這樣程度的投入，讓我們能夠達成某件有點算是 Nest 特色的事：產品敘述的行銷原型，和產品開發齊頭並進。

最明顯的例子便是當時 nest.com 上的「開發緣起」頁面。

「我們為什麼」要打造這個產品，答案將會直接連結到「消費者為什麼」該買這個產品。所以為了我們的顧客，也為了我們自己，我們必須搞懂。

我們花了好幾個禮拜才寫好圖 5.4.3 的內容。而隨著產品演化，內容也不斷調整。行銷永遠在那，以便確保即使工程和產

和Nest一起生活　**開發緣起**　Nest的裡裡外外　使用者評論

我們也不覺得
溫控器有什麼。

直到我們發現溫控器貢獻了電費帳單大約50%的金額。

就跟冰箱、電燈、電視、電腦、音響加起來一樣，事實上，全美共有10%的電費都是由溫控器貢獻，大約等同每年消耗17億桶石油。

但是在大多數家庭中，溫控器都只是個不起眼的米色盒子。是否可以手動操作、是否複雜、是否

可以用程式控制都不重要。我們一如往常勉強忍受：起床、走過去、調溫度，每隔幾個小時調一次，每天都調個幾次。一年就要調一千五百次。

我們當然還是會試著節能。可以的話就把溫度調低，也不會調太高或太低。但我們都是人，我們會忘記，直到我們看到電費帳單。

50%
的電費

9%　　9%　　11%　　13%　　8%

電子產品　家電　電燈　熱水　冰箱　　　　　　傳統溫控器

• 資料來源：2007年建築能源數據手冊，表4.2.1

圖5.4.3：我們真的直接把溫控器產品開發重點的「為什麼」拿來用，放在我們網站的首頁上，甩在顧客臉上。nest.com上的頭幾個標籤便包括「開發緣起」。我們便是在此直接和心存疑慮的顧客連結，為他們植入「懷疑病毒」（可參見3.2：為什麼人這麼喜歡聽故事？怎麼說才是好故事？）。我們解釋了為什麼大家覺得溫控器不重要，為什麼溫控器會遭到忽略及忽視。接著我們告訴顧客，溫控器對大家的家、帳單、環境有什麼重大影響。

品管理團隊改變了我們在打造的事物，我們依舊對「開發緣起」擁有堅定的答案。

這使得行銷團隊在產品開發過程中擁有珍貴的影響力。因為產品的任何重大改變，都會迫使產品故事也出現重大改變，而行銷團隊的工作便是找出這個改變是否會破壞包裝、網站等

等我們所有的產品敘述原型。如果有東西遭到破壞，那行銷團隊的工作就是指出來遭破壞之處，並且去和產品管理和工程團隊聊聊，找出有沒有可行的變通方法，或者告訴產品工程團隊，這樣的改變是不行的。

而「開發緣由」頁面也只是我們原型的一部分而已，它說明了為什麼有人應該要去買 Nest 智慧溫控器的理性論述——因為一般的溫控器很浪費電，而浪費電對你來說很不好，對地球來說也不好。但我們也需要感性論述的原型，因此創意團隊做了個影片，以及「和 Nest 一起生活」網頁，大大讚揚我們產品的美麗和簡潔，使這些產品變成一個大家渴望的東西：一件掛在牆上就可讓你家變得更美好、更舒適的藝術品。

網站的每個部分，都在強調產品故事的不同部分。這樣會迫使我們必須對產品故事瞭然於心，視其為命脈，這樣我們才能盡量以最清晰、最誠實的方式傳遞給他人。

找到產品或功能最棒也最誠實的表達方式並不容易，這就是為什麼我們需要有一整個行銷團隊來做這件事。產品管理團隊可以想出訊息，最重要的功能及問題論述，但是找到對顧客講述這個故事的最棒方式，是一門藝術、是一門科學、是行銷。

當然，這也不是說我們每次都會弄對。

要找到方法把溫控器賣給早已使用過上百萬次、卻完全沒有多想的消費者，這件事沒有什麼成功模式可以複製。我們不知道什麼會觸動他們，什麼又不行。我們不知道大家是會嘲笑一個要價 250 美金、還必須自己安裝的溫控器，抑或大家會愛上這個產品。

所以我們一試再試，而且我們也搞砸了超多次。我自己就搞砸了不少次。

　　我們在任何人知道我們的產品之前，就發布了昂貴的品牌行銷廣告。我們製作了資訊非常濃密的網頁，幾乎根本沒有人會去閱讀。而真的現身購買我們產品的消費者，也和我們想像中的顧客截然不同。他們全都不一樣。需要不同的東西，也期待不同的東西。我們絞盡腦汁想出的論述，他們只花了半秒鐘掃過，然後就開始深入研究我們從沒想過的細節。

　　但是搞砸便是我們改進的方式，也是我們學習的方式。品牌廣告雖然提升了我們的自尊心，卻不能帶動銷售（你必須花很多年持續推出優質產品，最後消費者才會只看你品牌就買你的產品）。網頁必須精簡又令人愉快，並將產品資訊融入顧客日常生活的脈絡中。而我們的客服網站也必須要更易於搜尋，因為顧客並不會遵守我們為他們設定的路線。

　　我們每完成一次行銷，我們的行銷能力就會進步。我自己在行銷上也越來越棒。整間公司在行銷上也是。訊息傳遞架構和訊息促進表將一門鬆散的藝術變成嚴謹的科學，所有人都可以理解。而當所有人都能理解的時候，他們便會知道行銷有多重要了。

5.5 產品經理該做什麼

　　我合作過的絕大多數公司都誤解了產品經理的角色，甚至根本不知道有產品經理的存在。他們以為這是行銷（並不是）、是專案管理（並不是）、是媒體公關和溝通（並不是）、是設計（並不是）、是產品財務（並不是）、是創辦人或執行長該做的事（也不全然是）。會這麼困惑，大多是因為「產品管理」這件事位於許多專業的交叉口，而且在不同的公司中看起來也可能非常不同。但同樣也是因為愚蠢的簡稱PM。PM這兩個字母可以指：

　　產品經理或產品行銷經理（product manager or product marketing manager）：產品行銷和產品管理基本上是同一件事，至少理論上應該要是這樣才對。產品經理的職責是搞懂產品的功能為何，接著制訂出規格（也就是描述其如何運作），以及想出要傳遞的訊息（也就是你想要顧客了解的事實）。然後他們會和公司幾乎所有團隊合作，包括工程、設計、客服、財務、銷售、行銷等，搞定產品的規格、開發、並推出。他們會確保產品符合最初的目的，沒有在過程中遭到稀釋。但最重要的是，產品經理代表顧客的聲音，他們

會控制好所有團隊，確保大家不會忽略了最終目標，也就是快樂又滿足的顧客。

專案經理（project manager）：負責協調任務、協調會議、行程、資源，以讓個別專案準時完成。務必要記得，專案經理並不只是記錄者而已。如果說產品經理是產品的聲音，那麼專案經理就是專案的聲音，他們的工作是要警告團隊可能拖慢或阻礙專案的潛在問題，並協助找到解決方法。

計畫經理（program manager）：負責監督各類專案及各個專案經理，同時專注在公司的長遠目標和短期成果上。

讓情況更複雜的還有，某些公司會給予產品經理不同的職稱，比如微軟就把他們稱為計畫經理。另外也有和產品管理相關、但不完全一樣的工作，特別是在科技業之外的領域。像高露潔（Colgate-Palmolive）這樣的民生用品公司就會僱用品牌經理。他們的品牌經理雖不需要撰寫產品規格，仍是代表消費者的聲音，並負責形塑產品的樣貌。

為了要避免 PM 這個縮寫帶來的混淆，我們以後最好還是改用以下的簡稱吧：

PdM：產品經理

PjM：專案經理

PgM：計畫經理

每次又有執行長跟我說他們不知道產品經理到底是在做什

麼時，總會讓我想起1980年代的設計。

因為在1980年代，多數科技公司並沒有設計師。

當年的產品，確實都有經過設計，而且當年的設計與今日相比，是同樣的重要。但沒有人會雇設計師來開發使用者體驗。當時的設計代表的是讓某個東西看起來很棒，而這只有在產品開發完成後才會發生。某個機械工程師會畫個草圖，或如果你想要精緻一點，就把繪圖外包給顧問公司。

沒有地方可以學習設計，沒有正式的訓練。而所有千辛萬苦謀得工作的設計師，也都屬於次等公民，沒有權力可以打槍抄捷徑敷衍的工程師。當年的工程師只會聳聳肩說：「唉唷，設計師要求的我們大部分都達到了啊，又沒辦法全部完成，要花太多時間，成本也太高了，就這樣發布啦！」

接著蘋果、Frog設計公司、大衛·凱利、IDEO、設計掛帥的思維在1990年代崛起，提升了設計的地位。設計師不須再向工程師回報。設計學校也成立了。這個職業自成一格，成為正式的領域，受到理解、受到尊重。

在今天，產品管理也正在這條路上邁進。不幸的是我們還沒抵達終點。

要一直到過去五到十年間，自從iPhone和應用程式經濟崛起之後，某些公司才開始真正了解產品管理，並能欣賞其價值。但有很多公司依然不懂。

這是個我在很多新創公司以及大公司的專案團隊中發現的問題。創辦人或團隊領導者常常會在一開始扮演產品經理的角色，他們定義出願景，並和公司的其他團隊合作，將願景化為現實。等到團隊成長至40、50、100人的時候，就會出現問題了（可參見5.2　團隊擴張的臨界點）。正是在這個時候，領導者

必須從日常的產品開發工作中抽身，把控制權交給其他人。

但他們無法想像把自己的寶寶交出去。怎麼會有任何人可以去理解、去愛、去讓寶寶盡可能好好成長呢？這個功能是要怎樣才能運作？又要擺在哪？如果不再擔任產品經理，創辦人又要怎麼維持對產品的影響力呢？而且這樣的話，那麼創辦人的工作到底是要幹嘛（可參見6.1 成為執行長）？

大公司也會發生同樣的事，他們也一樣困惑。工程師會自己想出要打造什麼，銷售團隊會告訴他們顧客需要什麼。所以，產品管理的位置在哪裡呢？

我在2021年撰寫本書至此的時候，Google正首次嘗試給予產品經理更多權力。Google一直以來都是由科技和工程領導，但今日的Google搜尋已重新調整，讓產品經理擁有比工程師更大的權力。這是個重大改變，也是個劇烈的文化震盪。

背後的理由非常簡單：團隊中需要顧客的聲音。工程師喜歡用最酷的新科技打造產品，銷售團隊則想要開發出可以發大財的產品。但是產品經理唯一的重點和責任，便是為他們的顧客打造出適合的產品。

他們的工作就是這樣而已。

麻煩的地方在於，產品經理的職責在不同的公司中可能大相逕庭。產品管理比較不像是定義明確的角色，更像是一系列的技能，活在一切之間，是根據消費者、公司需求、參與者的能力不斷變形的空白字元。

優秀的產品經理什麼事都會做一點，以下事項則要做很多：

- 規劃產品的功能以及開發過程的藍圖。
- 制訂並維護訊息促進表。

- 和工程團隊合作，讓產品依據規格開發。
- 和設計團隊合作，使產品對目標顧客來說是直覺且具吸引力的。
- 和行銷團隊合作，協助他們理解技術細節，以便想出創新又有效率的訊息傳遞方式。
- 和管理階層介紹產品，並獲得主管的回饋。
- 和銷售及財務團隊合作，確保產品擁有市場，而且最終能夠賺錢。
- 和客服團隊合作，撰寫必要的說明、協助處理問題、接受顧客的要求和抱怨。
- 和公關團隊合作，建立公眾形象、撰寫模擬新聞稿、而且還常常會擔任發言人。

接著還有那些範圍更模糊的事。產品經理要負責尋找讓消費者不開心的地方。他們會在過程中找出問題及其根源，並和團隊合作一同解決。他們會去做能夠讓專案繼續向前邁進的各種必要事項，可能是在會議上記筆記、分類錯誤、摘要顧客回饋、整理團隊文件、和設計師一起坐下來畫出東西、和工程團隊開會深入程式碼等。每個產品需要的都不一樣。

產品經理有時候必須要非常懂技術，這通常是在B2B的情境中，因為產品的使用者也很懂技術。如果你是要賣剎車系統給汽車公司，那你最好也要很懂煞車。你對煞車擁有深入的知識，這是你和你的顧客連結並了解他們在乎什麼的唯一方式。

但如果你是在為一般人開發車子，那你就不需要知道煞車如何運作的所有細節。你只需要知道得夠多，足以和打造煞車系統的工程師溝通即可。接著你必須要決定煞車對於你要和顧

客述說的行銷故事而言，究竟重不重要。

多數科技公司會將產品管理和產品行銷拆成兩個獨立的角色：產品管理負責定義產品，並完成開發；產品行銷則負責撰寫訊息，也就是你想要傳達給顧客的事實，並且想辦法銷售。

但是以我的經驗來說，這是個非常嚴重的錯誤，這些事情其實是同一個工作，也永遠應該要是這樣。產品會成為什麼樣子，以及該如何解釋，之間應該沒有任何差別。產品故事從一開始就必須徹底連貫。

你傳遞的訊息就是你的產品，你述說的故事將形塑你打造的事物（可參見3.2　為什麼人這麼喜歡聽故事？怎麼說才是好故事？）。

我從史帝夫・賈伯斯身上學習如何說故事。

產品管理則是從葛瑞格・喬斯維克（Greg Joswiak）那裡。

喬斯來自密西根的沃夫林（Wolverine），是個各方面都超棒的人。1986年從密西根大學畢業後就一直待在蘋果，已經掌管產品行銷好幾十年了。而他的超能力就是同理心，這也是所有真正優秀的產品經理都擁有的超能力。

他不只是了解顧客而已，他自己成為了顧客。他可以丟下他對產品擁有的深入知識及技術理解，像個新手跟一般人一樣使用產品。你可能會很驚訝有多少產品經理都會跳過這個超級無敵必要的步驟，也就是傾聽他們顧客的心聲、獲得洞見、同理他們的需求、然後在真實世界中真正使用產品。但是對喬斯來說，這是唯一的方法。

所以當喬斯帶著他的下一代iPod踏進真實世界測試時，他會像個新手一樣把玩，他會拋下所有技術細節，除了一樣：電池壽命。

　　沒人會想要他們手上的iPod在搭飛機搭到一半、到派對當DJ、去跑步時沒電。但是隨著產品從經典的iPod演化到iPod Nano，我們也陷入了一場拔河持久戰：東西做得越小越優雅，電池能使用的空間就越少。如果你必須一直把iPod放在外面充電，那麼把一千首歌裝進口袋又有什麼意義呢？

　　充一次電撐幾個小時不夠。必須要撐好幾天才行。

　　電池壽命對顧客來說非常重要，對史帝夫・賈伯斯來說也是。你不可能就這麼跑去找賈伯斯然後說：「下一代iPod的電池只能撐12個小時，不如上一代的15個小時。」他會把你轟出會議室。

　　所以我和喬斯沒有給賈伯斯數字——我們給他的是顧客。像莎拉這樣的通勤人士只會在上下班通勤時使用iPod，湯姆這樣的學生雖然一整天都會用，但只是在課堂之間，或是籃球比賽時的短暫空檔而已。

　　我們創造出典型的顧客形象，接著走過他們生活中使用iPod的不同時刻——慢跑時、派對中、在車上等等。然後我們讓賈伯斯知道，即便工程團隊給我們的數字是12小時，但對大多數人來說，這12個小時實際上可以撐上一個禮拜。

　　數字如果沒有顧客就是空洞的，事實如果沒有脈絡也毫無意義。

　　喬斯總是會了解脈絡，而且還能將其化為有效的敘述。我們就是這樣說服賈伯斯、記者、顧客的。我們就是這樣賣爆iPod的。

　　而這就是為什麼，產品管理必須掌管產品訊息。規格會顯示功能跟產品運作的細節，但產品訊息可以預測顧客的疑慮，並找出方法減輕這些疑慮。產品訊息回答了「顧客為什麼要在

乎？」而這個問題早在任何人開始投入工作之前，就應該要獲得解答。

找出要打造什麼，以及為什麼要打造，是產品開發過程中最困難的部分，而且不可能獨力完成。產品管理不能只是把規格直接丟給團隊其他成員，所有人都應該要參與才行。但這並不代表產品經理應該要按照共識去做事，而是說，工程、行銷、財務、銷售、客服、法務等團隊都各自有構想有洞見，可以在開始打造產品之前，就協助形塑產品敘述。且這些團隊也會隨著產品演化，持續改進這個敘述。

產品的規格和訊息並非不可更動的命令。它們會變形，會轉換，會在新構想出現或新的現實狠狠打擊你的時候流動。打造產品不像組裝 IKEA 的椅子，你不能只是扔個說明書給別人然後就走開。

打造產品就像在創作音樂。

樂團是由行銷、銷售、工程、客服、製程、公關、法務團隊組成。產品經理是製作人——確保每個人都知道旋律、沒人走音、所有人都做好自己的工作。產品經理是唯一能夠看見及聽見每一個零件如何組合在一起的人，能分辨出低音管是不是太搶戲了，鼓的獨奏是不是太長了，產品的功能是不是出問題了，大家是否太過專心在自身的專案，而遺忘了更大的願景。

但產品經理也不是要指揮所有事，他們的工作不是要成為產品的執行長，或成為某些公司口中那種夭壽的「產品主人」。他們不能隻手決定什麼要留下，什麼又要刪掉。有時候是會由他們進行最後決策，有時候他們必須說「不」，有時候他們必須在第一線指揮（但這種情況應該要相當罕見）。大多數時候他們應該把權力下放給團隊，協助所有人了解顧客需求的脈絡，並

同心協力做出正確的決定。如果有個產品經理負責所有決策，那就不是個好的產品經理。

旋律最終會是由團隊所有人貢獻的，噪音也才能因此變成音樂。

不過過程當然不一定總會很順暢。

工程師可能想對他們打造的事物擁有更多主導權，他們會宣稱產品經理不夠懂技術，或者就是認為只有工程師才最懂。行銷團隊也很少會想照著規則走，他們想要發揮創意，採用無意間會誤導消費者的文案或圖片。大家也不一定總會相處融洽，意見驅策型決定會造成無窮的爭辯，團隊會意見分歧，有人會生氣，產品將被朝截然不同的方向拉扯。

所以產品經理必須要是協商大師和溝通大師。他們必須在不控制他人的狀況下影響他人，他們必須問問題，必須傾聽，使用他們的超能力，也就是對顧客和對團隊的同理心，來搭起橋樑及修正藍圖。如果有人必須扮黑臉，那他們就要負責扮（但也要知道不能常常用這招）。他們必須知道要為了什麼奮鬥，還有哪些戰鬥可以留到之後再說。他們也必須參與團隊為了自身利益——像是日程、需求、問題——而戰的公司大大小小會議中，在會議中孤軍奮戰，為顧客爭取權益。

他們必須講述顧客的故事，並確保每個人都感受到了。這就是他們推動進度的方法。

有次我剛好在和Nest超級敏銳又富有同理心的產品經理蘇菲・勒昆（Sophie Le Guen）聊天。

她跟我說起新的Nest智慧保全系統開發非常初期的時候，她有次和工程團隊討論「為什麼」的某場會議。對大多數由男性組成的工程團隊來說，「為什麼」很簡單：我想要個我不在時

能保護我家的保全系統。

但蘇菲先前已經訪談過不少人,注意到男性通常會關注沒人在的家,但女性關注的則是有人在的家。當女性單獨在家或是和小孩在家裡時,女性會想要更多保護,特別是在晚上。

蘇菲的工作便是講述她們的故事,協助獨居的單身工程師了解家長的觀點。她的工作接著是要把這個觀點變成對整個家庭都有用的功能,一個想要安全、回家時就會打開保全系統,卻不想覺得自己在家像在坐牢的家庭。所以後來Nest智慧保全系統推出時,動作感測器上面就有顆按鈕,屋主或他們的小孩按下之後,便可以從屋內打開門或窗戶,而不用關掉整個保全系統,或擔心誤觸警報。

顧客的故事協助工程團隊了解痛點,他們打造出處理這個痛點的產品,接著行銷團隊雕琢出敘述,為所有曾體驗過這種痛苦的人提供購買產品的理由。

而把這所有人、團隊、痛點、渴望連結在一起的,正是產品管理。對所有成功的產品和公司來說,你事業的每個部分最後都會回到產品管理,一切都匯集在一個中心點上。

這就是為什麼,產品經理是最難雇用和訓練的人才。也是為什麼優秀的產品經理如此珍貴又受到愛戴,因為他們必須了解一切,並讓一切變得合理。而且他們孤軍奮戰。他們是全公司最重要的團隊之一,規模卻是最小的。

由於每個產品和每間公司的需求大相逕庭,產品經理因而是個非常難描述的工作(可參見上述三千字),更不要說真的去雇人了。根本沒有現成的工作描述甚至是合適的工作需求。許多人都以為產品經理必須要懂技術,但這絕對是錯誤的想法,特別是在B2C公司中,更是如此。我認識許多優秀的產品經

理，他們沒有任何技術背景，卻可以和工程團隊培養出信任和融洽的關係。只要他們對科技擁有紮實的基本理解，也有樂意學習更多的好奇心，那他們就能找出跟工程團隊共事的方法，進而開發出產品。

現在沒有什麼產品管理的大學學位，也沒有明顯的相關人才來源。傑出的產品經理通常是從其他角色中嶄露頭角。他們可能是從行銷、工程、客服出身，但是因為他們很重視顧客，便開始修正產品，並努力調整，而不只是去執行某個人要求的規格或想要傳遞的訊息而已。此外，他們對顧客的關注，也不會影響他們的判斷——他們知道這最終還是一門生意，所以他們也會一頭栽進業務和營運，試著理解單元經濟和定價。

他們會創造出成為優秀產品經理所需的經驗。

要找到這種人，就像是大海撈針。這是種幾乎不可能出現的組合，必須具備嚴謹的思考，又是個眼光長遠的領導者，同時擁有令人驚豔的熱情，但也要能堅定地一步步實踐。他們必須活力充沛、樂於與人交流，卻同時受科技吸引，還超級會溝通，可以和工程團隊共事，並從行銷團隊的角度思考，又不會遺忘商業模式、經濟效益、獲利、公關。他們還要能夠掛著笑容驅策他人，了解什麼時候該堅定，什麼時候又該退一步。

這種人極其稀有，十足珍貴，而且他們能夠，也將會協助你的事業朝應該前進的方向邁進。

5.6 關於業務：銷售文化之死

　　傳統上，業務人員是以佣金維生，意思是等顧客完成交易之後，業務員會獲得成交金額的一定比例，或是根據成交的每筆交易得到獎金。成交金額越大，成交數量越多，他們的支票就越大張。一般來說，佣金會在每月或每季結束時一次結清。

　　一般人都認為這是將公司目標和業務團隊目標結合，並達到營收目標，以讓投資人看見實際進展的最佳方式。大家會告訴你，長久以來就一直都是這麼做的，這是唯一的方法，也是聘用優質銷售團隊的唯一途徑。特別是業務人員本身也會跟你這麼說。但是這些人都是錯的。

　　就算表面上一切看來都行得通，傳統式佣金完全落實後，其實會有很多缺點。最重要的便是，這將孕生出過度競爭和自我中心，並鼓勵快速賺點快錢，而非確保顧客和公司獲得長遠的成功。

　　有另一個以分期式佣金為基礎的商業模式，能結合短期的商業目標，同時也不會忽視長久的顧客關係。

　　比起專注在成交後馬上獎勵銷售人員，把佣金改成分期發放，將使你的銷售團隊擁有動機，不僅努力開發新的顧客，同時也會照顧現有的顧客，確保他們

一直都開開心心。應該要打造一個以關係為基礎,而非以成交為基礎的文化。

以下便是如何在你的公司建立這樣的文化:

1. 如果你正要創立新的業務團隊,就不要提供傳統的月結式現金佣金,最好是用一視同仁的方式獎勵公司的所有員工。所以請提供業務人員充滿競爭力的薪資,還有以分期發放的額外股票,當成業績獎金的選項。股票將帶來內建的動機,讓銷售人員繼續待在公司,並投注在對生意有益的長期顧客上。

2. 如果你正試圖過渡到由關係驅策的文化,那你很可能無法馬上就廢除傳統式佣金。在這樣的情況下,你當成佣金發出的所有股票或現金,都應該要改成分期發放,但是最好還是發股票啦。一開始先發放10%到15%的佣金,過幾個月之後再發放相同的比例,以此類推。如果顧客離開,銷售人員也會跟著失去其餘尚未發放的佣金。

3. 每一筆銷售都應該要是團隊銷售。所以如果你擁有顧客成功團隊(也就是真正負責把賣給顧客的東西交出去、設定好、並加以維護的團隊),那麼每筆銷售都應該要由其核准。業務和顧客成功團隊應該隸屬同一名主管領導,屬於相同的單位,並擁有相同的獎勵方式。在這樣的安排下,業務團隊就不能直接把顧客扔給顧客成功團隊,然後就拍拍屁股走人了。如果你沒有顧客成功團隊,那麼業務團隊就必須和客服、營運、製程團隊密切合作,找一群人來

負責核准所有承諾。

我並不是在General Magic公司學到這些事的，也不是在飛利浦、蘋果、Nest。

我一開始是從我爸那邊學到的。

他在1970年代擔任Levi's的業務員。當時全世界都超迷Levi's牛仔褲，他大可以把Levi's的垃圾設計傾銷到零售商店，狠狠賺一筆錢，然後繼續快速如法炮製。但他是個優秀的業務員，年復一年贏得所有銷售獎項，我常看到他帶回家的各種獎盃跟匾額。他的目標從來都不是炒短線，而是建立信任。

所以他會給他的顧客看所有產品，並告訴他們哪些賣得好，哪些賣不好。他會把他們引導到酷炫的風格，遠離那些沒人會買的設計。要是顧客想要他沒在賣的東西，他也會跟他們介紹有在賣的競爭對手。

那些顧客都記得他，然後下一季、下一年、十年後，他們就會再次打給他，他們會下訂單，下一季再下，下下季再下。

我爸是賺佣金的，但他常常會為了和顧客建立關係，寧願犧牲一筆訂單。最棒的業務員就是那些即便這代表今天沒錢賺，卻仍會去維護關係的人。

這也是你會想要延攬的那種銷售員。因為要是你的方法正確，那他們就真的會變成公司團隊的一分子，而非突然冒出來，賺完錢就跳船到下一間炙手可熱的公司，留下一大堆問題的唯利是圖小人。

傳統式佣金銷售模式的危險在於，這樣會創造出兩種不同的文化：公司文化和業務文化。而分屬不同文化的員工會有不同的獎勵方式和思考模式，在乎的也是不同的事。順利的話，

你公司的多數人會專注在使命上，想要一起達成某件偉大的事，一起為共同的大願景埋頭苦幹。但許多業務人員根本就屌都不屌你的願景，他們會專注在自己每個月賺多少錢。他們會想要搞定交易、拿到獎金，只要東西賣得出去，他們才不在乎自己賣的是什麼。

公司規模越大，這兩種文化就會變得越疏遠。大筆佣金、銷售獎金、每個業務都趕著閃人去渡假，準備周末爆喝一波的業務會議。當下對你的業務團隊來說或許很棒，卻可能拖垮公司其他人的士氣。為什麼我們這麼努力開發產品，他們卻可以跑去夏威夷喝掛，還拿年度最佳業務獎盃來當一口杯喝酒呢？

我並不是在說業務不重要。業務非常重要，能帶來維持公司生存絕對必須的顧客和金流。但業務並不會比工程、行銷、營運、法務、或其他任何團隊還更重要。業務團隊只是諸多重要團隊的其中之一而已，而所有團隊都同心協力，以打造出偉大的事物。

但要是業務團隊跑到一邊自行其是，幾乎已不屬於公司的一部分，卻仍穩定達到每月目標，就可能會孳生出一種業務掛帥的隔絕文化。而這種文化對待顧客的方式可能非常殘酷——即便是在你以為業務人員應該好好對待顧客才能賺到錢的地方，也會是如此。

我領佣金當薪水就只有過那麼一次。當時我16歲，在一間叫作馬歇爾費爾德（Marshall Field's）的百貨公司賣水晶和瓷器，而且我幹得非常好，年長的女士都很愛我，她們會捏捏我肥肥的臉頰、問我媽過得怎樣、跟我要地址寄聖誕卡給我，然後帶著滿手的水晶玻璃杯、水晶碗盤、長相怪異的瓷器雕塑離開。這徹底惹怒了其他所有業務員。我們的薪水幾乎全是來

自佣金，每兩個星期支付一次，而這個不知道哪來的小鬼把他們搞到快餓死了。所以每次有人很好的年長女士朝我直奔而來時，其他業務員都會想要搶走她和我的業績。而且他們還真的會在顧客面前開始為了這筆業績要算誰的公開吵起來。他們根本不在乎這個顧客是誰，或是顧客想要什麼，他們想要的只是那5塊或10塊的佣金而已。

這就是在他媽的馬歇爾費爾德百貨發生的事。而隨著交易金額變高，壓力越來越大，這種感受也會以指數倍成長，事情會變得越來越嗜血，大家也會開始無所不用其極。

有很多電影都描繪過糟糕的業務文化，比如《搶錢大作戰》（Boiler Room）、《華爾街之狼》（The Wolf of Wall Street）、《大亨遊戲》（Glengarry Glen Ross）等。電影劇情當然比較聳動，但也沒有誇大太多。過度競爭常常會孳生出那種自尊至上又醉醺醺的更衣室互捧文化，大家最後會跑去脫衣舞俱樂部，試著把彼此灌倒在桌子底下。講理的人會無從發揮，並覺得他們必須裝裝樣子；不講理的人則會瘋狂失控，在飯店大廳爆吐、被警察從公司的假期派對拖出去之類的。

這在所有地方都會發生，從矽谷到紐約到雅加達，小型公司和大型企業無一倖免。公司總以為他們可以控制最糟的情況，所以小小的脫序行為只不過是讓業務團隊精力充沛的代價。反正只要每個人都達到業績目標，那有什麼問題呢？

問題在於有天一定會有事情出錯，有可能是出在產品上面，你會發生問題，事業成長趨緩。而在這個時候，當你最需要業務團隊的時候，他們將棄你於不顧，跑去市場最好的地方。如果他們現在賺不到錢，那他們幹嘛要跟你同甘共苦啊？

或是你會發現，他們交出來的亮眼成績到頭來其實也不是

那麼亮眼，搞不好他們對你團隊的能力或產品的性能撒了點無傷大雅的善意謊言，以符合顧客的需求；或許所有那些流向你公司的顧客，買的其實是你根本無法賣給他們的東西，而他們現在氣炸了。

當你展開事業時，你最初的那群顧客極其珍貴。他們會是最愛你的顧客，在你身上冒險的顧客，而他們可以成就或摧毀你的公司，他們便是你最初所有口碑的來源。一開始你會覺得你完全認識每個顧客，知道他們的姓名、長相、推特暱稱，但是隨著你的事業成長，傳統業務文化接掌之後，這些顧客就不會再是當成個體看待了。他們會變成數字，變成錢的符號。

不過就算你處在過度成長模式，顧客也還是人，你和他們建立的關係仍然具有意義，而且必要。真正優秀又睿智的業務員會緊抓這種關係，但很多業務員不會。

如果你的業務文化是由成交驅策，那麼業務員培養出來的所有關係，在顧客簽名同意之後就會瞬間蒸發——你是不會和自動提款機建立關係的，你只會走過去領錢而已。而一旦顧客覺得自己像是自動提款機，要讓他們回心轉意就幾乎不可能了。你必須用盡辦法，想破腦袋，拼命說服他們再度信任你。顧客成功團隊或客服團隊也會道歉再道歉，然後整段時間都一邊回頭低聲咒罵業務團隊。

但你最後很可能還是會失去那個顧客。

這就是為什麼，以關係為基礎的業務文化其實並不天真，也不單純，而是必要的。而且這早已經過證明為真。這便是我們在Nest建立的銷售文化，也是我推動數十間新創公司採用的文化。這總是會比較好，每一次都是這樣。你會有更快樂的顧客，也會有更快樂的文化，還會有邁向目標所需的團隊合作、

專注、進展。

　　理想上來說，從一開始就應該用這樣的方式建立你的事業，所有人的報酬都以薪水、股票、表現獎金支付，不管是業務、客服、行銷、工程、顧客成功團隊都一樣。這不是說他們全都要拿到同樣的金額，而是採用相同的薪水模式，一視同仁。

　　而且成交永遠都不是一個人的功勞。在銷售過程中，業務人員會獲得支援—— 來自顧客成功團隊、客服團隊、或任何在成交後會和顧客密切合作的團隊，大家同心協力促成這次交易。永遠不會出現任何驚奇—— 大家都知道自己肩負的期待，以協助新顧客成功。而且交易結束後，業務人員也不會消失，他們會留下來，當成顧客的聯絡人，要是出現什麼問題，他們就會介入協助。

　　如果你公司的銷售文化已經是成交導向，但想要轉換到以關係為基礎的模式，那就會比較麻煩。員工很可能會離職，很多人會跟你說你瘋了，但最終還是可以達成的。

　　首先設立一個小型的內部委員會，由其他相關團隊組成，包括客服、顧客成功、營運團隊，以核准每一筆銷售。這會開始帶動心態轉變，從孤狼業務員變成團隊的一份子。接著開始談佣金的改變。別說你要廢除佣金制，這會讓大家一頭霧水，說你要用不同的方式處理。提高佣金的金額，同時開始分期發放，並告訴業務團隊，如果顧客離開，那他們就拿不到剩下的佣金。如果他們比較喜歡股票勝於現金，那你甚至也可以提供更大筆的金額。

　　一旦佣金開始依照是否有無將顧客關係視為優先事項而分期發放，原先那些時常會汙染業務文化的醜事就會消失。業務人員會找到更優質的顧客，過度競爭會減緩，互捧文化不見

了，各團隊同心協力朝期望和目標邁進。

這樣一切就是會更好，對所有人來說都是。

傳統的佣金模式已經是古董了，不僅過時，也會獎勵所有糟糕的行為。不過在一件事上很有用：趕走渾球。

世界上有很多超棒的業務人員，聽見分期式佣金的構想時會抬起眉毛表示興趣，接著傾身向前詢問更多資訊。其他人則會冷笑和翻白眼，跟你說你這樣永遠都請不到任何人啦。你解釋時他們根本就不會聽，還會趾高氣昂直接離開，自以為自己比較懂，而你根本徹底瘋了。

不要雇這種人。

尋找那些對分期式佣金構想有興趣的人，尋找那些知道用這種方式他們其實可以賺到更多錢的人，尋找那些同時也擅長銷售的好人，尋找那些會在乎你的使命，並對於他們在促成使命成真的過程中即將扮演重要的角色，會感到興奮的人。

這可能不容易，特別是如果也有一大堆競爭對手在尋找人才時。而在某些狀況下和某些產業裡，打造一整個全新的業務文化和組織，有可能就是辦不到。在這類情況下，你只需要一個人就好。找個了解並珍視顧客關係的業務團隊領導者，找個無法忍受自我中心和嗜血競爭，也不會雇用渾球和唯利是圖小人的人。這個領導者將會形塑組織的文化，使其變得更為顧客關係導向。這樣等到世界趕上你在做的事，你就能實施分期式佣金了。

這些人真的存在，他們也厭倦成交文化了，他們想要好好對待他們的顧客，他們想要感覺自己屬於真正團隊的一份子，所以去雇他們吧！

5.7　告起來：法務在公司的角色

　　一般來說，你的公司會需要各式各樣的律師：處理契約、訴訟時替你辯護、日常中阻止你犯下愚蠢的錯誤或是掉進意想不到的陷阱。初期你可以找外部的律師事務所湊合過去，但最終這樣會變得太昂貴（貴到讓你嚇一跳）。這時你很可能便需要聘請全職法務。

　　但務必記得，如果你在經營一個事業，那麼所有涉及法律的決定，就都是要由營運來驅策。純粹的「法律驅策決定」只會出現在法庭裡，你的法務團隊目的是要讓你在決策前擁有充足資訊，而非替你決策。所以來自法務團隊的「不」並不代表對話結束，而是開始。優秀的律師會協助你找出路障，然後想辦法繞過路障找到解決方式。

大多數律師都很會兩件事：說「不」或「可能」，以及跟你收錢。

這不一定是因為他們是爛律師，只是系統就是這樣運作的。

律師事務所基本上就是在談收費時數，他們和你講話的前15分鐘可能是免費的，但在之後的所有十五分鐘就都要收錢，甚至是每五分鐘就要收一次。他們會因為自己洗澡時還有想你公司的事，於是跟你收錢。他們會因為影印、出差、郵資跟你

收錢，還會加上額外的處理費。每次他們需要找另一個法律專業領域的人討論，他們也會再跟你加收額外的費用。所以如果你的律師把你加到另一個律師也在的視訊電話裡，那你最好預期會有一張貴到讓你下巴掉下來的帳單。

我曾經有個律師每次開始談話前都會先閒聊一下，家人還好嗎？天氣真爛啊！我不想沒禮貌，所以也會跟他閒聊個幾分鐘。但是這些非常有禮貌又正常的閒聊，意味著只要花15分鐘或更少時間就能討論完的實質問題，常常會拖到30分鐘甚至是45分鐘。而這個律師每個小時要收費800到1,000美元。我付給他好幾百塊錢聊我小孩的音樂會。聊了三或四次之後，我發現他的伎倆，馬上炒了他。我都已經可以想像不是我跟他談時，他會怎麼膨風收費時數了。

當你聘請外部的律師事務所時，你應該找一個不發廢言，也不在乎你小孩怎樣的律師——至少不是在他們的收費時段啦。

好消息是，某些律師事務所已經開始轉向新的模式，也就是大家事前同意好的固定收費或是收費上限。某些律師事務所也會協助制式的公司登記和固定的法律事務，只需要收點小錢或一些股票。而且現在還有一股新的浪潮，把許多重要的法律文件變成「開源」，也就是撰寫共通的版本，多數公司都可以適用。

但就算你使用的是開源的法律文件，你仍然需要一名律師來處理細節。而這個律師很可能還是會把他洗澡的時間算進去。

所以為了要盡量運用你的律師，你必須了解他們是怎麼運作的，以及他們是怎麼做事的。律師受到的訓練，會教他們從競爭對手、政府、氣炸的顧客、合作夥伴、供應商、員工、投資人的觀點思考，接著他們會檢視你在做的事，然後表示：「這

麼做幾乎肯定會讓你惹上麻煩。」或是，如果他們那天心情真的特別好，就會說：「這麼做可能會演變成法律訴訟，但我們應該有辦法可以處理。」

　　你永遠不會得到百分之百純粹的「好，去做吧，前面不會有危險」，因為根本沒有絕對的方法可以避免別人告你。任何人都可以因為任何事告爆你，至少在美國是這樣啦。顧客會因為你改變了某個他們喜歡的東西告你，競爭對手會把告你當成商業策略，要讓你關門大吉。法律依據根本無用武之地，他們會用各種荒唐的訴訟搞爆你，只為了榨乾你口袋裡的每一分錢，而你的錢也真的會被榨乾。

　　如果你開創了某種顛覆的東西，如果你獲得一點成功，那你很可能就會變成目標。如果你真的大成功，那你絕對會變成目標。

　　所以訴訟的可能性永遠都要是你衡量的風險。不過訴訟也不是世界末日，而且你律師口中的「可能」或「不」，也不一定總會是你必須馬上停下來的理由。你必須把他們的答案，拿來跟你事業的需求，以及你必須承擔的創新及成功風險一起衡量。但這也不表示你都不必遵循法律建議。我意思只是說，法律不該是你唯一的考量。

　　當然，這並不適用於那些真正違法的事、說謊、所有你需要律師來處理的基本事務（包括契約、人資、你放在應用程式裡的保固和隱私條款）。針對這類事情，真的不要亂搞。聽你律師的話，遵循他們的建議。如果你沒有全職的法務，那就找間律師事務所然後付錢，你不會希望自己的事業因為愚蠢的錯誤而崩潰，例如你搞砸了聘雇合約，或合約裡面的條款及條件。

　　但是有關灰色地帶、有關棘手的事、有關那一百萬個可能

會影響公司走向、擁有細微差異的意見驅策型決定，永遠都要記得，律師生活在一個非黑即白的世界。不是合法，就是非法。在法律上不是站得住腳，就是站不住腳。他們的工作便是告訴你法律，並解釋風險。

你的工作則是做出決定。

我第一次需要打官司是在蘋果時，我記得自己驚呆了。當時iPod外的第二大音樂播放器開發商Creative，因為iTunes把歌傳到iPod的介面以及其中運用的科技跑來告我們。我們究竟有沒有侵權，以及究竟能不能打贏官司都不是很確定，賈伯斯相當擔心。我們替蘋果打造出了多年來第一個優質新產品，而現在蘋果因為這個產品被告。

負責領導蘋果所有智慧財產權法務事務的奇普・魯頓，跟我還有iTunes的副總傑夫・羅賓（Jeff Robbin）合作，想辦法解決這個問題。我們提出了不同的方法可以調整產品，但最後賈伯斯做出商業考量，選擇和解。事實上，他選擇以一億美金和解，這個金額比Creative要求的還多上好幾千萬。他想要他們徹底滾一邊去去，永遠不要再回來糾纏我們了。

這是一課關於「獲勝真正的意義」的有趣教訓。這並不是法律上的勝利，我們從來沒有為自己辯護，也從來沒有去開庭。但這對賈伯斯而言還是勝利。對他來說，比起省錢或顧面子，這輩子永遠不用再花另一秒去擔心這樁官司更為重要。

而我們推出Nest智慧溫控器後不久，漢威聯合也很快就跑來告我們。這是一樁截然不同的官司，他們使出渾身解數，想把我們告到脫褲。他們的策略是徹底摧毀小型的競爭對手，然後再用一點爛錢偷走對方的科技。我們的法務團隊很有把握我們會贏，因為這樁官司超級荒唐、白癡到不行，是個眾所皆知

的策略，目的便是要拖慢快速成長的競爭對手。但我已經從我在蘋果的經驗學會，我不能就這麼直接把到底該怎麼做的決策權交給法務團隊。

律師都愛贏，他們永遠不會投降，會戰到至死方休。但這是我的事業，倒閉不是個可以接受的選項，這樣的話你的投資報酬率絕對不會好看。

當你身處任何涉及法律的協商，在你找律師之前，你一定要先確定一些基礎的條件——某件事你必須付多少錢、你最多願意付多少、合約為期多久、有沒有獨佔性等。大致搞清楚這些條款後，再讓律師去爭論法律用語。不然的話協商就會無止盡拖延，你還要在你的律師跟對方的律師大戰時幫忙付帳單。

沒人想處理這種事。

這就是為什麼，就算我們跟漢威聯合的官司勝券在握，我們最後還是選擇庭外和解。那時Google已經收購了我們公司，而漢威聯合是他們的主要客戶之一。我們是對的，漢威聯合是錯的並不重要，這是個商業考量。Google認為付錢給漢威聯合，維持他們之間的關係，比對簿公堂更好。特別是因為和解的花費會是來自Nest的口袋，不是Google的。

這讓我們氣瘋了，我們本來會贏的，結果Nest卻要付一大筆錢。真的是氣死人，但這對Google來說是正確的選擇。

最棒的律師會了解這點。他們不會單單只從律師的角度思考，他們會考量他們受過的所有訓練和擁有的知識，但也會衡量商業目標。他們可以協助你了解風險，同時也非常知道其中的利益何在。

他們會提供你深思熟慮的建議，而不是告訴你可以怎麼做，不可以怎麼做。他們知道他們的聲音屬於整體合唱的一個

聲部。而隨著你們一同共事，熟悉彼此，他們也了解了競爭環境看起來如何，你的顧客和合作夥伴又是誰，這時優秀的律師會稍微放手。大多數律師都需要跟某間公司合作好幾個月甚至好幾年，才能真正了解哪些風險確實值得擔心，哪些風險則大都可以忽略。但是經驗老道、在商業上相當實際、可以用有效率的方式傳達風險的律師，可能相當值得他們的價碼。

要找到一個這樣的律師，通常也會需要你全職聘雇對方。當法律費用變得太過昂貴，要花太多個小時處理同樣的合約和問題、太多來來回回、你需要他們去尋找太過罕見的專家太多次後，你通常就會知道，是時候來找個全職法務了。

全職法務並不會解決你聘請稅法、人資、募資、併購及收購、智慧財產權及專利、政府法規專家的需求。但在你找來這些專家之後，法務會幫你協調一下費用，因為永遠都有空間可以協調，特別是對律師來說。了解律師事務所商業模式，也知道那些伎倆的資深律師，可以檢視對方開來的帳單，並詢問為什麼完成這項任務要花這麼多時間，或是為什麼某次談話是按照這樣的方式收費。

第一次考慮聘請法務時，你可能會受到誘惑，想聘請一名通才，什麼事都會做一點。大家以為這樣可以降低聘請外部專家的需求，但事實恰恰相反。

在這個時候，你雇人並不是為了廣度。你必須了解你公司的核心是什麼，你的事業最終是和什麼有關，並聘請相關的法務專家。

我見過太多次，明明某些公司最大的與眾不同之處是智慧財產權，他們卻找了個一般的契約律師來掌管法務團隊。這是個代價高昂的錯誤，那個律師最後把所有智財權相關的法務工

作都外包，沒有省到錢，甚至連幫外部顧問提供指引都沒辦法。當你聘的第一個法務在重要領域缺乏經驗和專業時，法務團隊的能力就會變弱，法務團隊會更想要避險，缺乏彈性，比較不能跟公司其他團隊一起合作，無法用創新方式解決問題，遑論為公司制訂出有效的長期法務策略。

在Nest時，我們打從一開始就知道一切都會回歸智慧財產權。Nest的獨門秘方一直以來都是我們的科技創新，而這些創新應該都要積極註冊專利，以防競爭對手染指。

所以我們的第一個律師就是我在iPod官司中合作過的奇普‧魯頓。

我們需要一個已經對我們事業核心可能出現的問題擁有深厚理解的領導者，從第一天就可以用這樣的角度思考，並帶著這樣的觀點組建團隊。而且我們也需要可以當成道德指引的人，可以和各主管、工程師、行銷人員正面交鋒。

我們需要一個能夠領導的領導者。

這個人將受到敬重，又足夠深思熟慮，可以積極參與產品開發。

奇普和他的團隊從來都不是後勤部門，他們總是和我們一起衝鋒陷陣、反覆思考產品功能、確保我們可以捍衛我們的專利、檢查我們的行銷文案、打回出現的官司，還有和我吵架。

就像那次為了嬰兒而跟我吵起來。

2016年6月，我們推出了Nest智慧攝影機，可以用於保安，或當成寵物跟嬰兒監視器。而在美國境內，所有用於嬰兒房間的電子產品都必須加上如圖5.7.1的警語。

而我說：「不可能，我們推出的新產品才不要加上窒息嬰兒的圖勒！」

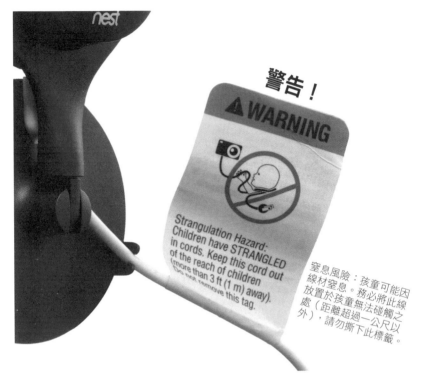

圖5.7.1：這是第一代Nest智慧攝影機，於2015年6月推出，附有初版的警告標示。有時候你必須把你的新產品擺在身處致命險境的嬰兒圖案旁邊，這就是人生。

　　我們已經在各處寫滿了窒息警告，從應用程式、安裝說明、使用手冊、一路到設定中，顧客絕對不可能忽略的。我們競爭對手的產品沒半個做到這麼絕，而我們和他們使用的全部都是同樣的線材！

　　我賭爛到不行，怒氣衝天，在會議室裡大發雷霆。我不要，絕對不要！

　　而奇普淡定告訴我後果：最輕就是罰一大筆錢跟召回產品，最重則是聯邦政府會採取法律行動。

警示尺寸不能縮小，不能改動，甚至連換個顏色都不行。

在這個例子中，沒有細微差異、沒有灰色地帶、也沒有討論空間。法律明明白白。這並不是那種「法律只不過是整體合唱的其中一個聲部，而我可以按照我直覺的意見做出意見驅策型決定」的情況。在這種情況下忽略奇普的建議，不會是什麼策略性的商業考量，而是會是個白癡錯誤，風險跟報酬不成比例。

有時候你就是必須把你的新產品擺在身處致命險境的嬰兒圖案旁邊，這就是人生。如果我們想要用嬰兒監視器來行銷 Nest 智慧攝影機，那我們就必須要標示。

但就算是在那種時刻，奇普也會和我合作找出解決方法。他從來不會只丟下一個「不」然後就閃人，他永遠都會協助我們找到折衷方案、新的機會、不同的方向。

我們最後決定把標籤做得甚至比法律規定的更大更醜，還直接擺在產品旁邊，讓你不可能錯過。我們也知道反正大家都會把這他媽的垃圾撕掉，所以我們還特別做成非常好撕，並確保不會有殘膠留在上面，我們甚至還做了幾次測試，保證這樣行得通。你難道不會希望新床墊也這麼做嗎？

奇普也確保我們這樣搞不會犯法。

他是個超棒的律師，但同時也是個超讚的合作夥伴。

這就是你最終要尋找的。你不會想找個認為他們唯一的工作就是指出你可能跌進的糞坑，然後擋你的路的律師。雇個能夠協助你找到新途徑、搭起橋樑、不會只從律師的角度思考的律師吧！

第六部
成為CEO：上台、下台、作自己

Nest智慧煙霧及一氧化碳警報器上市後，智慧家居一定會蓬勃發展的。

Nest智慧保全系統可以當成Nest智慧溫控器的溫度和濕度感測器，這樣每間房間就都能擁有獨立的溫控，也能使用動作感測器偵測是否有人在家，如果沒人在，溫控器就可以馬上關掉暖氣或冷氣節能。而且還可以用聲音系統完成比警報更多的事。Nest智慧保全系統的願景便是要成為非常棒的音響，屋裡的所有房間都裝有煙霧警報器，所以我們計畫讓警報器能夠播放音樂，甚至當成對講機使用。你可以跟廚房裡的Nest智慧保全系統說晚餐準備好了，然後小孩臥室裡的煙霧警報器就會傳出你的聲音。

現在只要再加入攝影機或智慧門鎖系統，那你就會有個內建的保全系統。感測器遍佈每間房間，整間屋子也都有煙霧警報器，你每安裝一個新的Nest裝置，你舊的Nest產品也會變得越來越好，功能更多，為更多便利和可能性鋪好一條康莊大道。而且你根本不需要做太多事，一切就能夠這麼⋯⋯順利運作。

智慧家居的整個重點就是要能夠不費吹灰之力達成，讓你的房子來照顧你，而不是你負責照顧房子。

等到Nest智慧溫控器展現出其潛能之後，我們也沒有對身

邊如雨後春筍般冒出的數十種其他智慧型產品視而不見。比起將這些競爭對手視為應該摧毀的對象，我們反倒使用相當節能的連結科技Thread來培育整個生態系統。如果你打造出一個非常不錯的智慧型裝置，你可以將其連上Nest系統，和Nest的產品一起使用。你的智慧型吊扇可以和我們的溫控器連結，或是Nest系統可以通知你的智慧燈具你外出渡假，燈具便能假裝你好像在家亮著，嚇阻可能的小偷。

Nest在打造的是一個平台，一個我們自己和第三方的產品都能用同一個應用程式控制的生態系統，可以把智慧家居變成真正魔幻的事物。我們會編織出能夠從根本上改變你對家居想像的科技掛毯。

總之這就是我們的願景啦。

Google在2014年花了32億美金買下的願景。

Google從一開始就和Nest關係密切。2012年我們的產品推出前，我就曾給Google的共同創辦人謝爾蓋‧布林（Sergey Brin）看過一些原型，他們那時便想收購我們的公司，他們想協助我們更快達到願景。我們拒絕後，他們說不如改成投資。

2013年，我們正身處另一輪成功的募資之中，他們又很積極想收購我們。

我知道如果他們這麼熱切想要收購Nest，那表示他們可能真的開始認真看待開發智慧家居硬體這回事了。而如果Google開始認真，那麼蘋果、微軟、亞馬遜、臉書、其他科技巨頭，可能也已開始摩拳擦掌。Nest讓這顆雪球滾了起來，現在已經引發一場雪崩了。

如果我們不小心一點，那我們很快就會被掩埋。

Nest的表現非常棒，產品一製造出來就被銷售一空。我

們大可以就這麼一直開發溫控器，其影響已經大大超乎我們最狂野的期望了。大家已經開始把溫控器當成聖誕禮物，溫控器欸！我們賣光的時候，著名脫口秀主持人大衛・賴特曼（David Letterman）和大牌饒舌歌手肯伊・威斯特（Kanye West）甚至寫信給我們問還有沒有貨。

但我們矢志要打造出一個平台，一個又大又有意義，可以維持好幾十年的平台，而這會需要巨量的資源。

Google或蘋果這類擁有其他豐厚收入來源以及大量產品的巨型公司，很快就可以用他們自己的平台取代我們。他們需要做的就只是宣布他們要進軍智慧家居市場的計畫，不管他們的平台好不好都無所謂。當一家巨型公司做出公開宣告，光是這樣就能染指某個產業。他們可以吸走我們所有潛在的合作夥伴和開發者，或就只是讓這些人無法全心全意投入我們這邊。而巨型公司自己則一邊採取「等著看看會發生什麼事」的態度。

我已經看過太多來自小型新創公司的成功產品及平台，在大型對手加入，並把房裡所有氧氣都吸乾後，便迅速死亡。

但是透過加入Google，我們不僅可以保護自己，還可以更快完成我們的使命，這就是讓管理階層真正感到興奮的事，成長的潛力。

所以在各種深思熟慮和緊張兮兮之後，我們以團隊共識的方式決定，現在正是賣掉公司的好時機。我們佔有優勢，有大量資金，有更多的投資人和紮實的單元經濟；我們的事業成本頗低，溫控器在賺錢，另一項產品正要推出，而且還有更多產品開發中。

而且Google還承諾5年內要投資40億美金在我們的智慧家居平台上，並提供必要的資源—— 伺服器、AI演算法、開發

商人脈。我們也同意他們可以拋下他們開始開發的智慧家居硬體，把資源完全投入在 Nest 上，同時也接受每隔兩周就和負責整合我們需要科技的團隊開合作會議。

我們對於文化衝突有各種擔憂，但是 Google 那邊的團隊要我們放心，表示我們在 Nest 的使命驅策文化將會為他們設立新的標準，協助推動 Google 的文化轉型。他們還說我們的銷量會水漲船高，而且我們的平台願景實現的時間，會比我們還是獨立公司的時候快上好幾年。

他們告訴我們這會是一椿美妙的婚姻。

2014 年 1 月，經過幾個月的密集討論後，我們雙方同意步入禮堂，相信我們會永不分離。一定會成功的，我們會想辦法成功，兩間公司都意願滿滿。

但大家都知道，通往地獄的路是由什麼鋪成的。

收購完成幾小時後，已經屬於 Google 的 Nest 就公開表示，我們的文化與系統將會和 Google 完全分開。這樣做的用意是平息一波看衰的媒體聲浪。在這之後則是器官排斥，Google 內部的天然抗體偵測到某種全新的外來陌生事物，於是使出渾身解數想辦法逃避或忽視。他們會微笑再微笑，但說好的會議、來自 Google 管理層的監督、我們制訂的整合計畫，全都開始分崩離析。

就連最基本的無腦事項也開始拖延：我們可以在 Google 商店賣 Nest 產品嗎？不行，至少要等一年。我們可以不用亞馬遜網路服務，改用 Google 雲端嗎？不行，要先進行一大堆調整，而且成本其實還會比較貴。

不過這其實也不意外啦，一切都變得更貴了。

2014 年，Google 收購我們前夕，Nest 花在每名員工上的人

事成本大約是每年25萬美金，其中包括超讚的辦公空間、很棒的健保、偶爾免費的午餐、三不五時的有趣福利。

但在我們遭到收購後，這個數字爆增到每人每年47萬5千美金。其中有些部分是來自大企業的繁文縟節和增加的薪水及保障，但是許多都是來自額外的福利，像是免費巴士、免費三餐、一堆垃圾食物、擁有完整視聽設備的光鮮亮麗會議室、新的辦公大樓。甚至連IT都很貴。把每個員工的電腦連上Google網路一年要花一萬塊美金，而且這甚至還不包含買筆電的錢。

當然，Nest本身也並不完美，我們一次同時有太多不同的專案在進行，導致我們消化不良。Nest智慧保全系統不斷延後，因為我們推出第二代的Nest智慧煙霧及一氧化碳警報器以及第三代的溫控器。我們也收購了一家叫做Dropcam的公司，開發出第一代Nest智慧攝影機，並加入Nest應用程式中，然後又花了無數個小時試圖將其整合至Google，並搞懂各種電郵地址、企業資安、誰的伺服器上存了什麼數據、隱私政策等等。

而即便成為了Google的一部分，我們卻沒有怎麼變得更像Google人，沒有真正加入Google的文化。Nest人當中有一小部分來自蘋果（Google是蘋果的頭號死敵），這些「原」蘋果人喜歡做傻事，我們大多數人就只是喜歡我們做事的方式而已，我們不想要變得像Google，我才不要像新來的Google人那樣戴什麼小蜻蜓棒球帽勒。我可以理解我們為什麼這麼格格不入，為什麼他們沒有張開雙臂歡迎我們。

但就算有這所有鳥事，這次收購也並不是徹底的災難，而是施工中的事。

我們的品牌和單元經濟非常穩固，我們仍在快速成長。事實上，Google的收購還為一堆零售商帶來了信心，開始在他們

店裡販賣Nest的產品。參與開發我們生態系統的開發者數量也大幅上升，而我們和Google的某些團隊也有了一些進展，雖然完全還沒達到我們預期的程度就是了。但我們還有時間，計畫是花五年的時間，打造出真正的智慧家居平台，而Google裡面有超多超棒的人才，超多打造超讚科技的超屌團隊，我們可以攜手合作，創造出某種非常壯麗又重要的事物，我們只是需要再加把勁而已，我們可以的。

接著，2015年8月，收購完成一年多後不久，Google的共同創辦人賴瑞·佩吉（Larry Page）把我叫進他的辦公室。他說：「公司現在有個令人興奮的全新企業政策，叫作Alphabet，而我們想要Nest當榜樣示範。」

他們要改組Google，創立一間叫作Alphabet的母公司，並將Google和所有「其他賭注」當成子公司，這樣華爾街那邊就能清楚看到Google搜尋和Google廣告的事業是否健全，不會有什麼東西遮蔽真正的財務狀態。所謂的「其他賭注」，像是Google光纖、Calico、Verily、Capital G、Google創投、Google X及其大的量「築夢」專案，當然還包含Nest，都會變成獨立的姐妹公司，再也不屬於Google的一部分。Nest一夕之間將變成其中規模最大、最知名、最有價值的姐妹公司之一。

我們花了整整16個月專注在整合到Google中，試著貼近母親，並得到所有加速我們實現願景所需的養分。這樣的整合及可以接觸到的科技，正是我們一開始會同意收購的主因。但賴瑞告訴我這一切結束了。新的方向、新的策略。

「你們想這件事想多久了？」我問。

「好多年了。」他說。

「Google這邊有多少人在想這件事？」

「3、4個人想了好幾個月，你是我最先通知的幾個人之一。」

我心想：「是哦！謝囉！」但我跟他說：「好吧，我們必須了解各種細節，以確保我們都朝同個方向前進。我們有多少時間可以深入研究，並想出具體的計劃？幾個月嗎？」

我知道，不要在沒有紮實立論的狀態下直接說「不」。但我需要爭取時間想出怎麼阻止這件事，幫我們的團隊弄到更好的條件。

「我們沒有幾個月。」

「那8個禮拜呢？」

「也沒有。」

「1個月？」

「我們下個禮拜就會宣布。我們是間上市公司，如果這件事洩漏給媒體，就會引發一場災難。這只是財務和會計上的調整而已，不用擔心，我們會搞定的。」賴瑞回答。

我傻眼到不行，啞口無言，太多延後的直覺了，我心想。開火、預備、瞄準。

根本就沒有適當的計畫，什麼都沒有。我完全贊成「去做、去學習、去失敗」，但你不能就這麼把一間公司搞得天翻地覆，至少也要有點類似策略的東西吧。這應該要是個數據驅策型決定的，結果卻變成意見驅策型。

賴瑞跟我說他一直在觀察華倫‧巴菲特（Warren Buffett）在他的波克夏海瑟威（Berkshire Hathaway）公司是怎麼弄的，他甚至還飛去內布拉斯加找巴菲特聊這個。巴菲特他們會收購獨立運作的無關公司，而一切都很棒，「我們為什麼不能也如法炮製呢？」

　　我指出波克夏海瑟威公司收購的公司，都是已經有10年、15年、50年的歷史了。這些公司已經相當成熟，賺一大堆錢，他們是長大的健康成人，但Alphabet的其他賭注都還是嬰兒，剛在學走路，要不然就是還在認識自己是誰的青少年。他們還在創新的路上跌跌撞撞，試圖找到通往獲利之路，基礎根本就截然不同。

　　但是這也不重要啦，壓路機已經快要開到眼前了。

　　Alphabet的消息宣布後不到24小時，Google的設施部門就跟我們說：「你們已經不再屬於Google的一分子了，所以你們會需要這個。」然後就把他們剛剛重新裝潢的新辦公室帳單交給我們，金額有好幾百萬美金。

　　雪上加霜的還有，我們花在每名員工上的人事成本暴增超過兩倍，變成2.5倍，而根本沒有什麼事改變——Nest的每個人都還是在同樣的地方做著同樣的工作，但現在我們只能自己買單。還包括Google提供的所有服務都必須繳一筆Alphabet的公司費用。所以那些我們賴以維生的基礎——IT、法務、財務、人資，瞬間都變得更昂貴了，有時候還貴到荒唐的地步。我們不斷聽到：「抱歉我們必須這麼做，這是財務會計標準委員會（Financial Accounting Standards Board，FASB）的規定，因為我們是上市公司，所以完全沒辦法避開。」

　　同一瞬間，我們好不容易終於開始整合的那些Google科技團隊，也開開心心把我們甩開，還告訴我們「你們已經不是Google了」，抗體展開全面反擊。

　　看見他們優先順序改變的速度有多快，簡直是令人嘆為觀止。

　　但最糟糕的部分還是那些屁話。

　　我開始對「深思熟慮」這個詞過敏。每次Google的高階管理層想要我們吞下什麼新策略，他們就會告訴我們「這其實經過極度深思熟慮」，即便看起來一點深思熟慮也沒有。「有關Nest整合至Google，我們已經深思熟慮過了」、「你們過渡到Alphabet中，我們也會經過深思熟慮」、「麥特和東尼，不要擔心，這件事我們已經深思熟慮過了」。

　　我聽到這個詞的時候就會心想，噢噢噢噢噢噢噢不要不要不要不要不要，又來了。他們深思熟慮地跟我講幹話，然後還期待我把這些狗屁傳達給我的團隊。

　　麥特和我已經極力鼓吹整合到Google超過一年，但我們的態度現在必須180度大轉彎，改成極力鼓吹加入Alphabet。我必須告訴我們的團隊，事情發展相當順利——即便我看著Google的管理階層在過度期間展開後隨便「深思熟慮」地湊合出一個計劃，接著在接下來幾個月內不斷調整這個鳥計畫。每個禮拜的Alphabet整合會議都是一團亂——財務、法務、IT、銷售、行銷、公關、設施、人資團隊都要整合。某天他們會告訴我們巴士或設施或法律服務是怎樣怎樣收費，然後兩個禮拜後他們又說會再考慮一下。

　　隨著Nest整合至Alphabet的代價越發清楚，新的財政制度也開始介入。

　　Alphabet的管理委員會說我們必須調整Nest的支出，使其變得更為合理，並盡快開始獲利。他們指出我們沒有達到銷售目標，我則指出這些數字是他們亂講的。他們假設Nest的產品會在Google商店販售，所以這會讓我們的銷售成長30％到50％，但接著Google商店那邊卻一直拖延跟鬼扯，我們的銷售實際上還下滑了，因為消費者害怕Google隱私政策而不敢購

買。

當我顯然是不會讓步時，賴瑞於是跟我說我們必須開始獲利。「我需要你大膽又創新，想出怎樣把一切都縮減50％。」而他指的真的是一切：人數、支出、我們的藍圖。

「什麼鬼啦？！」我回答。一切都沒有改變，我們的協議是一樣的，我們的計畫也是一樣的，但他們現在想要我解雇半數的團隊，而且大多數人我們前幾個月才剛聘來而已。

賴瑞告訴我不要擔心把所有人炒掉，他說Google有一大堆職缺，他們可以輕鬆轉職。然後我心想，媽的這傢伙這輩子真的有親自炒過人嗎？你不能像這樣玩弄別人的人生啊。

但是Google想要向華爾街證明，他們除了搜尋和廣告業務以外，還有事業是真的能夠賺錢的。他們打造的其他所有硬體，包括手機和Chromebook筆電都是在燒錢，Nest是唯一一個有機會賺錢的，所以他們把全副注意力放在我們身上。

但我絕對不可能炒掉Nest一半的人，完全不可能。

我們提出10％到15％的縮減，同時斷然拒絕調整我們的藍圖，我們不會放棄我們的使命。

不用說，情勢非常緊張。

四個月後，另一顆炸彈在我頭上落下。

賴瑞‧佩吉跟我說他想離婚。

他要把Nest給賣了。

不過賴瑞沒有真的這麼說啦，是我的導師（也是賴瑞的導師之一的）比爾‧坎貝爾在某天開完董事會後，請我留下來一下。那時快要放年假了，大家都走了之後，只剩他和賴瑞留下來。比爾看了我一眼然後說：「我就直接切入正題了，賴瑞說不出口，我也不會跟你講屁話。賴瑞想要賣掉Nest，我不知道為

什麼，但他想要這麼做。」

賴瑞一臉震驚盯著比爾，「欸，你沒必要這樣講吧！」

但他就是這樣講了。比爾了解我，而賴瑞不懂，完全不懂。我猜他想要比爾也在場，是因為他擔心我會崩潰。他想要我們分手時有個證人兼緩衝，以免情勢升溫。

不過我只是默默坐在那裡，在賴瑞試圖解釋狀況時，想辦法聽進每一個字，觀察他們臉上每一個細微的表情。

接著我說：「賴瑞，你買了Nest，你想要的話也可以把Nest給賣了，但我絕對不會一起跟過去的。」

我講完了。

比爾看著賴瑞，然後說：「我就知道，我就跟你說他的答案會是這樣。」

即便到了現在，我也不完全確定Google為什麼決定要賣掉Nest，或許一切都要回到文化衝突，或許賴瑞覺得我們太遙遠了，太難融入。我詢問時，他們給我的是表面的理由：我們認為Nest已經不再具有策略優勢，要花我們太多錢了。但是即便Google改變了，我們的協議還是沒變，我們對我們的藍圖跟未來計畫都相當坦承，他們簽約時就知道我們是個昂貴的投資，而且在短短不到兩年前，他們還很樂意，事實上還很熱切地資助我們的願景。

「我們現在有新的財務策略了。」他們這麼說，所以就是這樣。

會議結束後比爾完全不可置信。「你們有非常受歡迎的產品、紮實的經濟和成長、各種真正擁有潛力的新產品，比起公司大多數的專案，你們擁有更多潛力，不管怎麼說，這都完全不合理，我們才剛開始而已！」他告訴我，頭埋在雙手中。

不顧比爾的反對，Google還是引進了銀行家，這樣我才能協助他們「保存資產價值」。而且因為我已經說我不幹了，我能做的唯一一件事就是試著讓損害最小化，盡量讓我的團隊可以順利接軌。我的角色淪落為優秀的士兵，聽令行事，協助銀行家準備把公司賣掉的文件，他們在2016年2月左右開始兜售Nest。

銀行家一一詢問他們潛在收購者清單上的公司，有幾間公司加入戰局，最前頭的就是亞馬遜。

銀行家問賴瑞願不願意把Nest賣給亞馬遜。賴瑞回答：「好啊，我覺得可以吧。」我再次傻眼到不行，賣給他們的一個競爭對手欸？感覺就像在我臉上又打了一巴掌。

隨著談話繼續進展，我也沒有食言，我離開Nest，走出我們的婚姻，他們說他們想離婚，所以我就跟他們離婚。

接著，我離開幾個月後，Google再次改變了心意。

他們最後決定還是不要把Nest賣掉好了。

事實上，他們覺得比起和Alphabet的「其他賭注」綁在一起，Nest還是身為Google的一份子會比較好，所以Nest又遭到重新收購。

這還真是「今日策略特餐」：加入Goggle、離開Google、又加入Google。而在這整段期間，Nest的管理階層都必須站在員工面前，向他們保證一切都會沒事的！但不能否認的是，這樣的反反覆覆令人痛苦，對我們的顧客、對團隊本身、對他們的家人來說都是。管理層似乎完全不在乎我們的員工，以及他們試圖想達成的成就。

最後，2018年Google重新收購Nest時，他們採用了我在2015年底提出的10％到15％縮減，重新回到母親的懷抱，也刪

掉了Alphabet的固定成本—— 每名員工額外的15萬美元支出、大量的稅、更高的費用。突然之間，Nest似乎又成了超棒的投資。

我無法解釋，就像我從未了解他們想賣掉Nest的真正理由。從來沒人來跟我解釋他們最後為什麼又決定把Nest留下。或許亞馬遜有興趣這件事，最終還是讓賴瑞發覺Nest是個有價值的資產。或許這全是一場精心設計的懦夫賽局，為的是讓我乖乖聽話，減少成本。或許他們根本從來就沒有真正可以著手執行的計畫。而這一切會發生，都只是因為某個高階主管的一時興起。等你知道有多少重大改變背後其實都是因為這種理由時，你會很驚訝的。

大家對於擔任大型商業單位的高階主管、執行長、領導者是怎麼回事，總會有這種印象：他們以為所有位在這個層級的人，都有足夠的經驗和能力，至少看起來像是知道自己在幹什麼。他們以為會有深思熟慮、策略、長遠思考、用堅定握手保證的合理條件。

但是有時候，這裡就只是高中程度，有時候則是幼稚園。

當我第一次加入飛利浦的「長」字輩、我在蘋果變成副總、我在Nest擔任執行長、我進入Google的高階管理層時，都是這樣的。這所有工作感覺都截然不同，但是核心職責都是一樣的，跟你到底在打造什麼越來越沒有關係，而是跟你和誰一起打造越來越相關。

身為執行長，你幾乎所有時間都會花在人際問題和溝通上。你正試圖操縱一張錯綜複雜的大網，專業關係和陰謀詭計在上面交織，同時還要邊傾聽邊無視你的董事會、維護你的公司文化、收購公司或賣掉自己的公司、保持大家對你的敬重，

同時不斷驅策你自己和團隊，去打造某種偉大的事物，即便你已經幾乎沒有時間去思考你到底在打造什麼了。

這是個超怪的工作。

所以假如你已經登上企業之山的山巔，現在已經凍傷、缺氧、想知道雪巴人到底什麼時候才會來救你，那麼以下就是我學到的一些教訓。

6.1 成為執行長

　　沒有任何事和擔任執行長相同，你也無從準備起。就算是擔任公司大型團隊或部門的領導者，安安穩穩坐在「長」字輩也是。在這些職位中，你上頭永遠都還會有人，直到執行長為止。而身為執行長，你會為公司定調，即便存在董事會、合作夥伴、投資人、員工，最終大家都還是會指望你。

　　你關注和在乎的事物，會成為公司的優先事項，最棒的執行長會驅策團隊努力追求卓越，接著會照顧他們，以確保他們可以達成目標。而最差勁的執行長則是只在乎維持現狀。

　　一般來說，執行長分為三種：

1. **保母型執行長**：這類執行長是公司的管家，注重在守成及穩定上。他們通常會負責監督他們繼承下來的現有產品成長，不會做出冒險之舉，以免嚇到高階主管或股東。而這樣總是會導致公司的停滯和惡化，大多數上市公司的執行長都屬於保母型執行長。

2. **家長型執行長**：這類執行長會驅動公司成長和演化，他們會為了更大的回報承擔更高的風險。創新的創辦人，例如馬斯克和貝佐斯等人，總是屬於家

長型執行長。但是即便你不是自己創辦公司，也有可能成為家長型執行長，比如摩根大通（JPMorgan Chase）的傑米・戴蒙（Jamie Dimon）、微軟的薩蒂亞・納德拉、以及最近接手Intel執行長職位，似乎是Intel自安迪・葛洛夫（Andy Grove）之後第一位家長型執行長的派特・吉辛格（Pat Gelsinger），皆是如此。

3. **無能型執行長**：這類執行長通常要不是單純欠缺經驗，就是在公司成長到特定規模後，不再適合領導公司的創辦人。不管是當保母或是當家長，他們都無法勝任，公司也因此受苦受難。

執行長這份工作就是他媽的去在乎跟重視所有事。

我記得某次到奧斯頓馬丁（Aston Martin）的工廠去跟他們的執行長開會。當時是早上九點，我們開過停車場時下著傾盆大雨，我們還得煞車，因為有個穿著鮮黃色全套雨衣和雨鞋的人匆匆從我們前方跑過。我們進去開會時，那個穿著雨鞋的人也跟著進來。他就是執行長安迪・帕默（Andy Palmer），他習慣走到停車場，親自檢視該公司每一輛出廠的車子。

執行長會為公司定調，每個團隊都會望向執行長及管理團隊，以便知道什麼是最重要的，還有他們必須重視什麼。所以安迪親自向他們示範。他走進大雨中，檢查引擎、內裝、儀表板、排氣管、所有一切。他拒絕接受沒有打磨至完美的車子。

如果領導者不再重視顧客——如果商業目標和股東要看的、充滿數字的報表已經超越了顧客目標而變成優先事項，那整個組織很容易就會忘記什麼才是最重要的。

所以安迪讓公司所有人知道，他們的優先事項應該要是什

麼。他不在乎要花多少成本才能成就完美，一輛車又要重新修改和調整多少次。重要的是交出顧客預期的成果，甚至比預期更棒。

如果你想打造一間成功的公司，那你就應該期待公司方方面面全都非常卓越。所有團隊的產出都可能成就或摧毀使用者體驗，所以全都應該視為優先事項（可參見 3.1　化無形為有形）。

公司產品的一切功能，都不能存在任何你可以說它是「次等」的部份——絕對沒有「因為它不重要所以隨便啦」的部份。

全部都很重要。

而且這不只是和你有關。

如果你的期待是所有人都拿出最好的成果，如果你使用與檢視工程或設計時同樣嚴格的眼光，去檢查張貼在你網站上的客服文章，那麼這些文章的寫手就會感受到壓力，就會開始耍婊跟抱怨，會壓力爆棚，但接著他們也會寫出一生中最讚的文章。

這並不是假設性的例子。我在 Nest 時真的會閱讀我們所有產品大多數重要的客服文章。這些文章是消費者遇到問題時，第一個會看見的東西。處於這個時刻的消費者，正感覺到受挫、憤怒，處在爆發邊緣，但如果我們有超讚的支援體驗，就能夠瞬間把這樣的受挫變成愉悅的時刻，變成一個永遠對我們死心塌地的顧客。我不可能因為這「只是」客服端的工作，而忽略這個時刻的重要性。所以我會去讀那些文章，還會去評論。事實上，我還透過這個過程學到各種有關產品體驗的、我先前不知道也不喜歡的事物，進而想辦法去改善。

而我讀這些文章時，也會把客服和工程團隊一起找來。我

希望所有人一起來檢討這些文章的內容，以確保我們的支援網站跟我們的行銷及銷售素材一樣乾脆俐落又易於理解。我透過我的行為，讓他們知道他們在做的事是重要的，而等他們交新版回來時，我也會再讀一次，不滿意的話我就會整個撕爛，直到每篇文章都能講述一個故事，直到每篇文章能夠輕柔引導顧客了解問題，而不是對他們大聲嚷嚷一些聽不懂的指示。

當你真他媽的在乎，你就會去重視。在你滿意之前你不會得過且過，你會雞蛋裡挑骨頭，直到臻至完美為止。

大家會交給你他們不眠不休做了幾個禮拜的成果。他們已經透徹思考，而且引以為傲，90％完美的東西。然後你會告訴他們：回去再做更好一點。你的團隊會很傻眼、震驚，可能還會很沮喪。他們會說：這就已經很棒了啊，我們都這麼努力了。

但你會說，已經很棒還不夠棒。所以他們會回去重做一次，如果需要的話，就再繼續重做。他們有可能會覺得非常混亂，乾脆重新從零開始還比較簡單。但是隨著每一次改版、每一個新版、每次重新調整和重新想像，他們都會發現全新的事物、卓越的事物、更棒的事物。

多數人如果達到90分就會覺得很開心了，多數領導者也會憐憫他們的團隊，就這麼放過他們。但是從90分來到95分，離完美的100分就只差一半了。而把這趟旅程的最後一部分給弄好，便是你抵達目的地的唯一方式。

所以你會開始逼。逼你自己，也逼團隊，逼大家去了解他們可以有多棒。你會一直逼他們，直到他們開始反擊。在這些時刻，永遠都要逼到太過份，然後繼續逼下去，直到你發現你的要求到底是真的不可能達到，或只是需要耗費非常多心力。要一直逼到痛點，這樣你才能開始看見痛苦什麼時候會化為真

實。這時便是你退一步，並尋找折衷方案的時候了。

這並不容易。但這一切的重視，一切的在乎與追求完美，都會提高團隊自身的標準跟成員們對自己的期望。一段時間之後，他們就會非常努力工作，不只是為了讓你開心，也是因為他們知道當他們交出世界級的成果時，自己心裡會有多驕傲。整個團隊的文化將演變成：期待彼此表現卓越。

所以你的工作就是去在乎。

因為那就是你。你位在金字塔頂端，你的焦點和你的熱情都會往下傳播。如果你一點都不在乎行銷，那你就會得到超爛的行銷；如果你不在乎設計，那你就會得到同樣不在乎的設計師。

所以不要擔心挑選你的戰場，不要絞盡腦汁試圖決定你公司的哪些部分需要你的關注，哪些又不需要。所有部分都需要。你可以安排優先順序，但所有事情都要在關注名單上，不能掉出去。逃避或忽視你公司的任何一部分，那麼不管怎樣，被忽視的部份遲早還是會回來糾纏你的。

在Nest時，我每隔兩周都會固定和產品團隊跟行銷團隊開會，客服團隊則是一個月一次，我每年也至少還會跟公司所有團隊一起開會兩次。就算你是在幫人資或營運團隊開發內部使用的軟體工具，最終他們還是會請你來告訴大家你的策略。我會聽完報告，然後深入細節：我們有適合的IT後端可以這麼做嗎？你計劃怎麼處理這個問題？團隊的其他人可以怎麼幫忙？我又可以怎麼幫忙？

就算這個團隊是在開發顧客永遠不會看到的內部工具也沒關係。公司依賴這些工具，而內部顧客應該要和外部顧客獲得同等的對待。

所以我會仔細傾聽，全神貫注（請不要看手機或看筆電），並協助他們度過路障。常常就只是需要這樣而已。

而如果你不懂內部軟體工具，不懂公關、分析、成長或任何今天需要你意見的事務，如果你不確定怎樣是比較棒，怎樣只是還過得去，那你就問問題吧。我超愛問超蠢又超明顯的問題，或是從消費者觀點出發的問題。通常只要三到四個「這個為什麼……」跟「那個為什麼……」問題，就能來到你想要理解事物的源頭，然後你就可以繼續深入。如果這樣還不夠，那就請專家來。從你的團隊（有時候也可以從外部）找來資深人士，他們可以確認你的大致印象，或是將你導向正確的方向，直到你懂得夠多，可以相信自己的直覺。

你不需要成為一切的專家，你只需要在乎一切就好了。

不管你的領導風格是什麼，也不管你是怎麼樣的人，如果你想成為優秀的領導者，那你就必須遵循這條基本原則。

而成功領導者所需的其他共通特質，也同樣淺顯易懂：

- 他們會讓團隊（和自己）都負起責任，並驅策交出優質成果。
- 他們會親身動手去做實務，但只會到某種程度而已。他們知道什麼時候要退一步，把工作分派下去。
- 他們可以一邊注意長期願景，同時卻也能死死盯住細節。
- 他們總是不斷學習，總是對新機會、新科技、新潮流、新朋友保持興趣。而他們這麼做是因為他們積極又好奇，不是因為這些事最後可能幫他們賺錢。
- 如果他們搞砸了，他們會大方承認，負起責任。
- 他們不怕進行困難的決策，即便他們知道大家會因此而

沮喪及生氣。

- 他們大多數都了解自己，對自己的優勢和劣勢相當清楚。
- 他們可以分辨意見驅策型決定和數據驅策型決定之間的差異，並依此行動（可參見2.2　如何做決策：數據型決策VS意見型決策）。
- 他們知道沒有什麼東西應該是屬於他們的，即便是由他們所開的頭。一切成就都應該屬於團隊、屬於公司。他們知道自己的工作是開開心心慶祝所有人的成功，確保其他人獲得應得的功勞，自己卻不居功。
- 他們會傾聽團隊、顧客、董事會、導師。他們會重視周遭的意見和想法，而且如果有新資訊來自於值得信任的來源，他們也會調整自己的看法。

優秀的領導者能夠欣賞優質的構想，即便這些構想並非出自他們自身，也是如此。他們知道好點子四處都是，每個人都可能提出。

大家有時候會忘記這點。許多人堅信，如果不是他們所想到的事，那就不值得思考。這樣的自我中心也會延伸到個人層面以外——許多執行長都沉溺在自己的世界裡，甚至到了會對競爭對手嗤之以鼻的程度。他們覺得「如果不是我們這裡發明的，那一定很爛啦」。

正是這樣的思維，造成了公司的毀滅，讓Nokia崩潰，傾覆了柯達。當年史帝夫‧賈伯斯拒絕和安迪‧魯賓（Andy Rubin）見面時，腦裡想的很可能也是這樣。

安迪是Android的創辦人，我本來就認識他，因為我們曾在General Magic一起工作過。2005年春天，他聽見風聲說蘋果

在開發手機，所以他打給我，他想問問蘋果是不是有興趣投資或是直接收購 Android。Android 便是他開發開源手機軟體系統的最新專案。

我直接跑去找賈伯斯，指出這是個很有能力的團隊，也是個很棒的科技。我們可以運用他們的科技讓開發 iPhone 的進度突飛猛進，而且靠著一次收購就能消滅可怕的未來潛在競爭對手。

賈伯斯用一貫的語氣回答：「幹他媽的勒，我們要自己來，我們不需要任何協助。」

賈伯斯這種反應有一部分明顯是因為想要保密，另一部分則是「不在這裡發明症候群」。

但我了解安迪，以及他的專案可能會對蘋果造成的威脅，所以我兩個禮拜後又再提了一次，就當著蘋果的高層以及 iPhone 開發團隊的領導者面前。賈伯斯根本不想聽，一周後我寫電子郵件給安迪，他也沒回我。接著一個月後，我們便看到 Google 收購 Android 的消息。

很難想像如果賈伯斯當時真的和安迪見面開了一次會，不要說聊收購他的公司，就只是了解一下他的策略而已。那麼究竟會發生什麼事？世界會變成什麼樣子呢？蘋果又會變成什麼樣子呢？

認為好構想只能出於自己，而且你自己就可以把這些構想都聚集在同一個地方，這種思維是毒藥，而且又蠢又浪費。

執行長必須要能夠辨識美妙的構想，不管來源為何。但是蘋果是賈伯斯所生的孩子，而世界上其他所有孩子總是都比自己的更醜、更蠢。

我曾讀到一篇研究，說為了新創公司著想的創業家的大腦

迴路，跟為了孩子著想的家長的大腦迴路，兩者極度類似（可參見推薦書單之〈創業家和其公司為何連結，又是如何連結？創業連結和家長連結的相關神經〉（Why and how do founding entrepreneurs bond with their ventures? Neural correlates of entrepreneurial and parental bonding）一文）。你確實就是你公司的家長，愛公司視如己出。

而有時你對孩子的愛，會使你看不見孩子的缺點，看不見其他更棒的做事方法與更棒的思維。

但另一方面，這種毫無保留的愛，也能協助你驅策公司前進。

身為家長，你永遠不可能不擔心孩子，你會持續為他們計劃，會持續驅策孩子表現得更好、變得更好。家長的工作並不是無時無刻都和孩子當朋友，而是協助他們成為獨立又體貼的人，準備好在家長有一天不在身旁時能夠面對世界，在這個世界裡成長茁壯。

孩子常常會因為這樣討厭家長。在你要他們關掉電視、把作業寫好、去找工作時爆怒、甩門、哭得死去活來。但如果你擔心孩子對你生氣，那你就無法成為好家長。

有時候你的孩子不會喜歡你。

有時候你的員工也不會喜歡你，有時候他們會恨你入骨。

我記得我走進會議室時，大家都會翻白眼嘆氣，我可以從他們臉上清楚看見「幹你娘，又來了」。他們知道我會一直碎念那件大家都已經受夠、聽到不想再聽的事，那件已經達到90分、要修改會需要耗費超多心力、但我打從心底知道對消費者來說絕對是正確的事。

這種感覺並不好受，有20個人都這樣看著你，好像你很荒

唐，很不講理，好像你想要的事是不可能達成的。

史帝夫・賈伯斯在第一代iPhone推出前五個月告訴我們，顯示功能要使用玻璃面板，而不是塑膠面板時，我們就是那樣瞪著他看的。面板是整個硬體最重要的部分，就是你會一直不斷觸碰的表面。

他發覺塑膠沒辦法達到預期。如果我們想要追求卓越，就必須用玻璃——即便我們完全不知道該怎麼做，即便他知道我們全都必須不眠不休工作，直到搞定為止，必須犧牲我們和家人共度的時間，以及我們的私人計畫和假期。

但是賈伯斯是個家長型執行長，還是個很會逼人的家長，是個虎媽。他知道如果我們持續攜手努力，那一定可以搞定的，所有犧牲都會值得。

而他是對的。那一次啦，但並不是每一次。賈伯斯承擔了大量風險，做出糟糕的決策，推出賣不動的產品，像是原始的Apple III電腦、Motorola ROKR iTunes手機、Power Mac G4 Cube電腦等等，名單列都列不完。但如果你沒有失敗，你就是嘗試得不夠努力。他從失敗中學習，不斷改進。而他的優質想法跟他的成功，完全遮蓋了他所有失敗。他總是一直逼著公司去學習和嘗試新事物。

這就是他怎麼掙得團隊的尊重的。即便產品方向大轉彎，每個人都必須肩負一大堆額外的工作，而且我們也知道賈伯斯絕對不會延後時程，連一微秒也不會。這把我們所有人都逼瘋了，但是團隊仍尊重他全心全意想把事情做好。

以執行長這份工作來說，「尊重」永遠都比「受人喜歡」重要。

你不可能取悅所有人。若你想取悅所有人，可能會毀滅一

切。

執行長必須進行超級不受歡迎的決策——把人炒掉、裁撤專案、調整團隊。你常常必須果斷行動，必須傷害別人以拯救公司，摘除毒瘤。你不能為了讓毒瘤團隊快樂，於是決定不動手術摘除毒瘤。

延後困難的決策、指望問題會自行解決、讓人很好卻很無能的人留在你的團隊裡，這些可能會讓你心情好點，甚至會為你帶來「情況不錯」的幻覺。但這將一點一滴蠶食鯨吞公司，並侵蝕團隊對你的尊重。

這樣會讓你的角色變成保母。孩子一開始可能會喜歡保母——去公園晃晃、看電影、吃披薩都很棒啊，有一陣子會很有趣。但是孩子最終會想要做更多事，會得寸進尺。他們想去溜滑板，想去探險。所以他們會開始探測極限，看看自己能撈到什麼好處。保母告訴他們該做什麼時，他們可能會翻白眼，因為保母不是家長。所有小孩都需要某個他們尊重，而且真正了解他們的人，那個人會在正確時機推他們一把，協助他們成長。

而且他們也需要一個可以投射自己期望和抱負的人。

在過去那個你沒辦法上網Google所有人一切資訊的迷霧時代，大家就是這麼看待他們的領導者的，這也是領導者之所以能夠成功的原因。大家可以相信、信任、追隨一個理想化版本的林肯、邱吉爾、愛迪生、卡內基。

當你的團隊了解太多你的私事，而不只是你當執行長的那一面，他們就會開始研究你的私人生活，以便試著了解你的決定、你的動機、你的思考模式。這不僅是令人分心的浪費時間，也會危害公司產能。當你解釋你為什麼要做某件事時，永

遠都應該是和消費者有關，而不是和你自己有關。

所以保持距離才是睿智。不要讓工作上的任何人和你太過親近，就算你希望可以像以前一樣和團隊一起去喝一杯也不行。

「高處不勝寒」是句陳腔濫調，但也是實話。

多數人以為擔任執行長是個困難的工作，高壓又忙碌。但壓力是一回事，孤獨又是另一回事。你可以有個共同創辦人，但絕對不要有共同執行長，執行長是單人工作，你就是只能獨自站在高處。

而且不能只因為你負責發號施令，就以為你可以控制一切。有時候你把一整天的行程計畫好了，想說今天終於可以有點時間和大家聊聊、看看產品、跟工程團隊開會。然後突然間你的今天就消失了：總是會出現某種新的危機、新的人際問題、有人辭職、有人抱怨、有人崩潰。

而且你永遠都不知道自己是不是做對了。在你擔任個別貢獻者的時候，你通常都能看見自己在當週達到的成果，然後感到很驕傲。當你擔任主管時，你也可以看著團隊達成的集體成就，並充滿成就感和驕傲。但是當你擔任執行長，你心裡希望的會是，或許十年後有某個時刻，有某個人會覺得你做得不錯。但在當下，你永遠都不會知道你到底做得好不好，你永遠都不能坐下來欣賞優質的成果。

如果你放任不管，那這個工作可以把你榨乾。

但也可以是你這輩子最為自由自在的體驗之一。

我從小就會試著說服其他人追隨我瘋狂的想法。我投注了超多時間、精力、感情，拼命想說服他們去做點不一樣的事。想法越是瘋狂，越是反常，我就必須奮鬥更久也更努力。

而我得到的答案很常是不、不要、不是現在。早在蘋果加

入戰局之前，我就向RealNetworks、Swatch、Palm推銷過類似iPod的陽春MP3播放器構想了。所有人都打槍我，不、不要、搞不好我們下一季會考慮、搞不好明年吧。

但當你成為執行長時，就輪到你發號施令了。沒錯，你會受到經費、資源、董事會的限制，不過這是生平第一次，你的構想不再受到限制，你終於能夠去測試那些其他人告訴你不可能成功的事物，現在正是你說到做到的機會。

這樣的自由令人感到激動，會帶來權力，也會讓你徹徹底底地害怕。世界上沒有比「終於獲得你想要的東西，並且無論結果好壞都要為其負責」還要更恐怖的事了。而且此時情況也翻轉了，你身為執行長，不能對所有事都說「好」，你必須成為那個說「不」的人。自由是把雙面利刃。

但自由仍然是一把利刃。你可以用這把劍砍爆屁話、猶豫、繁文縟節、習慣。你可以用這把利劍創造你想要的一切。用正確的方式。用你的方式。

你可以改變事物。

這就是你創辦公司的理由，也是你成為執行長的理由。

6.2 董事會

　　所有人都需要一個老闆，對老闆負責。所有人也都需要一位能夠協助他們度過艱難時刻的教練——甚至連執行長也需要。特別是執行長更需要。這就是公司存在董事會的理由，成員便是公司的董事。

　　董事會的主要職責是執行長的聘任和解雇，這是他們保護公司的主要方式，也是他們唯一真正重要的工作。其他一切簡單說則是必須提供優質的建議，提供尊重又不講屁話的回饋，順利的話這樣就能將執行長導向正確的方向。

　　最終仍是由執行長負責經營公司，但是執行長必須向董事會證明他們的能力，不然就會面臨被炒的風險，這便是開董事會之所以如此重要的理由。還有一件很重要的事，就是在開董事會之前執行長要真正理解會議主題，並事先做好大量準備。最棒的執行長總是在走進會議室前，就知道董事會的結果了。

　　差勁的執行長來開董事會時，會期待董事會協助他們進行決策。

　　不錯的執行長來開董事會時，會帶著簡報解釋公司過去的情況、現在所處的位置、這一季會到哪裡、來年又會往哪裡

去。他們會告訴董事會哪些事情行得通，也會開誠佈公直言什麼事行不通，又要怎麼處理。他們會介紹一個完整的計畫，可以讓董事會提問、反對、試圖調整。事態可能會有點升溫、有點顛簸，但最後所有人走出會議室時都會理解及接受執行長的願景，以及公司往前邁進的方向。

接著還有優秀的執行長。如果有優秀的執行長，那麼董事會就會跟奶油一樣絲滑柔順。

看史帝夫・賈伯斯開蘋果的董事會，就像在看指揮大師指揮樂團一樣。沒有任何疑惑，也沒有任何衝突，董事會成員都已經知道他要講的大部分事情，所以他們可以就這麼微笑點頭。偶爾某個人會展開「如果……」的討論，賈伯斯會冷靜地讓討論延續幾分鐘，然後表示：「這個我們等會議結束後再來談，我們還有很多事沒講。」接著每個人就會靜下心來，之後他會用滔滔不絕的賈伯斯風格，拋出某件有趣又令人興奮的事，某個新的原型或是從未公開的樣品，讓董事會大吃一驚。最後所有人都開開心心、信心滿滿走出會議室，認為賈伯斯正領導蘋果朝正確的方向邁進。

比爾・坎貝爾協助我了解賈伯斯是怎麼做到的。比爾總是說，如果有任何潛在的驚喜或爭議的議題，執行長應該在董事會前就先去找所有董事會成員，一對一告訴他們情況，這讓他們在開會時可以提問和提供不同的觀點，然後執行長也會有時間把這些想法帶回去給團隊，並調整他們的思考方式、報告、計畫。

開董事會時，只能有正面的驚喜：我們超越了我們的目標數字！我們行程提前！看看這個超酷的樣品！其他一切則應該都要是眾所皆知。開董事會時，最好不要討論新的事項，因為

時間永遠不夠，無法討論到細節，無法討論出解決方法。否則這種議題每次都會無疾而終。

對上市公司的董事會來說更是如此，原因在於董事會規模浩大，可能有超過十五名董事，這樣可能無法進行有意義的討論。另一個原因則是有太多繁文縟節跟法律問題圍繞著董事會。上市公司的董事會對董事會成員和高階主管來說，都需要更多準備，而且比私人公司的董事會複雜無數倍，每次董事會可能都會出現將近十場額外的委員會會議，所以整件事可能會花上好幾天。

（如果有銀行家試圖說服你上市沒什麼大不了的，也不會劇烈改變你分配時間的方式，絕對不要聽他們的。絕對不是這麼簡單。）

私人公司的董事會時間更短，一般而言也更平靜、更專注在工作和指導上面。通常會花上兩到四個小時，有時候五小時，比較少做秀，也比較沒那麼正式。順利的話，在你公司創辦初期並不會有任何委員會，而在成長階段時，也只會有一到兩個而已，比如監督你財務狀態的審計委員會。

私人董事會最棒的一點，就是你可以保持小規模。三到五名董事是最佳的規模，你可以只要有一名投資人、一名內部人士、一名擁有你真正需要專業的外部人士。

但你也務必要記得，就算董事會規模頗小，會議本身仍然不會太小。會議室會有你預期兩倍以上的人：除了執行長本人和董事會成員之外，還會有律師、擁有公司部份股份的正式觀察員、非正式的與會者，比如你管理團隊的成員。

在你推出第一個產品之前，此時通常還沒開始賺錢，董事會的內容相當直截了當：你會先交代一下亟需董事會核准的事

情，接著專注在你目前開發產品的進度上。我們現在到了行程表的哪裡？我們花錢有沒有按照預算？一切都是關於公司內部的情況，關於你的方向是否正確，有沒有準備達成目標。

等到產品推出，順利的話也開始賺錢時，你的董事會將更專注在數據以及外部發生什麼事上──競爭對手在做什麼、顧客要求什麼、我們在吸引顧客和留住顧客上表現如何、你建立了哪些合作關係。而一如往常，當你在呈現數字時，雕琢出一個敘述會變得更為重要。你必須說個故事（可參見3.2　為什麼人這麼喜歡聽故事？怎麼說才是好故事？），你的董事會不像你成天都在這個領域打滾，除非你提供他們脈絡，否則他們無法馬上了解其中的細微差異，或是數字到底代表什麼。

能夠協助董事會了解目前的確切情況，對執行長來說也有好處。你越會解釋某件事，表示你理解得越深入。教導別人便是對你自身知識的最佳測試。如果你沒辦法講清楚你在打造什麼，以及打造的理由；如果你報告的是你並不真正了解的事物；如果董事會問了你答不出來的問題，那你就是沒有內化你公司目前真正的情況。

而這就是你可能真正遇上問題的時候。

這並不會太常發生，但有時候董事會還是會做出他們最重要卻也最不討喜的工作：把執行長給炒了。這通常是因為執行長做錯了。執行長可能不適任、無能、推動可能會造成毀滅的事項；或是有時候第一次開公司的創辦人本來做得不錯，但公司需要某個擁有不同專業和技能的人，來帶領公司更上一層樓。

不過有時候問題並不在於執行長，而是在於董事會。

俄國文豪托爾斯泰的名句「幸福的家庭家家相似，不幸的家庭各有不幸」也可以套用在董事會上。快樂、功能正常、充

滿效率的董事會規模全都相對小，充滿曾經開過公司的資深經營者，將自己視為導師及教練。而且也真的會去做事——他們會協助你招募人才、獲得資金、拓展你的專業、打磨你的商業和產品策略、並注意地雷，在你快要踩到時直接告訴你。

糟糕的董事會則是型態規模各異，還會用一百萬種不同的方式搞砸，一般來說可以分為以下三類：

1. **冷漠型董事會**：會在大多數董事成員都準備退出時出現。有時候某個投資人會同時參與多個董事會，並擁有一種「某些投資會成功，某些投資會失敗」的心態，而且早已把你的公司劃歸為失敗的那類。有時則是董事會成員誤把錯誤的理由當成動機，他們想要他們的回報，並不真的在乎公司本身或使命。有時候他們會看出執行長的明顯問題，但就是不想費功夫把執行長炒掉，因為這真的需要出力氣，要面對行政流程和情緒餘波，還要去找人取代舊執行長、各種面試、各種頭痛、內部的過渡期、媒體、文化危機等等。他們會說：「也沒有真的這麼糟吧，有嗎？」然後現狀搞得大家受苦受難，因為沒人想要介入修正。

2. **專制型董事會**：和上一種恰恰相反，太過投入、太想控制。他們把韁繩握得超緊，導致執行長根本沒有獨立領導的自由。很多時候這類董事會都會包含一名或兩到三名公司的前創辦人，他們還想要繼續掌控公司。所以執行長最後會變得比較像營運長：接受命令、完成要求、讓火車繼續開，但對於火車要去哪沒什麼發言權。

3. **菜鳥型董事會**：由不理解公司、不知道優質的董事會或

執行長為何、無法詢問執行長艱難的問題，更別說要炒了他們的人組成。這類董事會常常比較怯懦，無法果斷行動。投資人會擔心要是他們挑戰執行長，那他們下一輪募資就沒辦法再投資，或是他們會得到愛炒掉創辦人的名聲，這樣新的新創公司就不會想和他們合作了。

通常擁有菜鳥型董事會的公司總是會在缺錢，他們從來沒辦法達成季度目標，而且總是怪罪「市場問題」，而非執行長或他們自己。他們也不知道怎麼引進新的人才跟新的專業，就這麼一路微笑點頭到公司分崩離析。

即便董事會不夠好，即便董事們可能逼得太緊或不夠緊，或是做出錯誤決策，他們仍是屬於公司基礎架構的必要組成，必須要存在才行。

Google收購Nest時最令人痛苦的一個部分，便是失去我們在Nest原本的董事會。Nest擁有一個超讚的董事會，架構嚴謹、見多識廣、懂經營又積極。以前我們可以去找董事會，針對一些明確的政策和計畫獲得堅定的同意：沒錯，我們就來這麼做吧，我一個禮拜後再來跟你們報告接下來的步驟。

我們被收購時，親愛的董事會就這麼消失，取而代之的是……什麼都沒有。我們應該要有一個由幾名Google高階主管組成的董事會才對，但我們的會議要不是無止盡更改時間，不然就是根本沒人參加。我們會提出某個前進的方向，然後所有董事會成員就會說：「嗯，好哦，我們再回去思考一下吧。」然後這個問題就會拖到下一次沒半個人出席的會議，我們就只能在那無所事事乾等。

其他人看到這種情況可能會覺得：「啊所以問題在哪？如果

董事會不給你指引，那你就自已去做啊，你是執行長欸！」

但這並不是解答，就算是世界上最屌的執行長，也還是需要董事會。當然不是說需要那場會議，而是需要來自聰明、投入、經驗老道人士的建議。就連公司內的大型專案也應該要有個迷你董事會，由一群能夠幫忙的主管組成，可以想辦法指引專案領導者，並在事情出差池時介入。

我曾經看過某間剛創辦不久的新創公司，董事會有五個席次，執行長就掌控了其中四個，安插員工和友善的外部人士來出任這四個席位。要是有人投票時違逆他的意思，就會被踢出去。第五個董事，那個唯一懂比較多的董事，完全求助無門。

執行長擁有完全的自由去追隨他們的願景，照他們想要的方式經營公司，打造出他們夢寐以求的產品。直到他們開始輕視自己的團隊，開始對顧客大吼大叫，把事業夷為平地為止。

在這種情況下，大量的金錢會虧損，許多人才會離職，但是最令人痛苦的事，還是愚蠢地浪費了時間和資源。太多不必要的紛爭了。

就算是最棒的執行長也不能孤身一人、無法批評、無法挑戰、不對任何人負責。每個人都需要向某個人負責，就算只是個你每隔幾個月會跟他們開會一小時的兩人董事會也一樣。

總是會需要某種洩壓的閥門，總是會需要某個可以搖搖頭，對你有話直說的人。

而要是你做得對，你就永遠不會成為董事會的受害者。身為執行長，你會協助形塑董事會，董事會永遠會依照不同的執行長而有不同的表現——史帝夫·賈伯斯時期的董事會，就和提姆·庫克（Tim Cook）時期的不一樣。董事會可以和執行長的優勢互補，而沒有任何執行長是相同的。

所以當你在選擇董事會成員時，以下便是你應該考量的那類人選：

1. **晶種**：就像你需要晶種讓團隊成長，你也需要讓董事會裡有某個認識大家、擁有相關經驗、可以推薦其他優秀人才加入董事會或你公司的人（可參見4.2　你準備好創業了嗎？「晶種指的是那些超級棒又超受喜愛的人才」段落）。晶種會指出你的董事會缺少什麼，並告訴你該找誰，或是直接幫你把人找來。我們在Nest董事會的晶種便是藍迪・高米沙，他是第一個提議找比爾・坎貝爾加入的人，也是如果我們在招募上需要幫忙，或是想要挖來某個完美候選人時，會去求助的人。

2. **主席**：這不是必須，但可能會很有用。主席負責制訂議程、帶領會議、控制情況。有時執行長會擔任主席，有時則由另一名董事會成員擔任，有時候則是根本沒有正式的主席，我看過這三種方式都行得通。但對Nest董事會來說，最好的方式是讓藍迪・高米沙擔任我們的非正式主席，比起我必須親自去和所有董事會成員一對一談話，會換成藍迪去和大家聊聊，預先協調好，並得到大家的共識。他也會負責面試Nest的高階主管，協助填補主管的空缺。主席是執行長在董事會裡最親近的人，是導師和夥伴，他們會幫忙執行長搞定和其他董事會成員之間的問題，或是在事業變得麻煩，團隊擔心受怕的時候，適時介入。他們也會參加員工會議，帶來董事會對於公司表現如何的觀點。他們會說：「執行長哪兒都不會去，她做得很讚。」或是：「董事會並不擔心最近的銷售

狀況，所以你們也不應該擔心，我們已經等不及再次投資了。」有時候則會是：「沒錯，這個人離開了，但公司會沒事的。以下就是我們董事會建議的計畫。」

3. **適合的投資人**：你在挑選投資人時，也會同時挑一到兩個成為董事會成員，因此你不希望挑到那些只想著數字和錢，不了解開發過程有多艱難的投資人（可參見4.3為了錢結婚）。去尋找對你在做的事擁有豐富經驗、能同理要把事情做對有多難的投資人。尋找那些你會想一起吃晚餐的人。如果投資人對你的公司夠有興趣，那你就可以和他們事先談好，挑選他們要派來你董事會的人。有時候執行長並不會接受錢最多的投資條件，以換取更棒的董事會成員。

4. **經營者**：這指的是先前曾經待過你位子，知道開公司各種高低起伏的人。當董事會的投資人開始追打你沒有達到目標數字時，經營者就可以介入，解釋真實的狀況。他們可以聊聊一切永遠都不會照著計畫進行，接著就能運用新技術和新工具，協助你鍛造出新的計畫。

5. **專家**：有時你會需要一位深入了解某項專業的人，比如專利、B2B銷售、製鋁，或其他一大堆專業領域。但他們太過資深，或是深陷自己的專案，無法到你公司任職，所以唯一能挖到他們的方法，就是提供一個董事會席位。當蘋果第一次考慮進軍零售市場時，不管是史帝夫·賈伯斯或是其他董事，都沒有人知道該怎麼辦，所以他們找來了GAP的執行長米奇·德瑞斯勒（Mickey Drexler）。就是米奇告訴他們：去租個飛機機庫，實地打造出幾種不同店面設計原型，在決定要採用哪個店面

設計之前，先親自像個真正的消費者那樣，去體驗看看（可參見3.1 化無形為有形）。

最棒的董事會成員會是導師，他們可以在你的產品生命週期或你自己人生的重要時刻，提供可靠又有用的建議。而他們付出的同時也會有收穫，他們會享受擔任你董事會成員的過程，因為他們也會學到東西。

你只是需要確保他們不會拿他們學到的東西來對付你。

當某個人加入董事會時，他就負有法律上的義務，行事的時候必須符合他們所服務公司的最佳利益。這稱為「注意義務」及「忠實義務」。通常大家會很認真看待這樣的義務，但也不一定總是如此。

有時候人們會濫用他們的職務，有時候他們需要被踢出去，有時候過程會很戲劇化。

只是這種情況非常罕見。董事會成員重新洗牌一般來說都很麻煩又棘手，但也並非不可能。當你出任某公司的新任執行長，繼承了舊的董事會，這時就會看見這種情況發生；或是當你想要加入一名新的專家，卻不想增加一個新席位時。重點在於按部就班，而且要有設定好的時限：首先把某個董事會成員轉為觀察員的角色，待個幾季，再把他們踢掉加進新人。要好好處理這種事，會需要時間和耐心。

而且一如往常，即便壓力山大、會議爆棚，還有各種一對一談話跟計畫，你仍然不能遺忘你的團隊。對整間公司來說，開董事會永遠都是高壓的時刻，大家會急切想知道到底發生什麼事，並開始對結果感到緊張。

所以不要讓大家一面乾等一面流傳八卦，搞到人心惶惶。

在Nest時，管理團隊的大多數人都會知道情況究竟如何，因為他們會和我一起參加董事會，而且我們在會議結束後，總是會盡快和全公司分享經過編輯的會議報告版本。這些就是我們開會時談的事、這些是我擔心的事、這些是董事會在問的事、這些是我們之後會採取的行動。

這能讓所有人維持一致的步伐，並消滅謠言。而如果有什麼事需要調整，那麼大家也能馬上開始進行這些調整。

當你擁有一個你尊敬的優質董事會時，開董事會將會是個非常棒的事，幾乎會成為外部的心跳節奏，可以讓全公司同心協力，並強迫你組織你的思緒、時程、故事（可參見3.5的圖3.5.1）。

這很值得，但並不會比較輕鬆。對所有人來說都是。

這便是為什麼，傑夫・貝佐斯某次曾告訴我千萬不要加入別人的董事會。他說：「這是在浪費時間，我只會參加我自己公司和慈善機構的董事會，就這樣而已！」

每次我婉拒出任另一個董事會席次時，都會想到他。

但我也不會拒絕所有董事會席次。我的直覺反應永遠先是「不要」，但是偶爾很罕見的時候，這個堅定的「不要」，會變成「不要，除非……」。

如果你正試圖填滿董事會席次，並盡量打造最棒的董事會，務必記得這是條雙向的道路。多數董事會成員都經驗豐富、忙碌、很夯，所以要給他們一些加入你的動機。我指的不只是股票而已。出任某間崛起中公司的董事，最棒的事情之一就是你可以洞燭先機，搶先看見消費者行為、新的潮流，看見顛覆。比如所有在公元兩千年代初期擔任蘋果董事的人，都可以先看到iPhone，並且可以針對這項產品將對他們的事業產生

什麼影響，事先制訂計畫。

對於潛在的董事會成員而言，這類洞見可說相當令人興奮，也是大家總是搶著想要擔任蘋果董事的主因。另一個原因則是他們超愛蘋果，他們真的想幫忙這間公司成功。他們願意投入時間和精力，因為蘋果對他們來說很重要。

務必記得，上市公司和私人公司的董事會截然不同。擔任上市公司董事會的成員，會需要承擔更多的風險，也要做更多事，所以你需要更大的誘因，來吸引你需要的那類董事會成員。特別是因為當你上市之後，你先前的董事會成員要不是很可能全部辭職，不然就是大部分都會辭職。上市公司的董事會成員有可能會被股東告，他們必須去參加無數委員會會議，包括審計、薪資、管理等。如果事情出了差錯，他們還可能會被媒體修理一頓。

所以接受上市公司董事會席位，以及創立初期私人公司的董事會席位，各自的考量可說截然不同。

不過，所有董事會席位都附帶一定程度的聲望。這對自尊心來說很棒，對錢包來說也很棒。但你永遠不會想要這些變成你主要的誘因。請避開名人董事會成員，也就是那些參與十幾個（或更多）董事會的人，或是那些得到席位只是為了刷履歷的人。這些人實在太容易退出了，太容易變得無聊或冷漠，或是把自身的利益置於你公司的利益之上。

你想要的董事會成員是真的對你在打造的東西感到非常興奮的人，他們等不及聽你說你接下來要做什麼了。他們也不會只有在開會時才出現，而是會日復一日陪伴在你身邊、幫忙你、尋找讓你成功的機會。你想要的是一個愛你公司、而你的公司也愛它的董事會。

6.3 收購與被收購

　　兩間成熟的公司合併時，兩者的文化便必須相容。就跟所有關係一樣，一切最終都會回到大家相處得如何、彼此的目標為何、優先順序為何、什麼東西會把他們逼瘋。所有併購中約有50％到85％因文化不合失敗。

　　如果某間大公司要收購某個十幾個人或更少人的小團隊，那麼文化不合就比較不會是個問題。即便如此，小團隊也應謹慎評估他們會怎樣遭到大組織吸收，並且真正投入時間去了解即將加入的大公司文化。

　　我並不後悔把Nest賣給Google，我們的管理團隊也是。舊團隊每次見面時總是會思考這個問題。我們唯一的遺憾是，我們沒辦法完成由我們開始的東西。但是把公司賣掉的決定是我們一起做出的，而我們到今天也都依然支持這個決定。

　　根據我們當時擁有的數據，再來一次我們還是會這麼選擇。

　　特別是因為我們是正確的。一如預期，Nest一把智慧家居的構想化為可能，蘋果、亞馬遜、三星等巨頭也都想要分一杯羹。他們創立團隊，和Google及Nest競爭，並打造出他們自己的家居產品、平台、生態系統。我們躲過了一顆子彈。

　　而Google當時是，現在也還是間很棒的公司，上上下下都

充滿超棒的人才,改變了世界好幾次。Google的文化在他們身上行得通,許多人從沒離開母親是有原因的。

但那樣的文化能夠存在及推動,是因為Google的搜尋和廣告事業賺了超多錢,就連Googler自己都將其稱為「搖錢樹」。也因此,Google變成一個極度多元的地方,每個人基本上想做什麼就做什麼,有時候甚至什麼都不做。他們這麼久以來都賺這麼多,而且根本沒什麼外部的商業威脅,使他們從來都不需要縮減或裁撤,永遠都不需要逞凶鬥狠,好幾十年來都不需要為了什麼事真正去奮鬥,真的是超幸運啦!

但在Nest的我們都是鬥士。我們的文化是誕生自蘋果模式,一個在四十幾年的生命中,從多次瀕死經驗存活下來的文化。我們已經準備好為我們的使命以及生存奮鬥,為了維護我們的文化以及做事方式奮鬥。

接著,遭到收購後的幾小時內,我們也必須為了我們的顧客奮鬥。當顧客聽到Google買下Nest時,他們擔心溫控器上會開始投放廣告。媒體不斷報導,Google會因為他們對數據的無窮渴求,而追蹤你的家人、寵物、行程。所以Google和Nest馬上聯合發表聲明:

「Nest是獨立經營,和Google其他部分無關。Nest擁有獨立的管理團隊、品牌、文化,例如Nest的商業模式是付費制,而Google的商業模式一般來說則是由廣告支撐。我們對廣告沒有意見,畢竟Nest也做了很多廣告,我們只是不覺得廣告適合Nest的使用者體驗。」

這對我們的顧客來說是正確之舉,但對我們和Google的關係而言,卻大錯特錯。

就在雙方結合的第一天,我們只用了一篇字數和推特推文

差不多的公開文章，就天真無邪地和我們剛剛加入的公司疏遠了。許多Googler都將我們視為一群衝向他們的士兵，全副武裝，準備好開戰，已經宣布獨立，已經拒絕了Google的核心事業及構想。哼，這些人是怎樣啊？很不Googley耶。

我們原本預計要整合以及共同開發科技和產品的Google團隊，完全不想跟我們共事。他們不斷詢問他們主管更多細節，想搞懂他們是不是真的需要冒著犧牲自己專案的代價來協助我們。為什麼啊？到底為什麼？我們幹嘛要協助一個根本不屬於Google的團隊？接下來的幾個月中，每當我們必須向顧客再度澄清Nest獨立於Google之外，我們在內部的名聲就又會遭受重擊。

我應該要記得當年在Apple剛開始開發iPod時前幾個月發生的事情才對，但我那時就是沒想到。和我的迷你iPod團隊相比，Nest規模大非常多，體制也更成熟，我以為這是截然不同的狀況。但其實是完全一樣的。過去蘋果的內部抗體覺得我們會跑來奪走他們的時間、吸走他們的資源，所以他們試著阻撓我們、無視我們的要求。

這便是史帝夫·賈伯斯提供我們空中支援的時刻。他在拖慢我們進度的團隊頭上扔下炸彈，強迫他們處理，有時還會大吼大叫以確保我們得到所需支援。正是因為有賈伯斯罩我們，我們最終才有辦法成功。

但Google這裡沒有賈伯斯，只有賴瑞·佩吉和謝爾蓋·布林。他們都是才華洋溢、見多識廣的創業家，但他們缺乏賈伯斯那種因為多次職涯差點毀滅而鍛鍊出來的鬥魂。

有一次，當我們預計的整合徹底卡住——Googler們真的在開會時直接放鳥不來，又無視我們的電子郵件。那次桑達·皮

采竟然跟我說，我們試著要合作的所有 Google 團隊都超級忙，他們沒有多出來的工作週期可以投注在 Nest 上，而 Google 也沒有半個人可以直接命令他們該怎麼做事，團隊會自行決定要怎麼運用他們的時間。

我瞪大眼睛盯著他。我眼冒金星。彷彿我他媽出了車禍。時間慢了下來。我心裡的想法只有，噢噢噢噢噢噢噢噢，幹幹幹幹幹幹幹幹。

我知道 Google 並不是蘋果，而且這種規模的併購本來就很難處理。我知道我們的文化不同、哲學不同、領導風格不同。但直到這個時刻我才發覺，我們講的根本就是不同語言。

當賴瑞在收購過程中告訴我，Google 會組織好他們的團隊，將雙方的優先順序調整成一致時，他 100％是在說實話沒錯。但後來在 Google 的狀況，看起來比較像是他們給了團隊計畫的骨架，然後讓他們自己去填滿其他部分，並三不五時開個會問一下進展如何。

但我是用蘋果的濾鏡在詮釋他的話。如果史帝夫‧賈伯斯說他會組織好團隊，那就表示過程中的每一個步驟他都會在，每個禮拜，有時候甚至是每一天都會。他會集合好所有人，告訴他們要朝哪裡去，確保他們都一起前進，並用強大的意志力把脫隊的人拖回隊伍。

雖然賴瑞他們承諾會發動全面攻擊，但在 Google 這裡完全不會有人去進行轟炸。他們甚至連發動攻擊這個詞都不知道是什麼意思勒。

我發覺這點的那一刻，就看清楚了我們從一開始是如何受到誤導。我們沒有準備好面對這些，我們不知道根本不會有來自管理階層的空中支援，我們也沒料到會有器官排斥。

即便我們都已經精細計畫好幾乎所有事了。

在多數收購中，通常會花上二到八個禮拜起草寫有必要條款的文件，並達成協議。

但Nest花了整整四個月。

而我們到了收購十周之前，甚至都還沒討論到收購的價格。

現在改名為GV的Google創投，當時是我們的投資人之一，他們知道我們的財務狀況，而且一直以來都超級支持我們，所以我並不擔心價格。我擔心的是我們會和哪些團隊共事、會分享哪些科技、會打造出什麼產品。Nest並不是為了錢才加入Google的，而是為了加速推動我們的使命，所以一直以來都是使命優先、金錢次之。

我們和Google一起討論過每一個部門，包括行銷、公關、人資、銷售。整間公司上上下下，我們列出哪些地方可以合作、哪些不能合作、哪些主管會分配給我們、我們要怎麼聘人、大家會得到哪些福利、該預期多高的薪水、哪些團隊會密切合作、這些關係又該如何建立。

這花了非常多時間，事實上甚至使我開始得到別人的各種白眼。「認真嗎，東尼？你現在要來討論這個細節？」對，沒錯，我是要討論，這很重要。

而且確實真的很重要，超級爆重要，卻常常遭到忽略。

多數收購都是由銀行家推動和監督，而銀行家只有在併購順利完成後才能真正賺到錢，所以他們動機滿滿，想要快點搞定快點領錢。他們不在乎要把所有會發生什麼事的細節正確傳達給員工，也不真的在乎文化適不適合。不是很在乎就對了。

銀行家通常是由雙方公司聘請，以搞定所有交易細節、協助大家了解情況、協調出價格、並比較不同的選項。他們會比

較市場、顧客、一加一能不能大於二。

但你無法在併購協議中解釋企業文化。你不能寫下來然後讓所有人在上面簽名同意。這太難捉摸，也太敏感了，全都是和無法形容的人際關係有關。而銀行家最在乎的事是成交，不是關係。

所以大多數銀行家並不希望兩間公司先慢慢試探彼此、了解彼此、結婚前先去約會。他們想要兩間公司第一次見面的那晚就直接訂婚，他們想要公司到免下車的貓王主題小教堂，大家都有點喝嗨了，不會問太多問題，直接結婚吧。他們想要在三十六小時內，在有人開始另做他想之前，就搞定交易，這樣他們才能拍拍彼此的背：幹得好啊。然後留你一個人穿著凌亂的藍色晚禮服站在原地，試著搞懂接下來會怎麼樣。而要是這椿婚姻無法長久，嗯，反正他們已經盡力了。

這就是為什麼Google收購我們時，我們這邊並沒有請銀行家的其中一個理由。我知道銀行家不會跟我們的團隊一樣那麼在乎。和我們團隊及投資人多年投注的血汗及血淚相比，他們根本沒做什麼，就可以拿到很棒的佣金。

即便如此，收購消息宣布後的隔天早上，還是有一名銀行家出現在Nest公司的大廳。

「在你們昨天宣布的交易中，我並沒有看到任何銀行代表你們。」

「沒錯，這是故意的。」我回答。

「你知道的，你的股東可以因為這樣告你。」他說。

我告訴他已經成交了，我們不需要銀行家。

「呃，既然你們這筆交易沒有銀行家，那你們可以直接把我們的名字加上去嗎？」

我抬起一邊眉毛，面無表情瞪著他，然後轉身離開。

那個銀行家很生氣，他不敢相信我連幫他這點小忙都不肯。

大多數併購及收購投資銀行都不是你的朋友。我看過太多小型新創公司，特別是在歐洲，會找個銀行家來幫他們籌錢或是賣掉公司。銀行家都承諾得天花亂墜，卻很少真正履行。

你可能還是會因為各種理由需要找銀行家，而且當然世界上也存在一些好銀行家，但你不能讓他們控制你的併購或是設立你的時程。

不管你是在收購或是賣掉公司，你的工作都是要搞懂兩間公司的目標是否一致、你們的使命是否契合、你們的文化是否相容。你必須考量你公司的規模，其中一方是不是很容易就能吸收另一方？這是個剛開始起步的小團隊，還是間架構完整的公司，擁有銷售、行銷、人資團隊，以及根深柢固的工作方式？如果是後者，那你就必須了解團隊合併後會發生什麼事、會對員工帶來什麼改變、你的專案和你的流程又會怎麼樣。這些都需要時間。

而雖然在Nest時，時間並不是問題，我們確實還是犯下了幾個大錯：

1. 我們在從沒想過這會怎麼影響我們公司內部關係的情況下，就逕自對外向顧客發表聲明。
2. 我以為因為我們交易的金額非常大，總計超過70億美金，所以會有一定的注意標準及信賴義務，確保事情會成功。
3. 我聽信賴瑞和比爾他們會改變Google文化的說辭，而沒有直接跟他們的員工談談，了解這個文化有多麼根深柢

固，以及他們對「我們變得更Googley」的期望為何。

4. 我沒有跟其他先前被Google收購的公司談談。

5. 我們對Google的員工敞開大門，他們在專案之間跳來跳去，對我們的使命並沒有真正的興趣，在事情不順利時也沒有意願留下來。他們馬上開始稀釋我們的文化，並一直抱怨我們不夠像Google，造成各種數不清的麻煩（可參見5.1 你需要哪些人才？如何聘僱他們？「但我們很謹慎，別擴張太快。」段落）。

如果我當時曾和Google公司的其他副總及董事談過，那我就會發現，收購剛完成，當我們進用第一批主動投效的Goolge人才的時候，應該要更加挑剔才對。但我要到六個月以後，當Google的朋友告訴我潛規則的時候，我才覺察到自己當初應該更謹慎。潛規則就是：如果你想要從其他團隊挖走優質人才，你就必須用搶的。那些隨隨便便跑進你組織的人，只是想來看看每月特餐是什麼而已。而且因為Google不太願意炒人，很多能力比較差的員工就只是這樣不斷從一個團隊換到另一個團隊。

要是我那時有花更多時間和先前遭到收購的公司領導人聊聊，比如Motorola Mobility和Waze，我就會更清楚了解Google是怎麼吸收其收購的公司的。Google除了YouTube以外的大型收購案，大多數都是一敗塗地。我不久之後就發現，Google習慣從一個閃閃發亮的物件跳到下個閃閃發亮的物件，而就算Nest的標價要幾十億美元也根本沒差。等到我們真正遭到吸收之後，Google又餓了，繼續往下一頓前進，根本沒時間去確保我們在野獸腹中有好好安頓。他們也沒興趣跟我們確認。我們只是昨晚的晚餐而已。

如果我曾和我們想要整合團隊的一般員工談過，那我就會發現他們的優先順序為何，以及他們是否有任何興趣跟我們合作。我也會更理解「Googley」一詞到底是什麼，以及我們有沒有機會可以掙脫，甚至有辦法改變Googley真正的意義。

文化是根深柢固的，我那時應該要記住這點。賴瑞在比爾・坎貝爾的鼓吹之下，想要Nest加入Google並改變Google的整個思考方式，為Google注入新創魔力。但是文化不是這樣運作的，你不能只是把舊工廠重新油漆，然後給工人看看訓練影片，就覺得你已經做出改變了。你必須把整個系統都打掉重練。

多數人和多數公司在能夠真正改變之前，都需要一次瀕死經驗。

你不能假設收購就代表文化融入。這就是為什麼，蘋果其實不怎麼收購擁有大型團隊的公司，他們只會收購特定的團隊或科技，而且通常還位在生命週期的非常初期，還沒開始賺錢。如此一來，就能相當輕易融合這個團隊，蘋果完全不用擔心文化問題，也能略過無可避免的現有團隊功能重疊，包含財務、法務、業務，以及大型團隊互相整合的痛苦過程。而在收購Beats這個著名的例外中，蘋果也只是專注在填補現有產品的專業科技微小差距上，而非收購一整個全新的事業。

所有收購最後都會回到「當你在購買另一間公司時，你究竟想要什麼」這個問題。你是想要購買一個團隊？科技？專利？產品？顧客基礎？事業及收入？品牌？還是其他策略性資產？

當你賣掉公司時，相同的問題也能派上用場。你追求的到底是什麼？有些人希望運用大型公司的資源加速推動他們的願

景，有些人則是想要賺錢，接著還有些公司是自己出現問題，並試著把整個事業賣給仍然相信願景的人。比爾‧坎貝爾就很喜歡說一句話：「好公司都是收購來的，不是自己賣掉的。」如果你正受人收購，你會想要買家迫不及待把你買走，而不是你自己是個想盡辦法要賣出的賣家。而如果你正在考慮收購他人，對那些自己送上門來、太積極推銷的人，也務必要小心謹慎。

然而，也不存在什麼優質收購指南。有一百萬件事情要注意，但是在每間公司、每筆交易中都不一樣。總之不要只因為事情很難就置之不理，也不要只因為沒有人知道到底該怎麼談文化，就忘記去談文化。

不幸的是，在你置身其中之前，你是無法真正了解某個文化的。就像去約會，如果雙方對彼此有興趣，就會表現出自己最好的一面，把自己打理乾淨。等到開始同居並結婚之後，才會露出真實的面貌。你也是在這個時候才會發現你老婆會把碗盤放在水槽裡泡個幾天都不洗，或是發現你老公總是忘記清掉他剪下來的腳指甲。

所以在任何併購案當中，前面的約會階段都非常重要。你必須檢查水槽看有沒有髒碗盤，看看餐桌上有沒有出現腳指甲，檢視整個公司的責任架構，還要檢視他們雇人和炒人的方式，仔細研究員工的福利為何，聊聊管理哲學，為收購完成後究竟會發生什麼事制訂具體的計畫。你們是要整合彼此的文化，還是要各自保持獨立？重疊的部分該怎麼辦？這個團隊要去哪裡？這個產品又要由誰負責？

但是永遠都要知道，你沒辦法預測未來。事情會改變，可能會對你有利，也可能不是。所以，最終，你就是必須放手一

搏，簽名同意，相信一切會行得通的。

我的建議是永遠都保持謹慎的樂觀。相信，但也要驗證。

先假設彼此都抱持最棒的意圖，接下來要確保對方會依此行事。然後，你就承擔風險，跨出那步吧。買下公司、賣掉公司、或什麼都不做，追隨你的直覺，不要害怕（或是也可以很害怕，但不管怎樣還是做出決定）。

要是我們當時沒有決定把公司賣掉，天知道後來會發生什麼事？或許Nest自己就可以很成功，或是會因為強勁的新競爭對手不可避免出現而走下坡。也有可能這個產業其他的主要玩家並沒有跳進來開發他們的智慧型產品，然後整個生態系統就崩潰了也說不定。誰知道呢？實驗可不能做兩次。

而且Nest並沒有死掉。差得遠呢。Nest還活得好好的，現在改叫Google Nest了，就跟我們一直以來計畫的那樣完全整合。他們仍然在開發新產品、創造新體驗、實現他們版本的我們願景。事情並沒有按照我們想要的那樣發展，但這是個超級棒的學習經驗。而且，靠，我們已經達成70％，Nest還在繼續向前、繼續打造，而我對此除了超爽之外，再無其他感受。

幾年前我曾在某場派對遇到Alphabet和Google的現任執行長桑達・皮采，他跟我說：「東尼，我想讓你知道，我們確保了Nest的品牌和名稱都會留下來，Nest絕對會是我們未來策略的一部分。」我露出大大的微笑，跟他說謝謝，因為他特地跑來告訴我覺得頗為感動。桑達是個一流人才，我很感激是由他來照顧整個團隊。

我有很多事情要感激的。

我很感激謝爾蓋・布林推動Google在初期投資Nest，也很感謝賴瑞和謝爾蓋兩人促成Google這座巨大機器買下我們。我

也感激其他的產業巨人開始注重智慧家居科技，而且已經有上百間小型新創公司試著和他們一搏。到頭來，這終將達成我們初始的願景 —— 雖說路徑較為曲折，且是由其他人達成。

此外，我也知道收購後所發生的一切都不是衝著我個人來的。真的不是，這只是生意，屁事總是會發生。我無怨無悔，畢竟人生苦短啊。

我打從心底誠摯祝福他們未來一切都好。

6.4 關於員工福利：馬殺雞去死吧

務必注意不要提供太多福利。照顧員工100％是你的責任，但讓他們分心以及寵壞他們並不是你該做的。新創公司和當代科技巨頭之間情勢不斷升高的福利冷戰，已造成許多公司提供好吃的三餐跟免費的剪髮服務，以求吸引員工。其實他們不需要這樣做。也不應如此。

請記住：保障和福利之間是有差別的：

保障：包括退休計畫、健保、牙醫保險、員工儲蓄計畫、產假及育嬰假等，是真正重要的事，會對員工的生活帶來重大影響。

福利：偶一為之的愉快驚喜，感覺特別、新穎、令人興奮。像是免費服裝、免費食物、派對、禮物等。福利可以是完全免費或是由公司補助。

對你的團隊成員和他們的家人來說，獲得保障非常重要。你希望可以支持和你共事的人，讓他們的生活變得更好。保障能夠讓你的團隊和其家人保持健康、快樂、達成財務目標。你應該把錢花在這上面。

福利則是非常不一樣的事。福利本身並不是什麼

壞事，為你的團隊帶來驚喜和快樂可說頗為美妙，也常常是必要的。但是當福利永遠都免費，當福利持續出現，並和保障獲得同樣的地位時，你的事業就會受到損害。過度供應的福利會破壞公司的底線，也會打擊員工的士氣（這點和大家所認知的相反）。某些人可能會執著於他們可以得到的東西，而非自己能夠做到的事，認為福利是種權利，而不是特權。接著當事情不順或是福利沒有成長時，他們就會因為自己的「權利」遭到剝奪而暴怒。

而要是你吸引人才的主要方式是透過福利，那麼事情肯定是會出問題的。

某個朋友曾自豪地告訴我：「我每週都送花給老婆。」
我猜他是期待我讚美他，好浪漫哦！好慷慨哦！
但我回答：「啥鬼？！我永遠不會這麼做。」
我三不五時會送我老婆花，但永遠都是當成驚喜。
如果你一直送某個人花，幾個禮拜後就會一點也不特別了。幾個月後她根本就不會多想，每個禮拜她對花的興趣都會穩定消失。

直到你停止送花的那一刻。

你絕對應該要為員工做些很棒的事，也一定要因為他們努力工作獎勵他們。但你必須記得人腦是怎麼運作的，也就是所謂的福利心理學。

如果你想為員工提供福利，那麼務必記住以下兩件事：

1.當大家為某個東西付錢時，他們就會珍惜。如果某個東

西是免費的，那就完全失去價值了。所以如果想讓員工無時無刻都能享有某項福利，那就應該採取補助的方式，不能完全免費。

2. 如果某件事相當難得才會發生，那就是特別的；如果無時無刻都在發生，那就一點也不特別。所以如果某項福利只有偶爾才能享有，就可以是免費的。但你必須清楚讓員工知道：這不會成為慣例。並且經常更換福利，這樣才能保持驚喜感。

「無時無刻提供大家免費食物」、「偶爾提供免費食物」、「提供食物補助」這三者之間，可說是天壤之別。蘋果只提供餐費補助，而不是免費食物，背後是有理由的。如果你是蘋果員工，那麼你購買產品時可以享有折扣，卻無法直接獲得免費的產品，這也是有理由的。史帝夫‧賈伯斯幾乎不曾把蘋果產品當成免費的禮物，他不想要員工貶低他們自己打造出的事物。他相信如果這些東西值得又重要，那你應該也要用同等重要又值得的方式，對待這些東西。

以前，Google所有員工每年都可以免費得到一樣Google的產品當作假期禮物。手機、筆電、Chromecast、某個不錯的東西。結果每一年，大家都會瘋狂抱怨：這不是我想要的、這感覺很廉價、去年的禮物比較好。接著等到他們有一年沒拿到半個禮物時，所有人都氣炸了。公司怎麼敢不給我們禮物！我們每年都有禮物啊！

免費每次都會搞死你。比起期待免費得到某個東西，享有非常好的折扣會創造出截然不同的思維。

補貼福利而非直接提供，對你事業的財務狀態來說比較

好。凡是用氣泡紙幫員工包裝好各種免費福利的公司，通常較為短視近利，沒有長期的策略可以維持這些福利。要不然就是這些公司的核心事業本身其實是有問題的，福利只是為了遮掩。像是臉書就以非常照顧員工著稱，但他們賺的錢全都是來自販賣使用者數據給廣告主。如果臉書改變他們的商業模式，他們的獲利就會受到沉重打擊，所有福利也都會消失。

在辦公室提供員工想要或需要的所有一切，這股潮流一開始便是從Yahoo和Google開始的。這是一個良善、高尚、值得尊敬的構想，是想要照顧他人的渴望，一股想讓公司變得受歡迎又有趣的衝動。一開始的目的是要讓辦公室感覺就像大學一樣，甚至比大學更棒，是個溫暖舒適的地方，你可以在此好好安頓。但是因為Google長久以來都賺一大堆錢，而且當然是透過把使用者的數據賣給廣告主，全世界就都誤以為他們會發大財，原因就是公司的福利文化，所以這種文化就流傳開來。現在矽谷絕大多數的新創公司，也都會提供好吃的餐點、不斷補充的啤酒、瑜珈課程、免費馬殺雞。

但是除非你有跟Google一樣多的淨利和收入成長，不然你就不該提供Google的福利。

甚至連Google自己都不應該提供這樣的福利。

他們已經花了好多年試著減少費用了，甚至在員工餐廳提供比較小的盤子，鼓勵大家少拿一點食物，以減少浪費。但你一旦開了先例，建立了大家的期望，那幾乎就不可能再走回頭路了。

Nest創辦初期，我們會在備膳室放點零食和飲料，大多數是水果，沒有袋裝的垃圾食物。幹嘛要毒害你的人才呢？每個禮拜也有一兩次我們會幫團隊叫墨西哥捲餅、三明治或某種比

午餐還要高級一點的東西。偶爾會有人在公司外頭烤肉，那天大家就會留下來吃晚餐。

但是Google收購我們之後，Google的食物也進來了。我們蓋了一座巨大又豪美的員工餐廳，天天提供免費三餐，有五到六個不同種類的食物吧台，提供各種美食和菜色，早上還有現烤的糕餅麵點。到處都是餅乾和蛋糕，大家都覺得超讚的啊。但這真的非常非常貴。

在Alphabet的成本暴增之後，我們試著縮減員工餐廳的某些選擇。依舊提供各種好吃的食物，但取消了河粉吧台，也沒有迷你瑪芬蛋糕了。馬上就出現反對聲浪，大家都怒吼：「這三小？你不能拿走我們的迷你瑪芬啊！」

後來我們禁止使用外帶餐食容器，結果一樣的慘。我們察覺到有一大堆人根本沒有留下來晚上加班，他們只是瞎混到晚餐時間，然後把晚餐裝到外帶容器裡面帶回去給家人。

回到提供晚餐的全部重點：其實是要獎勵那些特別努力工作的員工。可是因為晚餐是免費的，大家就開始佔便宜。是免費的啊！是給我們吃的！有什麼大不了？

在這之前的幾年，每個禮拜二供應的墨西哥捲餅都還是個不錯的福利，水果箱送來時大家也都超開心的。但現在已經有新的典範了。

還有一種全新的「應得」心態。

我有次親眼見證某個人在Google每周的全體會議TGIF會議上，真的是在好幾萬人參加的會議上，起身抱怨他們喜歡吃的品牌優格從迷你廚房裡消失了。迷你廚房是Google設立的零食中心，目的是要確保任何員工都不會為了要找食物吃而必須行走超過六十公尺。而這傢伙覺得這是他們的權利，不，應該

說是他們的義務，必須要在Google所有員工眾目睽睽之下，直接跟執行長抱怨這種鬼事。優格欸，免費的優格。為什麼我喜歡吃的那牌優格不再觸手可及？優格什麼時候才會回來？

人太好，就會被佔便宜。公司的善意，也有可能會被濫用。有些人就是會一直拿一直拿一直拿，還覺得這是他們的權利。一段時間之後，公司的文化就會演變成也接受這點，甚至進而鼓勵。

所以我才會說：「馬殺雞去死吧！」

Google收購Nest時，我不情不願同意了「全年無休」免費食物和通勤巴士。這就是在Google工作的一部分，我們的員工都已經期待有這些福利，而且對他們也真的很有幫助。我知道這將代表一次文化轉變，我只是希望大家都能記得我們的根源。當我們向團隊宣布Google收購的消息時，我真的有一張投影片上面就這麼寫著「不要改變」。帶領我們走到現狀的文化，需要我們繼續保持。我們雖然換了投資人，並不代表我們也要改變我們的文化或是讓我們成功的因素。

Google在收購之後提供我們全新、豪華、高級的辦公空間。我謝過了賴瑞‧佩吉，我說這很漂亮。接著我告訴他，還有我們的團隊，我們根本配不上。

感覺不對。我們還沒有自己爭取到。豪美辦公空間是要給那些已經證明了自己、已經開始賺錢的公司；是要給那些可以放輕鬆、可以花時間討論窗邊座位要給誰、可以取得最優景觀座位的人。但Nest並不是這樣的，我們專注在我們的使命上，我們加班加到很晚，解決問題，努力工作，不斷奮鬥，克服所有擋在我們路上的阻礙。

我想要所有人繼續專注在我們打造的事物，以及我們試圖

達成的願景上。而不是專注在福利、假掰的東西、額外的好處。

所以我們他媽的絕對不可能花公司的錢提供員工免費馬殺雞。

我們需要這筆錢——去打造我們的事業，去賺到淨利，去開發更棒的產品，去確保我們的基礎夠紮實、夠穩固，這樣我們才能繼續聘雇這些人。我們也需要這筆錢——協助大家得到他們想要的工作之外的人生。比起把辦公室弄得這麼豪華，讓員工永遠不想離開，我們把我們的錢花在有意義的保障上——保障員工和他們的家人，給他們更棒的健保，讓他們去做試管嬰兒，或做那些真正會改變他們生命的事。

因此我們也希望是以同樣有意義的方式提供福利。所以我們不會試著把員工困在辦公室。我們會透過幫員工和家人的晚餐買單，或是招待他們去渡週末來獎勵他們。而且我們也很樂意砸大錢在真的能改善員工體驗的事物上，那些可以讓他們凝聚在一起、可以接觸到新的想法和文化、可以使同事變成朋友的事。Nest的所有員工都可以參加公司社團，申請經費去做某件很酷的事，像是烤肉給全公司、彩繪半個停車場的灑紅節（Holi）慶祝、每個禮拜越發屬害的紙飛機大戰等等。

但是隨著越來越多Googler加入我們，Nest員工也開始了解Google一般的福利是怎麼樣之後，我們內部也出現了巨大的爭論，討論大家可以獲得哪些福利，哪些又不行。Googler為什麼可享免費馬殺雞？為什麼他們的巴士班次比較多，這樣他們就可以晚到，還可以在午餐後就離開辦公室？為什麼他們有20%時間（Google對員工的著名承諾，員工可以把正常工作五分之一的時間分配到其他的Google專案中）？我們也想要20%時間！

我跟他們說這是不可能發生的，我們需要所有人120％的時間。我們仍然在試圖開發我們的平台，並成為開始賺錢的事業。等我們完成這個目標後，我們再來談談員工領Nest的錢去做Google的專案、獲得免費馬殺雞、然後下午兩點半就可以下班的事吧。想當然爾，我的立場頗受新進員工所憎惡。

但是我絕對不可能在還有這麼多事要做的情況下，讓這些福利鑽進我們的文化中。我並不打算只因為Google員工有，我們也要有。

擔任Google員工是反常的經驗，這不是現實，甚至連Google巨大豪華總部Googleplex的建築師克萊夫‧威金森（Clive Wilkinson），都發覺了這點。他現在將他這個最著名的作品形容為「根本上不健康的」，並表示：「把你所有的時間都花在工作園區，是不可能達到工作及生活平衡的，這不是真的，這並不是以大多數人使用的方式真正參與這個世界。」（可參見推薦書單的〈Googleplex背後的建築師現在表示在這麼一間豪華的辦公室工作是「危險的」〉（Architect behind Googleplex now says it's "dangerous" to work at such a posh office）一文）

這也是超級有錢人面臨到的相同問題──逐漸往上漂移，遠離凡人的平凡煩惱。除非你可以接地氣──搭乘大眾運輸、自己去買菜、走在外面馬路上、自己設定IT系統、了解一塊美金的價值，以及這樣的金額在紐約、威斯康辛、印尼可以買到什麼*，否則你就會開始遺忘你應該要為他們開發止痛藥的普羅

---

* 可以到https://www.gapminder.org/dollar-street看看世界上有多少人一個月能賺多少錢，以及他們的生活是什麼樣子的。這個網站是絕佳的資訊來源，可以讓我們了解人的生活竟然可以如此天差地別，也能如此相似。

大眾，每天是承受著什麼樣的痛苦（可參見4.1　如何找到一個好想法：止痛藥與維他命，「最棒的想法是止痛藥，不是維他命」段落）。

隨著福利數量增加，不只是消費者開始受到忽視而已，員工從事這份工作的意義也可能會開始模糊。我曾看過有人熱愛他們的工作，在打造某件事物的過程中找到意義和快樂，努力工作卻從來不覺得他們是在浪費時間，直到他們進了Google、臉書或另一個企業巨頭，然後徹底迷失。他們看見其他人得到越多免費的東西，自己就會想要更多，但是獲得這些福利只不過是短暫的滿足而已，他們會隨著時間失去自己的價值，並且不斷想要得到更多，最後這些福利就變成他們的重點。至於打造新事物、深切在乎他們在做的事、創造有意義的產品、真正喜歡他們的工作等這些東西，也都早已沿路丟失了。

而這全都是從他媽的馬殺雞開始的。

鄭重澄清，我完全支持馬殺雞，我也超愛馬殺雞，無時無刻都會跑去鬆一下，每個人都應該去馬一下才對。但是你的公司文化絕對不能圍繞在「馬殺雞是應得的」這個想法上建立，而且你也絕對不能承諾員工他們永遠都會有免費馬殺雞。這些員工福利絕對不能定義你的事業，不能把你的事業拖下深淵。

員工福利是糖霜，是高果糖糖漿，你加點糖絕對沒人會去靠北什麼，每個人三不五時都喜歡來點糖。但從早到晚瘋狂吃糖吃得滿臉都是，可不是什麼快樂食譜。正如同我們應該先吃晚餐再吃甜點，福利也絕對不能優先於你在公司要達成的使命。你的公司應該要充滿使命感，靠著使命感驅動才對。而福利只不過是上面的一點糖霜。

6.5 執行長卸任

　　執行長並非國王或皇后，也不是終生職。在某個時刻你必須卸任。以下便是你會知道「該走了」的跡象：

1. **公司或市場改變非常劇烈**：某些新創公司創辦人並不適合擔任大型公司的執行長，某些執行長則是擁有可以處理某一類挑戰的技能，另一類卻沒辦法。如果整個環境改變非常劇烈，劇烈到你不知道該怎麼處理，而你必須採取的解決方法也完全超乎你的能力範圍，那麼就是時候離開了。

2. **你變成了保母型執行長**：你已經進入守成模式，而非持續挑戰及擴張你的公司。

3. **你遭受成為保母型執行長的壓力**：你的董事會要求你不要再承擔巨大風險，只要讓事情持續進展就好了。

4. **你擁有明確的接班計畫，而且公司正在成長**：如果事情相當順利，而且你覺得團隊中的一或兩名主管已經準備好接班了，那麼這可能就是給他們點空間發揮的時刻。永遠都要試著留下好局面，並把公司交到適合的人手上。

5. **你恨死這份工作了**：不是所有人都適合這份工作，如果你受不了，也不代表你失敗了，只是表示你對自己有了更深的體認，而且現在可以用這樣的體認去尋找另一個你熱愛的工作。

有一次，我們必須打電話給某個執行長的媽媽。

我的投顧公司Future Shape投資了他的公司，他們有很棒的願景跟大量的潛能，但是執行長是第一次創辦公司，完全沒準備好面對這個工作。他會聽完我們的回饋，說要承擔責任，表示這永遠不會再發生了，結果當然還是會再發生。他永遠都沒有真的聽進去，也從來都沒有真正學會。我們試著在個人層面及專業層面指導他超過十八個月之後，事情卻只是變得越來越糟——他在會議中羞辱員工、在走廊上大吵、甚至和顧客爆吵一頓。不能再這樣下去了，所以董事會把他給炒了。

但是他不肯走。

我們試過紅蘿蔔誘因，也試過棍子強逼，軟硬皆施，但他不肯讓步，不想講理。然後他放出大絕招，請了律師，準備要告爆董事會、公司、他的投資人。

我們只好打給他媽——我們認為他唯一會聽的人。我們告訴她如果我們被告會發生什麼事：董事會將猛烈反擊，反告回去，執行長對投資人說的謊會公諸於世，這樣很可能永遠不會有人投資他的下一間新創公司，他甚至有可能都找不到另一份工作。

將近一年的拉拉扯扯跟爭吵拖延之後，最後讓他投降的就是這件事：他媽媽。

但情況真的是有夠可怕，我們甚至得永遠禁止他進入辦公

室，並確保他跟公司百分之百劃清界線，不再有任何往來。為了拯救一個潛力滿滿的超讚團隊，以讓他們實踐使命，這是唯一的方式。

而在另一間公司，同樣的對話只花了兩分鐘。我們跟執行長說他不該再當執行長了，他只是嘆了口氣，然後便露出笑容表示：「謝謝你們，真是鬆了口氣啊！」

有不少創辦人兼執行長變得相當有名，又有錢到令人咋舌，因此社會上便出現了某種迷思，認為創辦一間公司，之後接著經營公司渡過所有無論好壞的階段，是件自然的事，而且也無可避免。如果你創辦了一間新創公司，那你當然是要堅守崗位，一路陪伴它變成一間真正的公司，接著又在它變成大企業的過程中不離不棄。重點不就是這樣嗎？

但是一間由五個聰明的朋友所開設的新創公司，和一間100人的公司，可說是截然不同的野獸。更不要說1,000人的公司了。也因此，初期創辦人和後期執行長的工作及職責，也是大相逕庭。

並不是所有創辦人都適合在公司的每個階段擔任執行長。

有時候他們不知道中等規模的公司是怎麼運作的，遑論大型公司。他們身邊可能沒有合適的導師，也可能不知道怎麼建立團隊或吸引顧客。而當這一切佔據他們的腦袋時，他們通常都會回歸到他們擔任個別貢獻者時擅長的事情中，並拋棄身為執行長真正的職責，無視董事會的警告，苦苦掙扎，最後崩潰。這是個慘痛但寶貴的教訓，而許多創業家都會從中學習，並再試一次，通常也會更為成功。我自己就是這樣的。

不過這樣的經驗其實是可以避免的。當情況急轉直下時你可以及時發現，看看四周，感受到一些蛛絲馬跡，而且你可以

為此拿出作為，承認眼前的情況，然後卸任。

但是多數處在失敗邊緣的執行長，只會閉上眼睛等待崩潰。他們常常在擔任執行長這件事上投注了太多自尊、時間、努力。他們花了一輩子的時間努力想辦法領導一間公司，把公司當成他們自我價值及身分的核心，因此要他們放下這一切，轉身離開，有可能非常嚇人。

當你初次創辦公司，或你已經領導了公司幾十年時，便會出現這種狀況。自尊是一種他媽的毒品。

這就是為什麼某些執行長，甚至是創辦人，會變得戀棧。我看過多少長期擔任執行長的人，即便已經失去了熱情，卻仍緊緊抓著這個工作。他們會慢慢從家長型執行長變形成保母型執行長，唯一的興趣就是保護他們打造出來的一切，還有維持他們的地位及現狀（可參見6.1 成為執行長）。

這類執行長會騙自己，覺得他們不再感受到同樣的熱情也沒什麼大不了的。反正他們一開始這麼努力，現在總算可以坐著享受成果了。

但事情不是這樣運作的。

身為執行長，你的工作就是要持續驅策公司前進，想出新的構想及專案，讓公司保持新鮮和生氣蓬勃。接著你的工作便是努力執行這些新專案，並對其保持相同的熱情，就跟對你一開始到這裡來要解決的問題一樣。同時，你團隊的其他人則是要專注在你們的核心事業上，不斷改進現有的成果。

如果你無法對此感到興奮，如果你無法想出新的構想，或是接受你團隊響往的那些大膽想法，那這就是個很好的跡象：你已經變成保母了，是時候離開了。

擔任保母型執行長沒有任何挑戰，也沒有任何快樂。更糟

的是，這對團隊跟公司來說也很爛。

不過這件事並不總是所有人都看得出來就是了。有時候董事會會強迫執行長表現得更像營運長，他們會說：讓一切保持穩定就對了，一切都運作得好好的，幹嘛要冒險呢？不要嚇到股東。我們最懂，聽命行事就對了。

這就是我在Google時遇到的事，也是我離開的原因。

不只是因為當時Google試圖要把Nest賣掉，或是因為他們要我別再當家長型執行長了。這同時是個對我團隊的警告。現在我被下了封口令，不能告訴大家「問題大了」，但我能夠表現出「問題大了」讓他知道。

大家會說「船長應該和船共存亡」，我說這是狗屁。如果船很顯然要沉了，那麼乘客很可能已經發現了，到了那個時候，船長的工作就是要待在船上，直到所有人都安全上了救生艇為止。然而，如果你是執行長或是高階主管，在大家發現有問題之前，就已經能看見海水淹進來了，那麼你的職責便是明確的警告團隊，讓大家知道大難臨頭。而沒有什麼比起你離開，更能清楚顯示有事情出錯了。

有時候你唯一能揮舞的警告旗幟，就是你的辭呈。

有時候事情甚至比這還更嚴重，超越你個人，超越你的團隊和公司。有時候是整個市場改變了，有時候則是世界的優先順序變了。在這種時刻，執行長先前經營的公司，已經不適合現在的環境了。石油和天然氣產業的執行長目前正是面臨這樣的絕境，汽車製造商也是，是時候出現新的模式了。

而我們需要新血。

聰明的執行長了解改變遲早會到來，不管是對他們個人、公司、世界來說都是，因而他們會制訂接班計畫。

　　你永遠無法預測巨變何時來到。搞不好你的整個產業變了，你的工作讓你覺得無聊了，或是你被公車撞了。這就是你必須預立遺囑的原因。這也是為什麼你要聘用其他主管，最好還有一名你最後能夠安心把公司交到其手中的營運長。

　　就算是在緊急狀況下，你也會希望過渡到新執行長的過程盡可能順暢和平穩。

　　但你的退位，不應該是因為緊急狀況。你不應該把你的成功當成「永遠留在本公司吧」的邀請。請不要四面看看，看見你打造出來的超棒團隊，以及你協助成長的公司，然後就覺得：喔對，就是這樣，這就是成功，我才不要從這裡離開呢。

　　事情不是這樣運作的。

　　你打造的那個超棒團隊需要成長空間，而你現在正坐在首位。如果他們看不見任何在職涯上升遷的潛力，他們就會開始離開，尋找不同的機會。

　　而且美好時光不會永遠持續的。成長終將變成衰退。而你會想要在一切順利時離開，這樣你就可以驕傲地把公司交給新任執行長，而不是在你被董事會炒掉時，匆匆忙忙丟給繼任者。

　　我在撰寫本段時，TikTok開發公司字節跳動的創辦人暨執行長張一鳴剛好宣布他將辭職。TikTok從來沒有這麼熱門過。張一鳴來到了很少執行長能夠達到的高度，但他知道改變即將來臨。而在這個例子中，改變是來自他自己。他就是不想要這個工作了，這工作不適合他。張一鳴表示：「事實上，我缺乏理想經理人的一些技能。我對分析組織、市場原則，以及利用這些理論進一步減少管理的工作更感興趣，而非管理人員。」

　　正是這種自知之明和理性，造就了優秀的領導者。他似乎做出了正確的決定，由他的直覺驅策，而非自尊。

現在的他可以有各種選項。他可以徹底離開公司，他可以去開另一間新公司，或是往上晉升加入董事會，依然對公司的發展方向擁有頗大的影響力。

或是他可以繼續待在公司，只是接受不同的職位。創辦人兼執行長的迷思，有一部份便是你一旦成為執行長，就不能走回頭路了；以為一旦得到這份工作之後，就沒有人會想離開了。但是大家其實是可以改變心意的。

然而，如果創辦人退下執行長的位子，卻仍留在公司裡，事情有可能會變得非常麻煩。

如果創辦人不小心，那他們可能會為新任執行長以及他們拋下的管理階層造成各式各樣的麻煩。共同創辦人也一樣。他們必須了解，光是自己表達意見，就能在公司裡帶來多少衝突。創辦人必須注意大家對他們的看法、注意自己要參加哪些會議、自己使用怎樣的語言、提出哪些建議、以及自己有沒有明確表示「這些只是建議，並非命令」。他們必須極度清楚自己的角色。否則他們便可能在無意或有意間，創造出公司中的派系——有些人追隨創辦人，有些人追隨執行長，然後所有人都沮喪、困惑、生氣到不行。

我在某間公司就見識過這種情況。創辦人退下來，幫忙挑選了繼任者，但接著還是陰魂不散，在走廊上徘徊，隨機提供所有人各種意見。沒人能百分之百確定這到底是命令還是建議，到底又是該遵守，還是就將其當成友善的建議。「執行長永遠都能換人，但創辦人不會，所以我猜我應該聽創辦人的？」

這樣使得該公司的執行長很受挫，團隊也徹底困惑，所以他們決定了一個新計畫，由執行長負責管事，創辦人退一步，只透過執行長和大家溝通。這招很有用，大家都鬆了口氣，情

況也開始好轉。

但這只維持了兩個禮拜。

接著創辦人又再次跑進團隊會議，所有人的臉都垮了下來，「不是吧，不要又來了！」，他們徹底心灰意冷，有那麼十四天美好的日子，他們知道自己在幹嘛、要找誰講話、計畫是什麼，但是未來現在又再度懸而未決了。團隊成員開始辭職，沒人有權力去告訴創辦人：「滾出去，不要再回來了，我們喜歡你和你的想法，但你正把一切搞得更糟。」

創辦人必須了解，他們很容易就破壞執行長和核心團隊的努力。即便創辦人選擇只擔任董事會成員，他們仍然必須小心翼翼，因為他們不再領導團隊了，他們成了教練、導師、顧問，只是許多聲音的其中之一。

這一向都很難，但你必須徹底斷絕關係時更糟。當你的寶寶被丟向狼群，而你能做的唯一一件事就是轉身離開，實在是會痛苦到不行。

我要離開 Nest 時，召開了一場全體會議，公司所有人都要參加。而這所有超讚的人，數百名充滿熱情、才華洋溢，和我一起從無到有、白手起家、從一座有松鼠出沒的漏水車庫打造出這間公司的人，就坐在那裡充滿期盼地看著我。我也看著他們，淚水盈眶，然後我告訴他們我不幹了。

接著我必須讓 Google 去做他們接下來想做的任何事。

這是你離開時真正致命的一刀，特別是在你的離開還充滿爭議時。新的政權通常會把你的專案碎屍萬段，只為留下他們自己的痕跡，並向大家表示你已經沒留下半點東西了。他們甚至會把創辦人和早期團隊的照片從牆上拿下來。你必須知道會發生這種事，然後還是毅然決然離開。

再來你必須哀悼。

當你身為創辦人時，離開你的公司感覺起來可能就像死掉。

你投注了這麼多時間、精力、自我在這個事業中，然後一夕之間一切就都沒了。就像被砍斷四肢，或是你從小一起長大的深愛朋友掛了。

你的新生活似乎詭異地空洞又安靜，你之前日日夜夜都有事要忙，而現在……什麼都沒有。

你會覺得很糟糕，爛爆了，但請不要就這麼馬上投入另一個新工作，以讓自己分心。請抗拒「我的價值在我離職後的每一天都會不斷下跌」這種想法。這股感受通常都是源自自我懷疑，而非就業市場的現實。世界不會因為你休息一段時間而評斷你。世界上的人才真的非常短缺，特別是聰明又投入的執行長人才，所以如果你想再次坐上執行長大位，不要覺得你做不到。

但你必須撐過這段時間，承受必要的心智熬練，去消化這個經驗，從中恢復，並從中學習。

一切都有半衰期的。

以我的經驗來說，多數人都需要花上一年半時間，才能開始思考其他新事物。世上某些文化的人們在葬禮之後會穿一年的黑色喪服，背後是有理由的，這就是逐漸接受這種失去所需要的時間。

前三到六個月會過得很慢，此時你正在經歷最初的震驚、否認，和很可能出現的憤怒，那種「當你看見他們對你的寶寶做了什麼時」的咬牙切齒。你也需要大約三到六個月去做完一大堆你本來該做，卻因為工作而沒做的瑣事。只有等到你把這些事做完，才能不再受過去煩擾，並開始覺得無聊。這是必要

的一步。在你能夠找到鼓舞你的新事物之前，絕對會需要感到無聊。

之後你會需要再花六個月，才能開始重新參與世界，並停止像之前那麼在乎到底是哪邊出錯了，然後開始學習新事物，再次找到你的好奇心。

接著在更之後的六個月，你就可以開始用嶄新的眼光看待你的人生，覺得焦慮、覺得興奮，開始思考下一步怎麼做。而且你不需要馬上回到一年前你離開的同一條賽道。只因為你曾經當過執行長，並不代表你需要再次擔任執行長。你永遠都可以為自己找尋及創造新的機會，你永遠都可以學習、成長、改變。

成為你想成為的人吧，要花多少時間都沒差。就像你在職涯開始時那樣，也像你在沿途遇上每條岔路時那樣。

結 論
超越自我

到頭來，重要的只有兩件事：產品和人。

你打造了什麼，以及你和誰一起打造。

你打造出的東西、你追逐的想法、追逐你的想法，最終將會定義你的職涯。而和你一起追逐的人則可能定義你的人生。

和一個團隊一起創造出某件東西，可說非常特別。從零開始、從混亂中開始、從某人腦中的火花開始，到一個產品、一個事業、一個文化。

如果一切都到位、如果時機正確、如果你超級幸運，那你就能努力奮鬥，去創造出一個你相信的產品。產品中含有這麼多你和你團隊的精神，而且還會賣出去、傳播出去，不只能解決你顧客的痛點，也能為他們帶來超能力。如果你打造出某種真正顛覆、真正具有影響力的事物，那這個事物就會擁有自己的生命，會創造出新的經濟、新的互動方式、新的生活方式。

就算你的產品沒辦法改變全世界，就算只有中等規模和較少受眾，仍然有可能改變一整個產業。你做出與眾不同的事，改變了顧客的期望，讓標準變得更高，這樣可以使一整個市場、一整個生態系統變得更棒。

你的產品，你和團隊攜手創造的事物，有可能會超越你最狂野的期待。

但是話說回來，也有可能不會。

也許會失敗。

或許你會擁有你自己版本的 General Magic，有個超讚的願景、超美妙的想法，卻因為糟糕的時機、不成熟的科技、對顧客的基本誤解而崩潰。

也或許你的產品會蓬勃發展，但事業卻分崩離析。你努力再努力，創辦了你自己的公司，把你的人生投注在永無止盡的一大堆公司人事問題、組織設計、開會開會再開會，然後你將這顆閃耀的寶石，交到承諾會好好愛惜它、擦亮它、讓它持續閃耀的人手上。結果這顆寶石從他們指縫間落下，掉到地上摔個粉碎。

這種事，有時候就是會發生。

成功並不是保證。不管你的團隊有多棒，你的意圖有多良善，你的產品有多讚，有時候一切就是都會大暴死。

但是即便你的產品或你的公司掛了，你打造出來的事物仍然重要，仍然算數。你會打造出某件你引以為傲的事物，然後放手。你試過了。學到了。也成長了。你仍然擁有你的想法，擁有這些想法尚未實現的潛能，也依然會把握機會再次嘗試。

而你也會緊抓著那些人。

我到今天都還跟我在 General Magic、飛利浦、蘋果、Nest 認識的朋友一起共事。

產品變了，公司也變了，但我們的關係沒變。

而現在我的人生全是和關係有關，我的產品現在是人才。

離開 Nest 後，我創辦了 Future Shape 投顧公司。我們自稱「有錢導師」，自掏腰包投資那些我們認為會劇烈改變社會、環境、健康的公司，並提供他們所有創投公司都會承諾、卻很少實踐的事，也就是親身關注。在他們真正需要時伸出援手，有

時候甚至是早在他們知道自己需要之前。

不過，我指導的那些人所教我的事，比我教他們的事還要多上非常多。我了解了超多不同的產業和領域，有關農業、水產養殖業、材料科學、菌類皮革、腳踏車、微型塑膠等等。每當我指導一個團隊或一名創辦人，就開啟了一個全新的世界。

這份工作就跟我過往打造出的所有事物、製造過的所有物品一樣充滿意義。這些人都是超棒的人，而超棒的人正是所有創新的中心。他們將會改變世界，修復世界。而協助他們、投資他們、指導他們，很可能是我所從事過最為重要的工作之一。

回首來時路，我發覺我一直以來做的都是最重要的工作。

在蘋果擔任主管，以及在Nest擔任執行長最棒的部分，便是擁有協助他人的機會。這一直以來都是令人心滿意足的體驗：我可以幫忙團隊照顧他們的家人；可以在某個人、他們的孩子、他們的家長生病時幫助他們。而我們建立了一個社群，一個優質、堅定、創新的文化，有這麼多人在其中欣欣向榮。才華洋溢的人可以一同在這裡創造、失敗、學習、成長苗壯。

他們到Nest時做的是某件事，離開時卻發覺自己可以做另外一百件事。

他們需要的就只是輕推一把。

大多數人會退縮都是輸給自己，他們自以為知道自己的極限，以為自己知道該成為怎樣的人。他們不會去探索極限之外的事物。

直到有某個人出現，推他們一把，讓他們去做更多——不管情願不情願、開心不開心——讓他們發掘他們從未察覺過自己擁有的那個創意、意志力、才華之泉源。

這很像努力催生出第一版產品的過程。你會壓榨自己每一

分鐘、每個腦細胞,去打造出V1,精疲力盡,緩慢將其推過終點線。即便你已傾盡所能才開發出來,V1卻永遠都不夠好。你可以看見其中的巨大潛力,可以看見之後能變得有多好,所以你不會停在終點線上。你會繼續推,直到你到達V2、V3、V4、V18。你會持續發現更多方式,來讓這個產品變得更棒。

人都是這樣的,但我們有太多人在V1就卡住了。一旦我們對自己妥協,就看不見我們可以成為的樣子了。就像產品永遠不會有完成的一天,人也不會,我們會不斷改變、不斷進化。

所以你會繼續推。身為領導者、執行長、導師,就算大家開始賭爛你,你也會繼續逼他們,就連你擔心或許你真的逼得太過頭時也是⋯⋯

但是另一側永遠都會有獎勵的。

把事情做好是值得的。嘗試追求卓越是值得的。協助你的團隊、協助他人也是值得的。

而某天你會收到一封來自前同事的電子郵件,你們兩年、三年、或許十年前曾共事過,然後他們會感謝你,感謝你當年推他們一把,協助他們了解自己的潛能。他們會說他們以前很討厭你這樣,每分每秒都很怨恨,不敢相信他們必須多麼努力,你又是怎麼逼他們從零開始,而且還不肯放棄。

但最終他們會發覺,那一刻是個轉捩點,是個跳躍點,改變了他們整個職涯的軌跡。你們一起打造的事物,改變了他們一生。

而你因此就知道,你做了某件有意義的事。

你打造出了某件值得打造的事物。

致謝

寫這本書比我想像得還簡單，同時卻也更加、更加困難。

比打造 iPod、iPhone、Nest 智慧溫控器都還更難。

寫書簡單的部分是想出要寫些什麼。幾乎每天都會有個創業家跑來問我問題，有關說故事、有關臨界點、有關建立團隊或管理他們的董事會。我們會聊過他們的問題，我會給他們一些建議，然後我再加到書裡。

書中這麼多主題都是如此簡單，幾乎就像常識一樣，我曾懷疑這本書到底需不需要存在。但接著隔天，另一個人又會問我同樣的問題，一個禮拜後再來一遍，就這樣不斷重覆。說真的，連我都已經很厭倦聽自己周復一周、月復一月一直跳針同樣的故事。

對我來說，我為什麼要寫這本書的理由已經很明顯了。常識雖然是常識，卻不是平均分布的。如果你從來沒有建立過團隊，你就不可能採用最顯而易見的方式建立團隊。如果你一輩子都在當工程師，你就無法直覺了解行銷。如果你在做某件新的事、第一次嘗試某個東西，你就必須自己想辦法得到常識。這是需要經過一番苦戰才能獲得的智慧，你必須跌跌撞撞、反覆摸索，跌倒後再爬起來。或是如果你夠幸運的話，便可以透過和經歷同樣事物的人交流，了解這些常識。很多時候，你只是需要某個人確認一下你的直覺，並給予你跟隨直覺的信心而已。

　　這就是我寫這本書的原因。

　　也是為什麼比爾‧坎貝爾從來不寫書。

　　比爾是個更棒的教練和導師，我永遠不可能比得上，大家總是追著他，要他把他的建議寫下來，但他總是拒絕。

　　我認為原因便在於，擔任一名導師和一名教練，最終都要回歸到信任，回到兩個人之間的關係上。要提供優質的建議，比爾就必須了解你、你的人生、你的家庭、你的公司、你的恐懼、你的野心。他專注的是在某個人最需要的時候提供協助，並根據對方的人生究竟發生什麼事，量身訂做他的建議。

　　但一本書是做不到這樣的。

　　這也是我寫書時最掙扎的一點。不認識我的讀者，也不了解每個讀者各自的情況。其實有很多事情可以聊，實在是太多太多了，本書的第一版便長達七百頁。而就算是在那時，內容感覺也都還太表面了。我一直都沒辦法鑽研到我想要的那麼深入：我可以提供一般性原則，並講述怎樣對我行得通的故事，但是這不一定對所有人都行得通，而且有時候還會是大錯特錯。

　　但我決定寫下我知道的事，我回顧了我做過的所有一切，我在過去三十多年間學到的所有事，並揭開布幕，讓大家看看香腸是怎麼做的。這很困難，但也是種宣洩，讓我能夠好好消化我職涯中發生的各種事。

　　我接受我有時候會是錯的，而且我有時候也會惹怒別人。但是如果你沒有惹怒任何人，那你做的事就根本不值得去做。如果你沒有犯錯，那你就沒有在學習。

　　去做、去失敗、去學習。

　　而我希望在我打算要寫這本書的那十年間，我已經失敗夠多次，也學到了夠多，讓我知道什麼是值得寫下來的。

以及誰是值得感謝的。

首先，我真的打從心底誠摯感謝所有賤人渾球、爛老闆、爛隊友、垃圾公司文化、糟糕的執行長、無能的董事會成員、和沒完沒了的校園霸凌。要是沒有你們，我就永遠不會知道我不想成為怎樣的人。不管這些教訓有多麼痛苦，我都要謝謝你們，真心的。

你們協助啟發了我，成為某個能夠做得更好，可以寫出這本書的人。而要是沒有以下這些人各種超棒的鼓勵和信任，我也不可能寫出這本書：

我的老婆和孩子們，感謝你們總是陪在我身邊，當我的靈感、我的後盾、我的導師，並且忍受所有大聲的電話。

和我共謀的共同作者Dina Lovinsky。一起完成這本書，真是一趟由各種正面和沒那麼正面的情緒，還有大大小小生活事件組成的雲霄飛車之旅，但要是不恐怖的話，就不好玩了，對吧？

我不眠不休，協助這本書問世的團隊：Alfredo Botty、Lauren Elliott、Mark Fortier、Elise Houren、Joe Karczewski、Jason Kelley、Vicky Lu、Jonathon Lyons、Anton Oenning、Mike Quillinan、Anna Sorkina、Bridget Vinton、Matteo Vianello、Henry Vines，以及Penguin的團隊，他們必須忍受各式各樣永無止盡又瘋狂的要求及問題。

我的編輯Hollis Heimbouch，以及她在HarperCollins的團隊，在我們試圖成就某種幼稚完美的過程中，忍受我這個第一次寫書的瘋狂作者還有無數錯過的死線。

我的經紀人Max Brockman還有Brockman經紀公司的團隊，特別是John Brockman。他追了我超過十年，才讓我寫出

一本書。

以及來自所有朋友和讀者的鼓勵、支持、超棒想法：Cameron Adams、David Adjay、Cristiano Amon、Frederic Arnault、Hugo Barra、Juliet de Baubigny、Yves Behar、Scott Belsky、Tracy Beiers、Kate Brinks、Willson Cuaca、Marcelo Claure、Ben Clymer、Tony Conrad、Scott Cook、Daniel Ek、Pascal Gauthier、Malcolm Gladwell、Adam Grant、Hermann Hauser、Thomas Heatherwick、Joanna Hoffman、Ben Horowitz、Phil Hutcheon、Walter Isaacson、Andre Kabel、傳說中走動檸檬以及其他一百萬個事物的設計師Susan Kare、Scott Keogh、Randy Komisar、Swamy Kotagiri、Toby Kraus、Hanneke Krekels、Jean de La Rochebrochard、Jim Lanzone、Sophie Le Guen、Jenny Lee、Jon Levy、Wei Liu、Noam Lovinsky、Chip Lutton、Micky Malka、John Markoff、Alexandre Mars、Mary Meeker、Xavier Niel、Ben Parker、Carl Pei、Ian Rogers、Ivy Ross、Steve Sarracino、Naren Shaam、Kunal Shah、Vineet Shahani、Simon Sinek、David and Alaina Sloo、Whitney Steele、Coco Sung、Lisette Swart、Anthony Tan、Min-Liang Tan、Sebastian Thrun、Mariel van Tatenhove、Steve Vassallo、Maxime Veron、Gabe Whaley、Niklas Zennström、Andrew Zuckerman，你們真誠的評論和建議，在形塑這本書上，幫了很大的忙，並為我們帶來了許多信心，繼續撐過難熬的那幾個禮拜。

我在General Magic、蘋果的iPod及iPhone、Nest、Future Shape創業家大家庭的各個團隊，沒有你們，這本書根本不可能問世，我從你們身上學到超多，而你們也真的幫了我很多，讓我能永保真誠。

那些我們在途中失去的朋友和隊友們：Sioux Atkinson、Zarko Draganic、Phil Goldman、Allen "Skip" Haughay、Blake Krikorian、Leland Lew、賈伯斯、還有比爾，我常常想到你，但願我們能擁有更多時間。

還有你，我的讀者們，感謝你們對我的信心，也感謝你們購買這本書，不只是因為我非常努力寫書，也因為這是在支持更偉大的事物。我們是使用環保技術印製本書原版，所以一方面雖然我們對地球造成的汙染是最小的，我們卻能用這本書結出的果實，來做出更大的改變。我從這本書獲得的所有收入，都會投資到由我的投顧公司Future Shape管理的氣候變遷基金中。

你可以前往 TonyFadell.com 了解更多資訊。

再次感謝大家，我希望這本書能幫到你，哪怕一丁點都好。

東尼敬上

附註：我不確定我這輩子會不會再重複一次這整個過程，寫另一本書。但要是你覺得我應該再繼續深入、提供不同的建議、寫些全新的事，我也都願意考慮，可以寫信到 build@tonyfadell.com 給我。

推薦書單

以下是一些曾經為我自己、我的朋友、我的導師帶來幫助的書籍和文章，順序我沒有特別安排過：

- 《給予：華頓商學院最啟發人心的一堂課》（*Give and Take: Why Helping Others Drives Our Success*），Adam Grant 著
- 《陰翳禮讚》，谷崎潤一郎著
- 《僧侶與謎語》（*The Monk and the Riddle*），Randy Komisar 著
- 《為什麼要睡覺？：睡出健康與學習力、夢出創意的新科學》（*Why We Sleep: Unlocking the Power of Sleep and Dreams*），Matthew Walker 著
- 《混亂的中程：創業是1%的創意＋99%的堅持，熬過低谷，趁著巔峰不斷提升，終能完成旅程》（*The Messy Middle: Finding Your Way Through the Hardest and Most Crucial Part of Any Bold Venture*），Scott Belsky 著
- 《為什麼是 iPod？──改變世界的超完美創意》（*The Perfect Thing: How the iPod Shuffles Commerce, Culture, and Coolness*），Steven Levy 著
- 《創意自信帶來力量》（*Creative Confidence: Unleashing the Creative Potential Within Us All*），David Kelley、Tom Kelley 著
- 《教練：價值兆元的管理課，賈伯斯、佩吉、皮查不公開教練的高績效團隊心法》（*Trillion Dollar Coach: The Leadership Playbook of Silicon Valley's Bill Campbell*），Eric Schmidt、Jonathan

Rosenberg、Alan Eagle 著

- 《什麼才是經營最難的事？：矽谷創投天王告訴你真實的管理智慧》（*The Hard Thing About Hard Things: Building a Business When There Are No Easy Answers*），Ben Horowitz 著
- 《獨角獸創業勝經：大數據分析200+家新創帝國，從創造、轉折、募資到衝破市場，揭開成功的真正關鍵》（*Super Founders: What Data Reveals About Billion-Dollar Startups*），Ali Tamaseb 著
- 《快思慢想》（*Thinking, Fast and Slow*），Daniel Kahneman 著
- 《雜訊：人類判斷的缺陷》（*Noise: A Flaw in Human Judgment*），Daniel Kahneman、Olivier Sibony、Cass R. Sunstein 著
- 《學以自用：管他考試升學工作升遷，這次我只為自己而學！》（*Beginners: The Joy and Transformative Power of Lifelong Learning*），Tom Vanderbilt 著
- 《跨能致勝：顛覆一萬小時打造天才的迷思，最適用於AI世代的成功法》（*Range: Why Generalists Triumph in a Specialized World*），David Epstein 著
- 《高勝算決策2：做出好決策的高效訓練：選科系、找工作、挑伴侶、做投資……面對人生各種抉擇，如何精準判斷、減少錯誤、提高成功率？》（*How to Decide: Simple Tools for Making Better Choices*），Annie Duke 著
- 《拒絕混蛋守則：如何讓混蛋小人退散，並避免成為別人眼中的豬頭渾球》（*The No Asshole Rule: Building a Civilized Workplace and Surviving One That Isn't*），Robert I. Sutton 著
- 《好奇心：生命不在於找答案，而是問問題》（*A Curious Mind: The Secret to a Bigger Life*），Brian Grazer 著

- 《20世代，你的人生是不是卡住了……：你以為時間還很多，但有些決定不能拖》（*The Defining Decade: Why Your Twenties Matter and How to Make the Most of Them Now*），Meg Jay 著
- 《為工作而活：生存、勞動、追求幸福感，一部人類的工作大歷　史》（*Work: A Deep History, from the Stone Age to the Age of Robots*），James Suzman 著
- 《危機的故事：在商場、政壇、人生中應對危機的五大守則》（*Crisis Tales: Five Rules for Coping with Crises in Business, Politics, and Life*，暫譯），Lanny J. Davis 著
- 《跨越鴻溝》（*Crossing the Chasm: Marketing and Selling Disruptive Products to Mainstream Consumers*），Geoffrey Moore 著
- 《真菌微宇宙：看生態煉金師如何驅動世界、推展生命，連結地球　萬　物》（*Entangled Life: How Fungi Make Our Worlds, Change Our Minds & Shape Our Futures*），Merlin Sheldrake 著
- 《簡單破壞實戰手冊》（*Simple Sabotage Field Manual*），美國中央情報局（Central Intelligence Agency，CIA）、美國戰略情報局（Office of Strategic Services）著，一九四四年（可參見 https://www.gutenberg.org/ebooks/26184）
- 《判讀表情：讓你職涯、關係、健康都成功的表情判讀術》（*Read the Face: Face Reading for Success in Your Career, Relationships, and Health*，暫譯），Eric Standop 著
- 〈Googleplex 背後的建築師現在表示在這麼一間豪華的辦公室工作是「危險的」〉（*Architect behind Googleplex now says it's "dangerous" to work at such a posh office*）
- Bobby Allyn 著，NPR，可參見 https://www.npr.org/2022/01/22/1073975824/architect-behind-googleplex-now-says-its-dangerous-to-

work-at-such-a-posh-office

- 〈創業家和其公司為何連結，又是如何連結？創業連結和家長連結的相關神經〉（*Why and how do founding entrepreneurs bond with their ventures? Neural correlates of entrepreneurial and parental bonding*），Tom Lahti、Marja-Liisa Halko、Necmi Karagozoglu、Joakim Wincent 著，《商業創投期刊》（*Journal of Business Venturing*），34（2），2019，頁368至388

環保標示

本書英文原版已盡可能採用環保方式出版。對我自己、地球、下一代人類來說，改變現狀都非常重要，只有百分之十的再生紙是沒有用的。

我的目標是一本100%用消費後回收材質做成的完全可分解書籍，不含有會傷害環境的化學物質，採用完全零碳足跡的材質和印刷過程，盡量使用最少量的天然資源。不幸的是，我們離我的理想還差得遠呢。

成分標示
本書原版一本（四百一十六頁）

書衣用紙及印刷	產銷監管鏈已經過驗證、不可回收材質、不可分解
精裝版材質	產銷監管鏈已經過驗證、不可回收材質、不可分解
精裝版封面	可回收材質、百分之十消費後回收材質
精裝版封面油墨	大豆油墨、可分解
內頁印刷油墨	大豆油墨、可分解
內頁用紙	百分之百再生紙、可回收、可分解
扉頁用紙	產銷監管鏈未經驗證、不可回收材質、可分解
裝幀用膠	生質原料、可分解
印刷	盡可能採用 UV 印刷
印刷合作廠商	盡可能降低碳足跡
廢料處理	由供應商處理所有廢紙，其餘廢料則不可回收

我們的出版社和我合作，試圖找出產業中最創新、最環保的製程和材質。但是足夠環保的選項常常根本不存在，或是我們甚至根本找不到究竟採用了什麼製程。出版業有許多部分仍然頗不透明，需要受到顛覆。這個產業距離達成百分之百環保還有很長一段路要走，就跟世界上其他所有產業

一樣。

　　所以如果你有任何構想或科技，能夠協助創新植物纖維的管理、印刷、裝幀、回收，我都準備好洗耳恭聽及投資，可以到tonyfadell.com和我聯繫。

國家圖書館出版品預行編目資料

創建之道：矽谷最強硬體咖發布的32個經典經驗，專為新鮮人、
管理者打造從成長、入職、做出產品、換跑道、成為CEO的最優
路徑/東尼‧傅戴爾 (Tony Fadell) 著；楊詠翔譯. -- 初版. -- 臺北市：
遠流出版事業股份有限公司, 2023.12
　　面；　　公分
譯自:BUILD : An Unorthodox Guide to Making Things Worth
Making
ISBN 978-626-361-470-3(平裝)

1.CST: 傅戴爾(Fadell, Tony, 1969-) 2.CST: 職場成功法 3.CST: 創業

494.35　　　　　　　　　　　　　　　　112022890

創建之道

矽谷最強硬體咖發布的 32 個經典經驗，專為新鮮人、管理者打造從成長、入職、
做出產品、換跑道、成為 CEO 的最優路徑
BUILD: An Unorthodox Guide to Making Things Worth Making

作　　　　者　東尼‧傅戴爾 Tony Fadell
譯　　　　者　楊詠翔
行 銷 企 畫　劉妍伶
責 任 編 輯　陳希林
封 面 設 計　陳文德
內 文 構 成　6 宅貓

發 　行 　人　王榮文
出 版 發 行　遠流出版事業股份有限公司
　　　　　　地址 104005 臺北市中山區中山北路 1 段 11 號 13 樓
　　　　　　電話 02-2571-0297
　　　　　　傳真 02-2571-0197
　　　　　　郵撥 0189456-1
著作權顧問　蕭雄淋律師

2024 年 4 月 1 日 初版一刷
定　　　　價　平裝新台幣 450 元（如有缺頁或破損，請寄回更換）
有著作權‧侵害必究 Printed in Taiwan
ISBN 978-626-361-470-3
YLib 遠流博識網 http://www.ylib.com E-mail: ylib@ylib.com